高等教育材料类"十二五"规划教材

光伏材料学

常启兵　王艳香　主　编

化学工业出版社

·北京·

本书重点介绍光伏器件的工作原理及特性参数、各类电池的材料、结构与制备技术，力图从材料学的角度解析各类太阳能电池的材料-结构-性能之间的关系。全书共分7章，第1章介绍太阳电池的发展史及发展方向。第2章介绍半导体及p-n结相关基础知识，太阳能电池相关基础知识。第3～7章分别介绍了晶体硅太阳电池、Ⅲ-Ⅴ族化合物电池、非晶硅薄膜电池、铜铟硒薄膜太阳电池、染料敏化电池与有机电池的原理、器件结构及性能。

本书可作为新能源材料与器件、光电材料、功能材料等相关专业本科生、研究生专业基础课教材，也可作为太阳能电池、硅材料等光伏行业生产企业技术指导参考书。

图书在版编目（CIP）数据

光伏材料学/常启兵，王艳香主编. —北京：化学工业
出版社，2013.7（2025.2重印）
高等教育材料类"十二五"规划教材
ISBN 978-7-122-17385-0

Ⅰ.①光… Ⅱ.①常…②王… Ⅲ.①光电池-高等学
校-教材 Ⅳ.①TM914

中国版本图书馆 CIP 数据核字（2013）第 102559 号

责任编辑：杨 菁 文字编辑：颜克俭
责任校对：宋 玮 装帧设计：刘丽华

出版发行：化学工业出版社（北京市东城区青年湖南街 13 号 邮政编码 100011）
印 装：北京科印技术咨询服务有限公司数码印刷分部
787mm×1092mm 1/16 印张 13½ 字数 333 千字 2025 年 2 月北京第 1 版第 3 次印刷

购书咨询：010-64518888 售后服务：010-64518899
网 址：http://www.cip.com.cn
凡购买本书，如有缺损质量问题，本社销售中心负责调换。

定 价：40.00 元

前 言

相对其他绿色能源而言，太阳能电池的发明到现在仅有半个多世纪，但无论是太阳能电池的新材料、新技术及新工艺的研究，还是太阳能电池的产业化规模，都受到了前所未有的重视和获得高速的发展。光伏产业是新兴的高科技产业，它对人才的需求相比传统产业显得更加迫切。为满足这种对人才的强烈需求，经过近几年的发展，光伏行业所需的专业研究人才（研究生层次）和产业工人（高职层次）都得到了蓬勃发展，但是，作为研究人员的后备人才以及产业技术升级技术人才的本科层次的人才培养相对滞后。

新能源材料与器件专业是教育部2011年批准的战略性新兴产业相关专业之一。专业设置主要依托能源科学、材料科学、化学等多个学科，培养能掌握新能源材料专业基本理论、基本知识和工程技术技能，掌握新能源材料组成、结构、性能的测试技术与分析方法，了解新能源材料科学的发展方向，具备开发新能源材料、研究新工艺、提高和改善材料性能的基本能力的新能源材料专门人才。为满足这种本科层次人才培养需求，我们组织编写了这本《光伏材料学》教材。

本书重点介绍光伏器件的工作原理及特性参数、各类电池的材料、结构与制备技术，力图从材料学的角度解析各类太阳能电池的材料-结构-性能之间的关系。通过本课程的学习，使学生获得较广泛的光伏电池材料基础知识，初步掌握各种太阳能电池的工作原理、性能参数及其影响因素，能够进行材料的研究，改进传统材料和研制新材料。

全书共分7章，第1章绪论介绍了太阳电池的发展史及发展方向。第2章光伏原理基础介绍半导体及p-n结相关基础知识，太阳能电池相关基础知识。第3～7章分别介绍了晶体硅太阳电池、Ⅲ-Ⅴ族化合物电池、非晶硅薄膜电池、铜铟硒薄膜太阳电池、染料敏化电池与有机电池的原理、器件结构及性能。本书由常启兵、王艳香任主编，第1～2章、第4～6章由常启兵编写，第3章由陈云霞和曾涛编写，第7章由王艳香和杨志胜编写。

编者力图将光伏电池的材料和工艺的相关知识进行平衡，使本书既不同于太阳能电池的专著，又不同于太阳能电池的技术手册，能够满足本科层次人才的培养需求。本书编写中参考借鉴了熊绍珍、朱美芳主编的《太阳能电池基础与应用》，对此，编者表示衷心感谢。因编者的水平有限、时间仓促，书中难免有不当之处，衷心希望能够得到广大读者和同行批评、指正，以利于后续改进。

编者
2013 年 3 月

目 录

第1章

绪 论

1.1 太阳与太阳能

可再生能源的概念中最重要的两点是：第一，要求提供可再生能源的源头应该是巨大的、无限制的；第二，从整体技术效率而言，要有明显的安全保障性。以这两点作判据，太阳能来源无穷无尽，并具有稳定性，其技术与现有电力的技术完全兼容，同时呈现很高的安全保障性。这表明它比其他可再生能源在技术应用方面有更大的潜力，充分说明太阳能的利用在可再生能源领域中的重要地位。

1.1.1 太阳是地球和大气的能量源泉

太阳能是来自于太阳内部核聚变所酝藏着的并能爆发向外辐射的能量。据粗略估计，太阳的发光度（luminosity），即太阳向宇宙全方位辐射的总能量流是 4×10^{26} J/s。其中向地球输送的光和热可达 1.75×10^{17} J/s，相当于燃烧 4×10^{8} t 烟煤所产生的能量。一年中太阳辐射到地球表面的能量，相当于人类现有各种能源在同期内所提供能量的上万倍。而地球从其他天体，如来自宇宙的辐射能仅为太阳辐射能的二十亿分之一。地球表面除了从太阳那里取得能源外，也从地球内部获得能量，地球内部传到地球表面的热量，全年仅约为 5.4×10^{4} cal/m² （1cal＝4.184J），与太阳辐射能（约为 9.12×10^{8} cal/m²）相比可忽略不计，所以说，太阳是地球和大气能量的源泉。

1.1.2 太阳常数和大气质量

描述太阳离地球的距离称为日地平均距离，它是一个天文单位，称为大气上界，是指太空中的一个特定位置——太阳离地球垂直平均距离为 149597870km（约 1.5×10^{8} km）的上空位置。在地球大气层上界，距太阳一个天文单位处。与阳光垂直的单位面积上，单位时间所得到的太阳总辐射能量叫一个太阳常数（solar constant，W/m²），用符号 R_{sc} 表示。1981 年 10 月在墨西哥召开的世界气象组织仪器和观测方法委员会第 8 次会议上，通过了太阳常数为 $R_{sc}=1367$ W/m² 的标准值。

光要经过大气和云层之后才能到达地球，太阳光在传输至地球的过程中，将受到大气和云层的散射、反射和吸收等多种作用，如图 1.1 所示。其中向上的散射约为 40%，大气吸

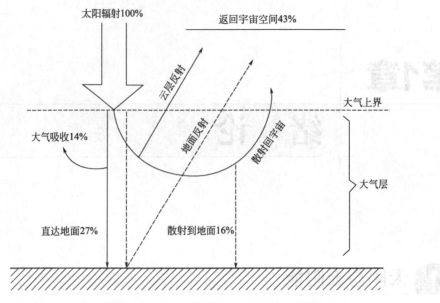

图 1.1　太阳辐射受大气和云层的散射、反射与吸收状况的示意

收（含大气层吸收和云层的吸收）共约为 14%（其中大气层吸收 11%，云层吸收约为 3%），云层的反射约为 23%，直接辐射到大地的太阳能量粗略计不到 30%。再考虑那些被散射或反射的太阳辐射将有一部分再返回到地面，这部分称为太阳漫射能量。因此太阳光到达地面的总辐射为直接太阳辐射与漫射太阳辐射之和，只有 43% 左右。

　　在地面的任何地方都不可能排除大气吸收对太阳辐射的影响。实际测量的太阳光能既和测试的时间、地点有关，也和当时的气象条件有关。为了描述大气吸收对太阳辐射能量及其光谱分布的影响，引入大气质量（air mass，AM）的概念。如果把太阳当顶时垂直于海平面的太阳辐射穿过大气的高度作为一个大气质量，则太阳在任意位置时的大气质量定义为从海平面看太阳通过大气的距离与太阳在天顶时通过大气的距离之比。所以平常所说大气质量是指相当于"一个大气质量"的若干倍，大气质量是一个无量纲的量。地球大气层外接受到的太阳辐射，未受到大气层的反射和吸收，称为大气质量为 0 的辐射，以 AM0 表示。图 1.2 为大气质量的示意。A 为地球海平面上一点，当太阳在天顶位置 S 时，太阳辐射穿过大气层到达 A 点的路径为 OA，而太阳位于任一点 A' 时，太阳辐射穿过大气层的路径为 $O'A$。则大气质量定义为：

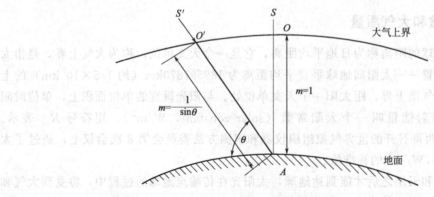

图 1.2　大气质量示意

$$\text{AM} = \frac{O'A}{OA} = \frac{1}{\sin\theta} \tag{1.1}$$

式中，θ 是直射入射的太阳光线与水平面之间的夹角，叫太阳高度角。

如果考虑太阳入射到地球不同维度的天顶角不同（入射光线与地面法线的夹角），也即光线在大气中的光程不同，因此相对的等效大气质量可表示为：

$$\text{AM} = \frac{O'A}{OA} = \frac{1}{\sin\theta} = \frac{1}{\cos z} \tag{1.2}$$

可以看出，太阳当顶时海平面处的大气质量为 1，称为 AM1 条件。随着太阳高度的降低，光通过大气的路径变长，大气质量大于 1。当 $z = 48.20°$，AM$=1.5$；当 $z = 60.1°$，AM$=2$。

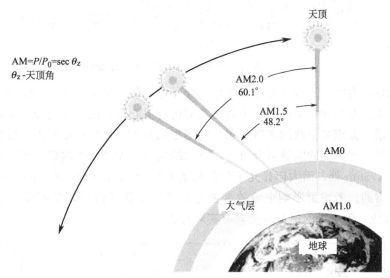

图 1.3　不同大气质量示意

由于大气吸收的增加使到达地面的光辐照度下降（图 1.3）。由于地面上 AM1 条件与人类生活地域的实际情况有较大差异，所以通常选择更接近人类生活现实的 AM1.5 条件作为评估地面用太阳电池及组件的标准。此时太阳高度角约为 41.8°，光辐照度约为 963W/m^2。为使用方便国际标准化组织将 AM1.5 的辐照度定为 1000W/m^2。

1.1.3　太阳光谱分布

太阳可以看成是在宇宙空间中燃烧着的一个大火球，它的光谱可以看成是个绝对黑体的辐射光谱。图 1.4 中点划线示出大气上界太阳辐射的光谱曲线，虚线则是温度达 6000K 的绝对黑体辐射的光谱曲线，两者相比非常接近。图中实线为经大气层到达地球表面的太阳辐射光谱的实测曲线，它反映了大气层对太阳辐射吸收的结果。大气层对太阳光的吸收，使太阳的辐射能量流密度由大气上界 AM0 的 1368W/m^2 降到大地表面上 AM1.5 的 1000W/m^2，降低了 27％左右。光谱曲线中出现很多的能量"谷"，它们与大气中水汽、氧、臭氧、二氧化碳及固体杂质等选择吸收一定波长辐射性能的特性相关。正是大气中这些吸收的存在，不仅使地面的太阳光辐射能量比大气上界小得多，而且也明显改变了太阳光谱的能量分布。如在紫外光谱区（<300nm）减少到几乎绝迹，可见光谱区所占能量的比例由原来约占 50％减少至约占 40％，红外光谱区则由 43％增至 55％以上，有的季节或不同时区甚至达 60％。

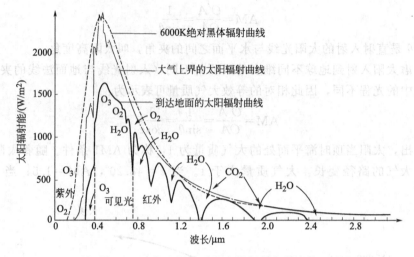

图 1.4 大气上界和地面太阳辐射光谱比较

在光伏能量转换中，只有带有足够能量的光子才能够与电子之间进行能量交换。因此太阳光谱中有多少能参与能量交换的光子数是我们更为关心的。图 1.5 比较了辐射到地球表面太阳光的能量谱与太阳光子数的光谱分布，它是根据标准 AM1.5 太阳光谱辐照度的数据画出的。其中实线为太阳光的能量谱分布，而点划线为太阳光光子流的谱分布。太阳光能量的峰值位于波长 475nm 处，而太阳光光子数的峰值则位于 670nm 处。在 500～800nm 太阳的光子数是最丰富的。考虑到影响电池效率的主要是光生伏特效应，即吸收光子产生光生电子-空穴对的效应，光子流的谱分布更具有实际意义。

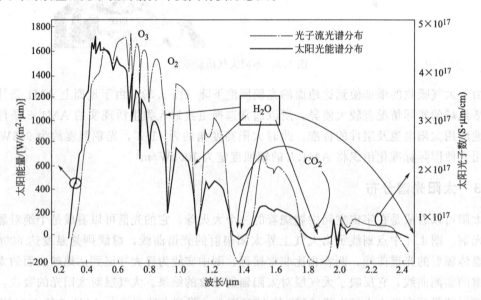

图 1.5 AM1.5 标准太阳光能谱分布及光子流光谱分布

1.1.4 太阳辐射能量的影响因素

（1）太阳辐射的吸收 太阳辐射穿过大气层时，大气中某些成分具有选择吸收一定波长辐射性能的特性。大气中吸收太阳辐射的成分主要有水汽、氧气、臭氧、二氧化碳及固体杂质等。太阳辐射被大气吸收后变成热能，因而使太阳辐射减弱。

水汽虽然在可见光区和红外区都有不少吸收带，但吸收最强的是在红外区，在 $0.93 \sim 2.85\mu m$ 之间有几个吸收带。最强的太阳辐射能是短波部分，因此水汽从总的太阳辐射能里所吸收的能量是不多的。据估计，太阳辐射因水汽的吸收可以减弱 4％～15％。所以大气因直接吸收太阳辐射能而引起的增温并不显著。大气中的主要气体是氮气和氧气，只有氧气能微弱地吸收太阳辐射。在波长小于 $0.2\mu m$ 处为一个宽的吸收带，吸收能力较强；在 $0.69\mu m$ 和 $0.76\mu m$ 附近，各有一个窄吸收带，吸收能力较弱。

臭氧在大气中含量虽少，但对太阳辐射的吸收很强。$0.2 \sim 0.3\mu m$ 为一个强吸收带，使小于 $0.29\mu m$ 的太阳辐射不能到达地面。在 $0.6\mu m$ 附近又有一个宽吸收带，吸收能力虽然不强，但因位于太阳辐射最强烈的辐射带里，吸收的太阳辐射还是相当多的。

二氧化碳对太阳辐射的吸收比较弱，仅对红外区 $4.3\mu m$ 附近的辐射吸收较强，但这一区域的太阳辐射很微弱，被吸收后对整个太阳辐射影响不大。

此外，悬浮在大气中的水滴、尘埃等杂质，也能吸收一部分太阳辐射，但其量甚微。只有当大气中尘埃等杂质很多（如有沙暴、烟幕或浮尘）时，吸收才比较显著。

大气对太阳辐射的吸收是具有选择性的，因而使穿过大气的太阳辐射光谱变得极不规则；由于大气主要吸收物质（臭氧和水汽）对太阳辐射的吸收带都位于太阳辐射光谱两端能量较小的区域，因而吸收对太阳辐射的减弱作用不大。也就是说，大气直接吸收的太阳辐射并不多，特别是对于对流层大气来说。所以，太阳辐射不是大气主要的直接热源。

（2）太阳辐射的散射　太阳辐射通过大气时遇到空气分子、尘粒、云滴等质点时，都要发生散射。但散射并不像吸收那样把辐射能转变为热能，而只是改变辐射方向，使太阳辐射以质点为中心向四面八方传播开来。经过散射之后，有一部分太阳辐射就到不了地面。如果太阳辐射遇到的是直径比波长小的空气分子，则辐射的波长愈短，被散射愈厉害。其散射能力与波长的对比关系是：对于一定大小的分子来说，散射能力和波长的 4 次方成反比，这种散射是有选择性的。例如波长为 $0.7\mu m$ 时的散射能力为 1，波长为 $0.3\mu m$ 时的散射能力就为 30。因此，太阳辐射通过大气时，由于空气分子散射的结果，波长较短的光被散射得较多。雨后天晴，天空呈青蓝色就是因为辐射中青蓝色波长较短，容易被大气散射的缘故。如果太阳辐射遇到直径比波长大的质点，虽然也被散射，但这种散射是没有选择性的，即辐射的各种波长都同样被散射。如空气中存在较多的尘埃或雾粒，一定范围的长短波都被同样地散射，使天空呈灰白色。有时为了区别有选择性的散射和没有选择性的散射，将前者称为散射，后者称为漫射。

（3）太阳辐射的反射　大气中云层和较大颗粒的尘埃能将太阳辐射中的一部分能量反射到宇宙空间去。其中反射最明显的是云。不同的云量、不同的云状、云的不同厚度所发生的反射是不同的。高云平均反射 25％，中云平均反射 50％，低云平均反射 65％，很厚的云层反射可达 90％。笼统地讲，云量反射平均达 50％～55％。假设大气层顶的太阳辐射是100％。那么太阳辐射通过大气后发生散射、吸收和反射（反射云量反射表示），向上散射占4％，大气吸收占 21％，云量吸收占 3％，云量反射占 23％。

（4）太阳辐射能量与地域的关系　受高度角的影响，世界各国因所处经纬度的不同以及地表高度的不同，它所接受到太阳辐射的能量会有所差异。同时季节变化、近日点距离的变化，亦会影响各地域间所接受到的太阳能量的大小。随高度角的增大，整个光谱发生蓝移，红光成分减少而蓝绿光成分明显增加。光谱蓝移的结果说明所能获得的能量也就越大。

即使相同经纬度，该地区太阳辐照能量也将受到地形、地貌、气候条件的影响。我国太阳能资源主要分布在北纬 22°～35°。青藏高原为太阳能资源的高值中心，而四川盆地则处于低值中心；我国所接受到的太阳辐射总量，西部高于东部；南北比较，除青藏高原外，南部低于北部，这是因为我国南部地区多云雾常下雨的天气所致。我国平均日照时间大于 2000h/a，属于丰富或较丰富区。有阳光辐照地区占全国面积的 2/3 以上，很有利用价值，中国是一个有条件大力发展太阳能利用的国家。

1.2 光伏发电历史与现状

1.2.1 光伏发展过程的里程碑

光伏的发展历程应该追溯到 19 世纪 30 年代。

1839 年法国的贝克雷尔首先发现了液体电解液中的光电效应。

1877 年英国的亚当斯和戴尔首次在固体 Se 中观察到光伏效应。

1883 年美国的弗瑞兹制出第一个大面积（30cm²）的太阳电池（Au/Se/Metal 结构）。

1941 年奥尔在 Si 上也发现了光伏效应。

1954 年美国贝尔实验室皮尔森发现单晶硅 p-n 结会产生一个电压，并首次发表单晶硅太阳电池效率达 6％ 的报道，开启了 "p-n" 结型电池的新时代。

1954～1960 年，由普锐斯、劳弗斯基、威索基等陆续发表一系列文章，系统地讲述了以 p-n 结为基础的太阳电池工作原理，包括能带、光谱响应、温度、动力学和效率之间的理论关系。

20 世纪 60 年代，CdTe 薄膜电池也能产生 6％ 的效率。首次实现 Si 太阳电池的并网运行。

1970 年苏联研制出第一块 GaAs 异质结太阳电池。

1973 年美国确立了光伏作为可再生能源的地位，正式立法设立研究基金予以支持。世界上第一个太阳电力住宅在美国 Delaware 大学建立，当时用的不是 Si 电池，而是硫化亚铜（Cu_2S）的太阳电池组件。

1980 年研制出第一个效率大于 10％ 的 CuInSe 电池和效率达 8％ 的非晶硅太阳电池，树立了非晶硅电池的里程碑。

1981 年在沙特阿拉伯建立起 350kW 的聚光电池矩阵，开启了聚光电池的新纪元。

1985 年澳大利亚西南威尔士大学（UNSW）制备出在一个标准太阳下效率大于 20％ 的 Si 电池。

1986 年薄膜 a-Si 电池组件商业化。

1994 年 GaInP/GaAs 两端聚光多结电池效率大于 30％。

1998 年 "染料敏化" 固/液电池效率达 11％。

1998 年 CuInSe 薄膜电池效率达 19％。第一个 GaInP/GaAs/Ge 三结聚光电池应用。

1999 年 M. Green 研究组研制的单晶硅电池效率达 24.7％，创世界纪录并保持至今。

进入 21 世纪以来，当单晶硅电池的效率长时间增长缓慢。最高纪录徘徊在 25％ 上下。在其难以提高的时候，澳大利亚西南威尔士大学的 M. Green 教授提出了 "第三代（third generation）" 或 "下一代（future generation）" 电池的理念。要用全新的概念，采用清洁的、绿色环保的制造技术，达到电池的高效率与新概念、新材料、新技术并举。一种量子点型的太阳能电池理论转换效率可达 60％以上，是备受瞩目的未来高效太阳能电池的候选技术之一。

1.2.2　光伏发展历史的启示——寻找新材料，开发新技术，开拓新领域

提高太阳电池和系统的效率，同时降低光伏系统的制造成本，是光伏界的最终目标。实现这一目标，重要的是两点：一是要有理论指导；二是技术要切实可行。纵观光伏进步的历程，新材料、新结构的出现和与之相关新技术的开发是当今呈现有诸多类型电池的主要驱动力。

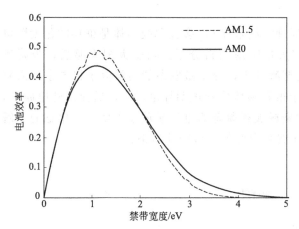

图 1.6　电池效率极限和材料带隙的关系

（1）新材料　获得极限电池效率的关键在于两个基本条件：第一是光生载流子的产生与无辐射复合的分离；第二是有良好的无损电接触收集。只要达到这两个条件的器件都可以具有光伏转换能力，而且可以得到很高的转换效率。对于一个 p-n 结电池，图 1.6 显示了电池效率极限和材料带隙的关系，提供了选择合适光伏材料的依据。

① 化合物材料　GaAs 的带隙宽度为 1.35eV，处于高效电池范围。而且 GaAs 具有直接带隙能带结构（图 1.7），载流子可从价带直接跃迁到导带，无需声子的参与就能满足能量守恒与动量守恒，因此吸收系数很高。这也是人们乐于选用 GaAs 电池的重要原因。采用非常精细的 MOCVD 沉积技术，获得高纯、高完整的晶格结构，将使得 GaAs 电池的效率更高。然而该类电池成本高昂，主要适用于航空、航天器的能源需求，对地面应用难以推广。

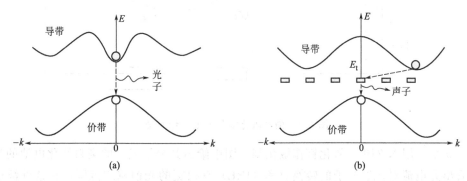

图 1.7　直接（a）和间接（b）带隙能带结构

$CuInGaSe_2$（CIS）及 CdTe 等化合物薄膜材料电池的带隙分别为 1.68eV 和 1.44eV，也是直接带隙材料，属于高效电池材料之列。面积为（60×120）cm^2 CIS 电池转换效率已达 13％，成为很有发展前途的薄膜电池之一。

② 硅基薄膜电池　单晶硅为间接带隙材料，禁带宽度为 1.12eV，而非晶硅随着制备条件的不同，其禁带宽度在 1.48～2.0eV 之间，所以非晶硅材料比单晶硅和砷化镓材料有更高的开路电压和更好的温度特性。在同样的工作温度下，非晶硅电池的饱和电流远小于单晶

硅电池和砷化镓电池，而短路电流的温度系数却高于晶体硅电池，这十分有利于在高温下保持较高的开路电压（V_{oc}）和填充因子（FF）。而且，从其在地球含量的丰富度、对环境无污染以及比单晶硅高两个量级的光吸收系数来看，非晶硅基薄膜电池具有明显特色。

材料的选择，除参照图 1.6 规律之外，电池的研究已从体电池发展到薄膜电池，以实现高效、环保、低成本的目标。其他新材料、新原理电池的研究正遵循着这个理念。

③ 染料敏化薄膜电池　不是只有 p-n 结才能产生光伏效应。只要能够有光生载流子的产生以及能够有效地被外电路收集，就能产生光生电流（电压）。染料敏化电池的基本原理不是基于 p-n 结的光伏效应。

图 1.8 显示了染料敏化太阳电池工作原理。纳米 TiO_2 多孔薄膜固体是染料敏化太阳电池的核心之一，其作用是利用高的比面积大量吸附染料分子。当受太阳光照后，吸附于 TiO_2 表面的染料分子吸收光后由基态跃迁至激发态，处于激发态的染料分子将电子注入到半导体的导带中，产生光生电子，光生电子很容易传导到透明导电膜上，后流入外电路中，这层膜也被称作"光阳极"。处于氧化态的染料被还原态的电解质还原再生，氧化态的电解质在对电极接受电子后被还原，这样构成了光生电流的闭合循环回路。

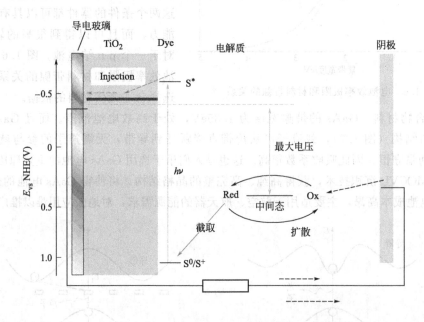

图 1.8　染料敏化太阳电池工作原理

图 1.9 是采用 N-719 二氧化钌作敏化剂（图中给出其分子式）的染料敏化电池的光谱响应，可看出光电流对入射光子的转换效率（IRE）有很宽的光谱响应范围，在紫外波段，乃至可见直至近红外波段的优异的响应显示出比单结非晶硅优越的宽谱响应特性。电池的 I-V 曲线及其电池参数同样列出，染料敏化的电池效率可达 11.18%。

④ 聚合物太阳能电池　聚合物太阳能电池（polymer solar cell）也称为有机光伏电池（organic photovoltaics，OPV），它属于由"HOMO"、"LUMO"描述的有机半导体"类 p-n 结"的电池结构。HOMO 和 LUMO 是前线轨道理论中的概念，HOMO 能级是指已被电子占据的能级最高的分子轨道，LUMO 为未被电子占据的能级最低的分子轨道。HOMO 与 LUMO 之间的能量差被称为"能带隙"，有时可以用来衡量一个分子是否容易被激发：带隙

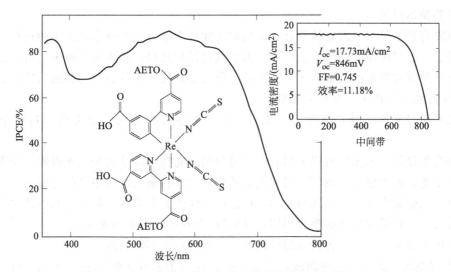

图 1.9　用二氧化钌作敏化剂的染料敏化电池光谱响应

越小，分子越容易被激发。在有机半导体和量子点中的 HOMO 与无机半导体中的价带类似，而 LUMO 则与导带类似。

图 1.10(a)、(b) 分别示出双层 OPV 电池能带示意及叠层电池结构示意。其结构特点是在有机电池中插入一层钛氧化物（TiO_2）的中间层，以有效加强对透过顶电池的部分光的反射，增加光程，使电池效率由原来的 5％提高到 6.5％。

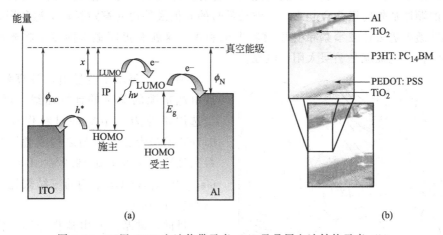

图 1.10　双层 OPV 电池能带示意（a）及叠层电池结构示意（b）

总结起来，在光伏材料方面，热门话题是，打破材料门类框框，寻找各类光电效应最佳的材料；开发有利吸收太阳光并能有效收集光生载流子的不同电池结构，借鉴其他成熟技术，采用降低成本的工艺，提高效率与产率。

（2）新技术　若使光伏能源成为能源市场的主力，必须要具有与现代化石能源相比拟的价格。而效率与产率是降低太阳能电池成本的至关重要的两大因素。除了选择合适的光伏材料和制备设备之外，采用新技术与新结构显得尤为重要。

对任一确定材料的极限效率是仅考虑了材料自身本征特性条件的理想状态。在现实状态下，为趋近这一极限效率，应该做到的是以下两个方面。

第一是减少电学损失：减小体内与界面复合，仅存在俄歇复合过程；理想接触特性以及无衬底内的输运损失。

俄歇复合是电子与空穴直接复合、而同时将能量交给另一个自由载流子的过程，是一种非辐射复合，是"碰撞电离"的逆过程。为实现这样的过程，减少电学损失，需要选择合适的光伏材料及其高质量的制备工艺（低缺陷、低光生载流子的复合）与精细的器件结构设计（有利光生载流子的产生、分离与收集）。

第二是做好光学设计，充分吸收太阳光谱并减少光学损失，充分利用每一个光子的能量。

做好光学设计要求无反射损失以及采用理想的陷光技术以达到最大光吸收。光学设计更多地集中于光学设计思路与技巧，以实现低的反射损失和进入电池中光的能量的最大化。

通过不同带隙宽度材料之间的叠加，拓宽可吸收的太阳光谱，延长光在电池中传输的光程（多次反射，再反射的多次吸收利用），同样以有利吸收更多的光能。

在上述思想的指导下，各种新型结构的电池和新技术不断涌现。

① 叠层电池　太阳的光谱曲线，涵盖了从 $0.3\mu m$ 的紫外区到 $4\mu m$ 以上的红外区很宽的光谱范围。任何一种半导体材料，鉴于其固定的带隙（对单晶体）或有限可调范围（如多元化合物合金、氢化硅基薄膜），其吸收光谱响应无法完全覆盖太阳光的光谱区间。就太阳光能量吸收限而言，单结电池的能量损失很大。为尽可能多地利用太阳光谱，提供一个拓展电池光谱响应的空间，人们提出"叠层电池"的概念。

顾名思义，叠层电池就是将多个电池进行叠加而形成的电池。它是根据太阳光光谱可以被分成连续的若干部分，用能带宽度与这些部分有最好匹配的材料做成电池，并按禁带宽度从大到小的顺序从外向里叠合起来，让波长最短的光被最外边的宽隙材料电池利用，波长较长的光能够透射进去让较窄禁带宽度材料电池利用，这就有可能最大限度地将光能变成电能，这样结构的电池就是叠层太阳能电池。

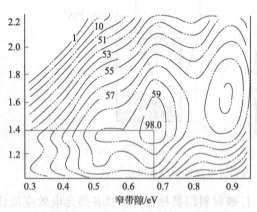

图 1.11　叠层电池计算效率和顶、底电池带隙的关系的计算曲线

图 1.11 显示了叠层电池计算效率和顶、底电池带隙的关系的计算曲线，可以看到，当选用带隙为 1.4eV 的材料作顶电池，选 0.7eV 的窄带隙材料与之构成叠层电池，其最高理论效率可达到 59.9%。$Ga_{0.44}In_{0.56}P/Ga_{0.92}In_{0.08}As/Ge$ 结构的三结聚光电池效率已经达到 40.7%。

目前，硅基薄膜电池作为第二代太阳电池，也由单结非晶硅电池向非晶硅/微晶硅（锗）双结以及非晶硅/非晶硅（锗）/微晶硅（锗）三结叠层电池发展。当仅用非晶硅材料作有源层时，它的光谱吸收限在 700nm 附近。倘若采用非晶硅/微晶硅锗双结叠层结构，乃至非晶硅/非晶硅锗叠层/微晶硅（锗）三结叠层之后，其光谱响应可从 700nm 拓宽到 1000nm，电池效率则由 9% 到 11.7%，直到 15.1%。

叠层太阳能电池的设计难题在于要寻找两种晶格匹配良好的半导体晶体，其禁带宽度将引起高效率的能量转换。此外，在理想的情况下，电池导带的最上层应该有与底层价带大约相同的能量，这使得顶端半导体的电子被太阳光激发后能够很容易的从导带进入底部半导体晶格的孔（价带），电子在价带上又被不同波长的太阳光激发。这样一来，两部分的电池一起工作，像两个串联的蓄电池，并且总功率与两个电池的功率总和相等。但是，如果在接合处价带和导带没有被正确地匹配，当电子流过时就会由此产生的电阻造成功率损耗。

② 光学运筹　电池的优化，要求有最大的对太阳光能的吸收和最小的光反射损失。所谓光学运筹（light management），实际是仔细进行与光谱分配有关的光学系统的设计，将不同波段的太阳光按子电池逐层吸收，从而拓展光谱响应。以电池带宽递减（$E_{g_1} > E_{g_2} > E_{g_3}$）的串接形式的硅基薄膜叠层电池为例，可采取的光学运筹包括：

a. 外加强绒面设计，降低受光面处的反射；

b. 各子电池之间，添加中间层以形成分布式布拉格反射模式的微波结构或其他有效结构，使得各子层能够获得最佳光学吸收效果；

c. 加强背电极的反射，提高光的二次利用率。

这样就可以尽可能地消除表面的反射、加强电池内部乃至背面的光反射。整套的光学运筹设计、综合管理的思路，对效率的贡献是极为重要的。

总之，为提高太阳能电池的性能，电池材料的选择、电池结构以及相应的光学运筹均起到非常重要的作用，要求在学习后续内容时，重点从材料中的载流子产生、输运以及光学运筹的角度深入理解各种太阳能电池的结构、效率影响因素及改进方法。

思考题及习题

1.1　地面太阳光的光谱特征及其产生原因？

1.2　如何改善太阳能电池的效率？

第2章

光伏原理基础

2.1 半导体基础

当能量大于半导体材料的禁带宽度的光垂直入射到 p-n 结表面，光子将在离表面一定深度的范围内被吸收，被吸收的光子 p-n 结附近产生电子-空穴对。扩散长度大于 p-n 结的光生载流子可以通过扩散到达 p-n 结区，然后与产生于 p-n 结区内的光生载流子汇集。在 p-n 结电场的作用下 p 区的电子漂移到 n 区，n 区空穴漂移到 p 区，形成自 n 区向 p 区的光生电流。由于光生载流子的漂移，形成电荷堆积，产生一个与 p-n 结电场方向相反的电场，它补偿结电场，使 p-n 结正向电流增大，当 p-n 结正向电流与光生电流相等时，p-n 结两端建立起一定的电势差，即光生电压。

对结型光电池，其有源层材料主要是半导体材料。除了 Ⅳ 族元素半导体 Si、Ge 以外，还有以 GaAs 为代表的 Ⅲ-Ⅴ 族化合物，以 CdS、CdTe 等为代表的 Ⅱ-Ⅵ 族化合物半导体，以 $CuInSe_2$ 为代表的 Ⅱ-Ⅲ-Ⅵ 族元素组成的多元化合物半导体，以及一些氧化物半导体等，都是太阳电池无机类的基本材料。近期，一些有机材料、聚合物材料等更多的材料，被应用于太阳电池的研发。从总体来看，目前的光伏器件主要是采用无机半导体材料，而且是建立在半导体 p-n 结光电转化的理论基础上的。因此，了解半导体太阳电池工作原理，需要熟悉固体物理及半导体的一些基本概念。本章将主要介绍与太阳电池相关的半导体材料的基本性质及其表征，包括半导体的电子态与能带结构、载流子分布与输运以及太阳能电池的特性、基本参数及常用的测量方法。

2.1.1 半导体中电子态与能带结构

2.1.1.1 半导体中能带结构

根据原子结构理论，每个电子都占有一个分立的能级。泡利（Pauli）不相容原理指出，每个能级只能容纳 2 个电子。例如，一个原子的 2s 轨道只有一个能级，可以容纳 2 个电子。2p 轨道则有 3 个能级，一共可以容纳 6 个电子。

当 N 个原子相互靠近形成一个固体时，泡利不相容原理仍然成立，即在整个固体中，也只能有 2 个电子占据相同的能级。换句话说，在两个处于分立状态的原子里，它们的 2s 轨道电子的能级是相同的，互相并不影响。但当这两个原子的距离足够近时，它们的 2s 轨道的电子就会相互作用，以致不能再维持相同的能级。显然，如果这些 2s 轨道的电子仍然保持原来的能级不变，就会破坏泡利不相容原理。当固体中有 N 个原子，这 N 个原子的 2s 轨道的电子都会相互影响。这时就必须出现 N 个不同的分立能级来安排所有这些 2s 轨道的电子（这些电子共有 $2N$ 个）。2s 轨道的 N 个分立的能级组合在一起，成为 2s 的能带。同样，2p 轨道的 $3N$ 个分立的能级组合在一起，成为 2p 能带，可以容纳 $6N$ 个电子。图 2.1 表示了这种能级的分布。能带的宽度记作 ΔE，如 N 为 10^{23}，则一个能带中两能级的间距约为 $10^{-23}\,\mathrm{eV}$。

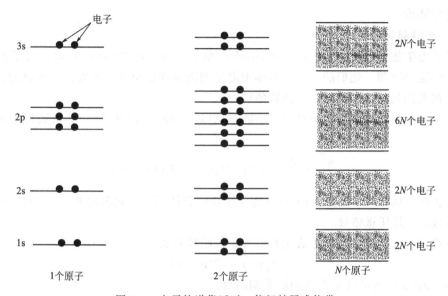

图 2.1　电子轨道靠近时，能级扩展成能带

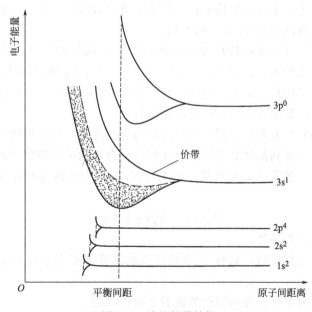

图 2.2　钠的能带结构

图 2.2 表示钠的能带结构。钠原子的核外电子结构为 $1s^2 2s^2 2p^6 3s^1$。能带内的能级分布取决于原子之间的距离。垂线位置表示固体钠中的钠原子之间的平衡距离。越是处于内层的

电子，受到的来自其他原子的影响就越小。对于钠来说，3s 电子是价电子，所以 3s 能级组成的能带就成为价带。3p 能带又称为导带，这个导带内现在没有电子。但这并不意味着电子不能到 3p 能带去。事实上，处在下面较低能级的电子如果受到外来能量的激发，是可能跃迁到这个 3p 能带甚至更高的能带上去的。在 3s 能带和 3p 能带之间，有一段能量区域是永远不可能有电子的，这个能量区域称为禁带，或称为带隙，用 E_g 表示。

固体中电子状态由电子运动波矢 k 描述，求解单电子薛定谔方程得到电子波函数及其能量本征值 E。由于晶体的周期性结构，第一布里渊区中能量与波矢的关系 $E(k)$ 就反映了固体的能带结构。

2.1.1.2 布洛赫定理

在量子力学建立以后，布洛赫（F. Bloch）和布里渊（Brillouin）等就致力于研究周期场中电子的运动问题。他们的工作为晶体中电子的能带理论奠定了基础。所形成的布洛赫定理指出了在周期场中运动的电子波函数的特点。

在一维情形下，周期场中运动的电子能量 $E(k)$ 和波函数 $\Psi_k(x)$ 必须满足定态薛定谔方程：

$$-\frac{\hbar^2}{2m} \times \frac{d^2}{dx^2} + V(x)\Psi_k(x) = E(k)\Psi_k(x) \tag{2.1}$$

k 表示电子状态的角波数；$V(x)\cdots$ 为周期性的势能函数，它满足 $V(x)=V(x+na)$；a 是晶格常数；n 是任意整数。

满足式（2.1）的定态波函数必定具有如下的特殊形式：

$$\Psi_k(x) = e^{ikx} u_k(x) \tag{2.2}$$

式中，$u_k(x)$ 也是以 a 为周期的周期函数。

具有式（2.2）形式的波函数被称为布洛赫波函数或布洛赫函数。

布洛赫定理说明了一个在周期场中运动的电子波函数为：一个自由电子波函数 e^{ikx} 与一个具有晶体结构周期性的函数 $u_k(x)$ 的乘积。

根据布洛赫定理，电子波函数是按照晶格的周期 a 调幅的行波。这在物理上反映了晶体中的电子既有公有化的倾向，又有收到周期地排列的离子的束缚的特点。只有在 $u_k(x)$ 等于常数时，在周期场中运动的电子的波函数才完全变为自由电子的波函数。因此，布洛赫函数是比自由电子波函数更接近实际情况的波函数。

实际的晶体体积总是有限的。因此必须考虑边界条件。在固体问题中，为了既考虑到晶体势场的周期性，又考虑到晶体是有限的，我们经常合理地采用周期性边界条件。

设一维晶体的原子数为 N，它的线度为 $L=Na$，则布洛赫波函数 $\Psi_k(x)$ 应满足如下条件：

$$\Psi_k(x) = \Psi_k(x+Na) \tag{2.3}$$

此式称为周期性边界条件。

采用周期性边界条件以后，具有 N 个晶格点的晶体就相当于首尾衔接起来的圆环，如图 2.3 所示。

显然，周期性边界条件对波函数中的波数是有影响的。

由周期性边界条件可以推出：布洛赫波函数的波数 k 只能取一些特定的分立值。这可以证明如下：

由周期性边界条件 $\Psi_k(x) = \Psi_k(x+Na)$

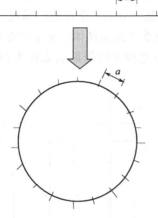

图 2.3　周期性边界条件示意

按照布洛赫定理：

左边为
$$\boldsymbol{\Psi}_{\mathrm{k}}(x)=\mathrm{e}^{ikx}\boldsymbol{u}_{\mathrm{k}}(x)$$

右边为
$$\boldsymbol{\Psi}_{\mathrm{k}}(x+Na)=\mathrm{e}^{ikx}\boldsymbol{u}_{\mathrm{k}}(x+Na)$$
$$=\mathrm{e}^{ikNa}\mathrm{e}^{ikx}\boldsymbol{u}_{\mathrm{k}}(x)$$
$$=\mathrm{e}^{ikNa}\boldsymbol{\Psi}_{\mathrm{k}}(x)$$

所以，$\mathrm{e}^{ikNa}=1$，$kNa=2n\pi$（$n=0$，±1，±2，$\cdots$）

即周期性边界条件使 $\boldsymbol{k}$ 只能取分立值：

$$\boldsymbol{k}=n\frac{2\pi}{Na}=n\frac{2\pi}{L}(n=0,\pm1,\pm2,\cdots) \tag{2.4}$$

式中，$\boldsymbol{k}$ 是代表电子状态的角波数，n 是代表电子状态的量子数。

对于三维情形，电子状态由一组量子数（$\boldsymbol{n}_x$、$\boldsymbol{n}_y$、$\boldsymbol{n}_z$）来代表。它对应一组状态角波数（$\boldsymbol{k}_x$、$\boldsymbol{k}_y$、$\boldsymbol{k}_z$），也就是说，一个 $\boldsymbol{k}$ 对应电子的一个状态。

以 $\boldsymbol{k}_x$、$\boldsymbol{k}_y$、$\boldsymbol{k}_z$ 为三个直角坐标轴，建立一个假想的空间。这个空间称为波矢空间、$\boldsymbol{k}$ 空间，或动量空间（图 2-4）。在 $\boldsymbol{k}$ 空间中，电子的每个状态可以用一个状态点来表示，这个点的坐标是：

$$\boldsymbol{k}_x=\frac{2\pi}{L}n_x \quad (n_x=0,\pm1,\pm2,\cdots)$$

$$\boldsymbol{k}_y=\frac{2\pi}{L}n_y \quad (n_y=0,\pm1,\pm2,\cdots)$$

$$\boldsymbol{k}_z=\frac{2\pi}{L}n_z \quad (n_z=0,\pm1,\pm2,\cdots)$$

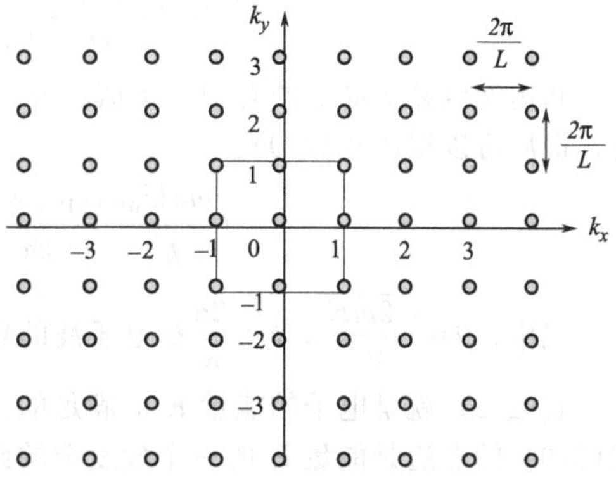

图 2.4　二维 $\boldsymbol{k}$ 空间示意

上式告诉我们，沿 $\boldsymbol{k}$ 空间的每个坐标轴方向，电子的相邻两个状态点之间的距离都是 $\frac{2\pi}{L}$。因此，$\boldsymbol{k}$ 空间中的每个状态点所占的体积为 $\left(\frac{2\pi}{L}\right)^3$。

2.1.1.3　克朗尼格-朋奈模型

能带理论是单电子近似理论。它把每个电子的运动看成是独立地在一个等效势场中的运动。布洛赫定理指出，一个在周期场中运动的电子，其波函数一定是布洛赫函数。周期性边界条件的引入，说明了电子的状态是分立的。下面我们通过一个最简单的一维周期场——克朗尼格-朋奈（Kroning-Penney）模型来说明晶体中电子的能量特点。

克朗尼格-朋奈模型是把布洛赫定理中的周期场简化为图 2.5 所示的周期性方势阱。假设电子是在这样的周期势场中运动。

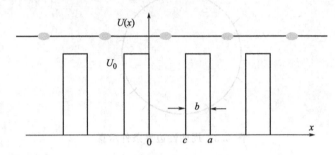

图 2.5 克朗尼格-朋奈模型

在 $0<x<a$ 一个周期的区域中，电子的势能为：

$$U(x)=\begin{cases}0 & (0<x<c)\\ U_0 & (0<x<c)\end{cases} \tag{2.5}$$

按照布洛赫定理，波函数应用以下形式：

$$\varPsi_k(x)=e^{ikx}\boldsymbol{u}_k(x) \tag{2.6}$$

式中，$\boldsymbol{u}_k(x)=\boldsymbol{u}_k(x+na)$

将波函数 $\varPsi_k(x)$ 代入定态薛定谔方程：

$$\frac{\mathrm{d}^2\varPsi_k}{\mathrm{d}^2}+\frac{2m}{h^2}[E-U(x)]\varPsi_k=0 \tag{2.7}$$

即可得到 $\boldsymbol{u}_k(x)$ 满足的方程：

$$\frac{\mathrm{d}^2\boldsymbol{u}_k}{\mathrm{d}^2 x}+2ik\frac{\mathrm{d}\boldsymbol{u}_k}{\mathrm{d}x}+\left\{\frac{2m}{h^2}[E-U(x)-k^2]\right\}\boldsymbol{u}_k=0 \tag{2.8}$$

利用波函数应满足的有限、单值、连续等物理（自然）条件，进行一些必要的推导和简化，最后可以得出式(2.9)：

$$\left(\frac{maU_0b}{\hbar^2}\right)\frac{\sin(\beta a)}{\beta a}+\cos(\beta a)=\cos(ka) \tag{2.9}$$

式中，$\beta=\dfrac{\sqrt{2mE}}{h}$，$k=\dfrac{2\pi}{\lambda}$ 是电子波的角波数。

式(2.9)就是电子的能量 E 应满足的方程，也是电子能量 E 与角波数 k 之间的关系式。式(2.9)的左边是能量 E 的一个较复杂的函数，记作 $f(E)$；右边是角波数 k 的函数。由于 $|\cos(ka)|\leqslant 1$，所以，使 $f(E)>1$ 的 E 值都不满足方程。

给出了一定的 a、b、U_0 数值后的 $f(E)$：

由图 2.6 看出，在允许取的 E 值（能级）之间，有一些不允许取的 E 值（能隙）。角波数的存在意味着电子空间的存在，因此，允许取值的区间可以有电子填充，被称为能级，而不允许取值的区域，不能够有电子存在，成为禁带。

图 2.7 给出了为 E-k 曲线的图形表达式。

E-k 曲线与 a 有关、与 U_0b 乘积有关。乘积 U_0b 反映了势垒的强弱。计算表明：U_0 的

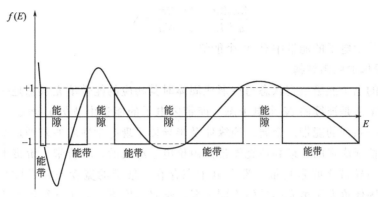

图 2.6　$f(E)$ 函数图

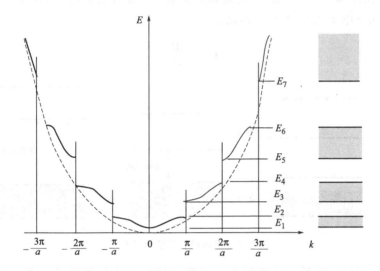

图 2.7　**E-k** 曲线的图形表达式

数值越大所得到的能带越窄。这是因为原子的内层电子受到原子核的束缚较大，与外层电子相比，它们的势垒强度较大。所以，内层电子的能带较窄，外层电子的能带较宽。

从 E-k 曲线还可以看出：k 值越大，相应的能带越宽。根据式(2.4)，晶体点阵常数 a 越小，相应的 k 值越大。因此，晶体点阵常数 a 越小，能带的宽度就越大，有的能带甚至可能出现重叠的现象。

从图中还可以看出，第一能带 k 的取值范围为 $-\dfrac{\pi}{a}\sim\dfrac{\pi}{a}$。

第二能带 k 的取值范围为 $-\dfrac{2\pi}{a}\sim-\dfrac{\pi}{a}$，$\dfrac{\pi}{a}\sim\dfrac{2\pi}{a}$。

第二能带 k 的取值范围为 $-\dfrac{3\pi}{a}\sim-\dfrac{2\pi}{a}$，$\dfrac{2\pi}{a}\sim\dfrac{3\pi}{a}$。

我们把以原点为中心的第一能带所处的 k 值范围称为第一布里渊区；第二、第三能带所处的 k 值范围称为第二、第三布里渊区，并以此类推。

每个能带所对应的 k 的取值范围都是 $\dfrac{2\pi}{a}$。在 k 空间每个状态点所占有的长度为 $\dfrac{2\pi}{L}$。因此，每一能带中所包含的（状态数）能级数为：

$$\frac{2\pi}{a} \Big/ \frac{2\pi}{L} = \frac{2\pi}{a} \Big/ \frac{2\pi}{Na} = N$$

所以，晶体中电子的能带中有 N 个能级。

2.1.1.4 半导体的能带结构

孤立原子的电子能级填充状态与在形成固体时其相应的能带填充状态是一致的。每个带包含了能量基本上是连续的 N 个电子态。能带内电子的能量由波矢 $\boldsymbol{k}$ 确定。电子从低能量到高能量填满一系列的能带。金属、绝缘体及半导体呈现电学性质的差别是由外层电子在最高能带的填充情况决定的。最高填充能带是由价电子组成的，称价带。价带上面较高的能带为导带。价带与导带之间是禁带，没有电子态存在。禁带的宽度或称带隙宽度，用 E_g 表示。图 2.8 为固体价电子填充能带的不同情况。绝对零度下，对于绝缘体与半导体而言，价带是由电子填满的，而导带是空的。而金属的价带中，是没有被电子填满的，有空的能态。在外电场 $\boldsymbol{F}$ 作用下电子按式(2.10)运动。

$$\boldsymbol{F} = \hbar \frac{\mathrm{d}\boldsymbol{k}}{\mathrm{d}t} \tag{2.10}$$

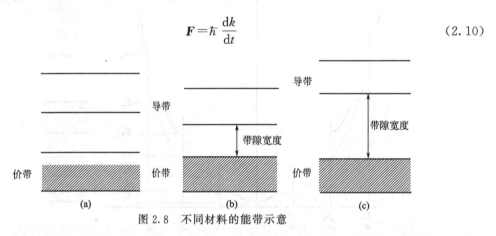

图 2.8 不同材料的能带示意

对于一个填满电子的带，虽然带内电子在外场作用下是运动的，鉴于满带内是有速度相等但方向相反的成对的电子运动，统计平均起来对外呈现的总的电流为零，因此被电子完全占据的满带对外不呈导电性。在绝对零度下，绝缘体和半导体均不导电。而金属的价带是半填满的，外场作用下电子运动不呈现对称性，因此显现良好的导电性。绝对零度下，对于绝缘体和半导体均是不导电的，但它们的导电性能仍是有差别的。这是由于绝缘体和半导体的带隙宽度 E_g 的不同。E_g 的大小影响了外场，加热场、电场、光场及电磁场将电子从价带激发到导带的能力。绝缘体的禁带宽度 E_g 很大，通常在 5.0eV以上，因此不导电。半导体材料的 E_g 较小，在 0.5~3.0eV 范围。价带电子较容易激发到导带，此时价带与导带都不再是满带，虽然电导率较低，仍能呈现导电性，形成电导率较低的半导体。通常由于热激发，半导体中的价带留下少量未填充的空状态 $\boldsymbol{k}$。固体物理证明，在此情况下价带的电流及其在外场作用下的变化，可以等价地用一个荷正电的有效质量为 $|m^*|$ 的粒子来描述，这个假设的粒子被称为空穴。空穴的特征是荷电量与电子相等但符号相反 $+\boldsymbol{q}$；运动速度 $v(\boldsymbol{k})$ 就是价带顶空态对应的电子速度，空穴的浓度等于空状态的浓度。

固体中电子状态由电子运动波矢 $\boldsymbol{k}$ 描述，求解单电子薛定谔方程得到电子波函数及其能量本征值 $\boldsymbol{E}$。由于晶体的周期性结构，第一布里渊区中能量与波矢的关系 $E(\boldsymbol{k})$ 就反映了固体的能带结构。图 2.9 给出了具代表性的硅及砷化镓的 $E(\boldsymbol{k})$ 关系。

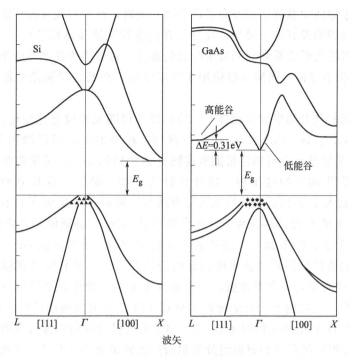

图 2.9 硅及砷化镓材料的能带

图 2.9 中纵轴是能量 E，横轴是 k 空间（动量空间）坐标。k 在动量空间各方向是从 0 到 $\pi/2$ 的变化。Γ 点是 k 空间的原点，Γ-X 为 Δ 轴是 [100] 方向，Γ-L 为 Λ 轴是 [111] 方向。我们感兴趣的是电子受外界条件激发从价带顶向导带底跃迁，设价带顶的能量为零，电子跃迁的最小能量为材料的基本带隙 E_g。跃迁过程满足能量与动量守恒规则。

对于砷化镓，其能带图显示有两个导带底，一个位于 Γ 点的"低谷（lower valley）"，另一个是位于 L 点附近的"高谷（upper valley）"，两个能谷的能量差为 0.31eV。因此 GaAs 具有两个带隙。一个是电子从价带顶 Γ 点跃迁到低谷 Γ 点，该跃迁过程中动量（k）是不变的，称为直接跃迁，这种能带称为直接带。砷化镓基本吸收的带宽度为 1.42eV。电子另一个可能的跃迁是从 Γ 点到 L 点。这个跃迁在 k 空间不是同一点，电子跃迁过程需有声子参加才能满足动量守恒的要求，称为间接跃迁。计算表明砷化镓材料中，间接跃迁的跃迁概率要比直接跃迁概率小许多，砷化镓是直接带隙材料。

然而对于硅，图 2.9 显示的 Si 能带图中，有 3 个导带谷，按它们离价带顶能量排列，它们分别位于 [100] 方向上的近 X 点；[111] 方向上的 L 点；布里渊区的原点 Γ 点。室温下，它们对应的三个带隙能量分别是 1.12eV、1.82eV 及 3.4eV。计算表明在硅中，Γ 点向 L 点及 Γ 点向 Γ 点这两种跃迁过程的概率是很小的，而在声子的帮助下电子改变动量从 Γ 向 X 方向 [100] 导带底的间接跃迁是容易发生的，因此硅的基本吸收带隙的能量是 1.12eV。锗也属于间接跃迁过程。对于锗和硅这类半导体称为间接带隙材料。

电子在以砷化镓为代表的直接带材料与以硅代表的间接带材料中的跃迁概率是不同的。以光吸收为例，作为直接带隙材料，在当价带电子往导带跃迁时，砷化镓中电子波矢不变，在能带图上是竖直地跃迁，这就意味着电子在跃迁过程中，动量可保持不变——满足动量守恒定律。相反，如果导带电子下落到价带（即电子与空穴复合）时，也可以保持动量不变——直接复合，即电子与空穴只要一相遇就会发生复合（不需要声子来接受或提供动量）。

因此，直接带隙半导体中载流子的寿命必将很短；同时，这种直接复合可以把能量几乎全部以光的形式放出（因为没有声子参与，故也没有把能量交给晶体原子）——发光效率高。因此，直接带隙材料的光吸收系数比间接带隙材料要高，这就是为什么目前半导体光学器件大都是Ⅲ-Ⅳ族化合物半导体，而硅主要应用于太阳电池，在其他功能光学器件的应用则很困难，如发光器件。

对两元或多元的化合物半导体而言，它们的带隙可随元素成分比变化。如 Ge_xSi_{1-x} 合金、多元的 $Al_xGa_{1-x}As$、CuInGaSe 薄膜材料等。材料的带隙可随摩尔分数 x 变化。图 2.10（a）给出单晶锗硅合金材料的带隙宽度随硅锗含量的变化的实验曲线。它显示在锗含量为主从 100% 降到 80% 的范围内，随硅含量的增加，带隙宽度从 0.66eV 很快增加到 0.86eV。当硅含量大于 20%，带隙的增大变得缓慢，同时，随硅成分的增多，导带底从以锗的 [111] 方向上的 L 点的结构为主（硅含量小于 20%），逐渐倾向以硅在 [100] 方向上的 X 点处的结构为主。图 2.10(a) 是从晶体材料得到的，虽然单晶 Ge_xSi_{1-x} 的数据不能在薄膜材料中准确地移植使用，从带隙调制的趋势而言，对非晶硅基薄膜太阳电池中非晶 Ge_xSi_{1-x} 合金薄膜有重要的参考价值。如两元或多元的半导体合金是由直接带隙和间接带隙材料的混晶，在一定比例下，合金材料将呈现从直接带隙向间接带隙的转变，如图 2.10（b）显示 GaAs 和 GaP 组分变化引起 $GaAs_{1-y}P_y$ 从直接带隙向间接带隙的转变，这转变发生在 $y=0.45$。带隙宽度随合金材料组分调制而变化的概念和技术已广泛地应用于太阳电池的研发中。通过带隙宽度的调制改变电池结构，提高太阳电池转换效率，已成为太阳电池创新的一个重要方面。

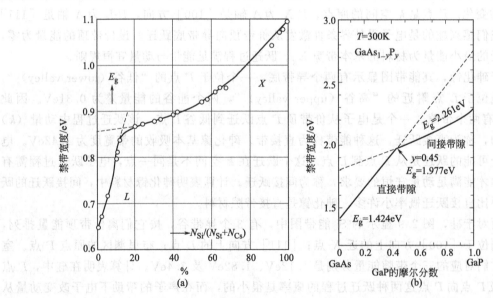

图 2.10　合金带隙宽度随组分变化的关系

2.1.2　半导体中的杂质与缺陷

在理想的半导体晶体中，电子在严格的周期性势场中自由地运动。可以想象，如果晶体生长过程中有缺陷产生或有杂质引入，这都将对晶体的周期场产生扰动。凡晶体周期势场被破坏了的对应位置均称为缺陷。在实际材料中的缺陷是不可避免的。从缺陷产生来分，可分成两类：一类缺陷是在材料制备过程中无意引进的，称为本征缺陷，如在格点位置上缺少一个原子的空位缺陷、格点上原子排列倒置的反位缺陷、原子处于格点之间的间隙原子、较大尺寸范围的有位错、层错缺陷等；另一类是由于材料纯度不够，杂质原子替代晶体的基质原子引进的杂质缺陷。无论是本征缺陷或杂质，它们主要特征是破坏了晶体原子排列的周期性，引起晶体周期势场的畸变，其结果是在禁带中引进新的电子态，称为缺陷态或杂质态。

2.1.2.1　本征半导体

纯净晶体结构的半导体称为本征半导体。常用的半导体材料是硅和锗，它们都是四价元素，在原子结构中最外层轨道上有 4 个价电子。把硅或锗材料拉制成单晶体时，相邻两个原子的一对最外层电子（价电子）成为共有电子，它们一方面围绕自身的原子核运动，另一方面又出现在相邻原子所属的轨道上。即价电子不仅受到自身原子核的作用，同时还受到相邻原子核的吸引。于是，两个相邻的原子共有一对价电子，组成共价键结构。故晶体中，每个原子都和周围的 4 个原子用共价键的形式互相紧密地联系起来。

共价键中的价电子由于热运动而获得一定的能量，其中少数能够摆脱共价键的束缚而成为自由电子，同时必然在共价键中留下带正电的空穴。由此可见，半导体中存在着两种载流子：带负电的自由电子和带正电的空穴。本征半导体中，自由电子与空穴是同时成对产生的，因此，它们的浓度是相等的（图 2.11）。我们用 n 和 p 分别表示电子和空穴的浓度，即 $n_i = p_i$，下标 i 表示为本征半导体。

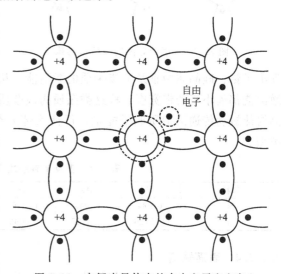

图 2.11　本征半导体中的自由电子和空穴

价电子在热运动中获得能量产生了电子-空穴对。同时自由电子在运动过程中失去能量，与空穴相遇，使电子、空穴对消失，这种现象称为复合。在一定温度下，载流子的产生过程和复合过程是相对平衡的，载流子的浓度是一定的。本征半导体中载流子的浓度，除与半导体材料本身的性质有关外，还与温度有关。随着温度的升高，基本上按指数规律增加。因此，半导体载流子浓度对温度十分敏感。对于硅材料，约每升高 8℃，本征载流子浓度 n_i 增加 1 倍；对于锗材料，大约温度每升高 12℃，n_i 增加 1 倍。半导体载流子浓度还与光照有关，利用此特性可制备光敏器件。

2.1.2.2　n 型半导体

图 2.12 画出了 V 族杂质如磷原子替代一个硅原子进入硅晶格的二维结构。硅原子的电子组态是 $1s^2 2s^2 2p^6 3s^2 3p^2$，有 4 个价电子。磷原子的电子组态是 $1s^2 2s^2 2p^6 3s^2 3p^3$，有 5 个价电子。磷原子与周围四个硅原子形成 4 对共价键，还多出一个 3p 电子，低温下该电子束缚在磷离子（P_4）周围，保持电中性。在一定温度下该电子很容易摆脱束缚成为导带的自由电子。磷原子成为荷正电的离子，电子从杂质束缚态到自由态需要的能量称为杂质激活能 E_D，磷在硅晶体中的激活能为 0.044eV，因此磷原子束缚态能级在导带以下。V 族杂质在 Ge、Si 晶体中，均可提供电子，通常称这类能提供电子到导带并成为正电中心的杂质或缺陷称为施主杂质，该类杂质电离能称为施主杂质激活能 E_D。

2.1.2.3　p 型半导体

如果替代杂质是荷负电的中心，如Ⅲ族的硼原子，硼原子的电子组态是 $1s^2 2s^2 2p^1$，最

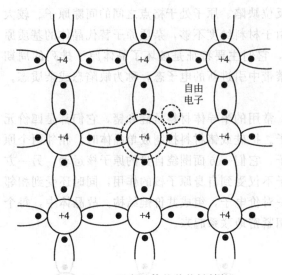

图 2.12　n型半导体的共价键结构

外层有 3 个价电子。当它取代了 Si 晶格中一个格点位置后，硼原子与周围的 3 个 Si 原子形成 3 个 B-Si 共价键，尚缺一个电子与第四个 Si 原子成键。此处的硼原子相当于束缚了一个空穴。若硼原子从价带获得一个电子，即硼原子上的空穴激发到价带，空穴在价带是自由的，则自身成为荷负电的硼离子（B⁻）。Ⅲ族的杂质在 Ge、Si 晶体中，处于束缚态对是电中性的，接受电子后形成荷负电中心的杂质。对于这类杂质称为受主杂质。杂质上的空穴从束缚态到价带需要的能量称为受主杂质激活能 E_A。由于空穴能量增加的方向是与电子能量方向相反的，因此受主杂质能级的位置在价带以上。表 2.1 列出了锗、硅晶体中Ⅲ及Ⅴ族杂质的激活能。从表中看出锗硅材料中施主杂质和受主杂质的激活能都远小于禁带宽度，称这类杂质为浅杂质，所对应的杂质能级称为浅能级。在室温下晶格热振动传递给杂质原子能量，可使大部分杂质离化。这些浅杂质决定了半导体的导电类型。

表 2.1　Ⅲ及Ⅴ族杂质在锗和硅中的激活能　　　　　　　　单位：eV

材料	P	As	Sb	B	Al	Ga	In
Si	0.044	0.049	0.039	0.045	0.057	0.065	0.16
Ge	0.0126	0.0127	0.0096	0.01	0.01	0.011	0.011

2.1.2.4　表面缺陷

固体中存在的另一种本征缺陷是表面缺陷。能带理论计算表明，由于原子期性排列在表面的中断，表面周期势场的变化在禁带中产生本征的表面能级。从化学键的概念来说，固体表面最外层的原子将至少有一个未配对的电子，成为悬挂键即表面态。制备过程引起的表面损伤、外来原子的吸附等都将产生表面缺陷。这些结构的缺陷若存在于器件的界面，即称界面态。表面或界面缺陷态对器件性能有极重要的影响。

2.1.3　平衡态载流子分布

在一定温度下，半导体中载流子（电子、空穴）的来源；一是电子从价带直接激发到导带、在价带留下空穴的本征激发；二是施主或受主杂质的电离激发，与载流子的热激发过程相对应，还会伴随有电子与空穴的复合过程。最终系统中的产生与复合将达到热力学平衡的过程，称此动态平衡下的载流子为热平衡载流子。电子作为费米子，服从费米-狄拉克统计分布，可用费米分布函数 $f(E)$ 描述，$f(E)$ 表示能量为 E 的能级上被电子填充的概率：

$$f(E)=\frac{1}{\exp\dfrac{E-E_F}{k_BT}+1} \tag{2.11}$$

式中，E_F 为费米能级，是系统中电子的化学势，在一定意义上代表电子的平均能量；k_B 为玻尔兹曼常量。

费米能级位置与材料的电子结构、温度及导电类型等有关。对于给定的材料，它仅是温度的函数。如图 2.12 所示，当 $T=0$K，电子在能量小于 E_F 能级上的填充概率 $f(E)=1$。能量大于 E_F，$f(E)=0$。在 $T\neq0$K 情况下，电子在能量大于 E_F 能级上的填充概率 $f(E)\neq0$。随温度升高，电子在高能量的填充概率逐渐增加，而在低能量的填充概率减小。图 2.13 中 $T_2>T_1$，电子在高能量填充概率的增加更明显。在 $E-E_F\gg k_BT$ 条件下，式 (2.11) 的分母远大于 1，费米分布可表示为：

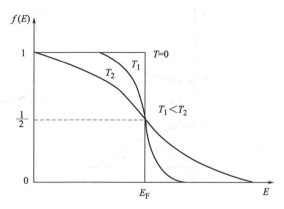

图 2.13 费米函数随温度的变化

$$f(E)=\exp\left(-\frac{E-E_F}{k_BT}\right) \tag{2.12}$$

式 (2.12) 称为电子的玻尔兹曼分布，一般高能量的电子很少，高能级上电子的填充可看成是随意的，此时对能量较高的能级的填充概率，可认为不受泡利不相容原理的限制。空穴在能量为 E 能级上填充的概率应该是能级未被电子填充的概率，表示成 $1-f(E)$。空穴的分布函数为：

$$f(E)=\frac{1}{\exp\dfrac{E_F-E}{k_BT}+1} \tag{2.13}$$

有了导带和价带的态密度分布及电子与空穴的分布函数，就可计算在能带内的载流子浓度。以电子浓度为例：在能量 $E\rightarrow E+\mathrm{d}E$ 内的电子数 $\mathrm{d}n$，应是在该能量范围内状态密度和分布函数的乘积，为：

$$\mathrm{d}n=f(E)N_c(E)\mathrm{d}E \tag{2.14}$$

将导带底的态密度函数

$$N_c(E)=\frac{(2m_c^*)^{3/2}}{2\pi^2h^3}(E-E_c)^{1/2} \tag{2.15}$$

及对于非简并半导体采用玻尔兹曼分布式 (2.12) 代入式 (2.14)，得：

$$\mathrm{d}n=\frac{V(2m_c^*)^{3/2}}{2\pi^2h^3}\exp\left(-\frac{E-E_F}{k_BT}\right)(E-E_c)^{1/2}\mathrm{d}E \tag{2.16}$$

对式 (2.16) 在整个导带宽度积分，求出热平衡电子浓度 n_0：

$$n_0=2\left(\frac{m_c^*k_BT}{2\pi h^2}\right)^{3/2}\exp\left(-\frac{E_c-E_F}{k_BT}\right)=N_c\exp\left(-\frac{E_c-E_F}{k_BT}\right) \tag{2.17}$$

类似地求出热平衡空穴浓度：

$$p_0=2\left(\frac{m_v^*k_BT}{2\pi h^2}\right)^{3/2}\exp\left(-\frac{E_F-E_v}{k_BT}\right)=N_V\exp\left(-\frac{E_F-E_v}{k_BT}\right) \tag{2.18}$$

其中，N_v 为价带顶的有效态密度：

$$N_V=2\left(\frac{m_v^*k_BT}{2\pi h^2}\right)^{3/2} \tag{2.19}$$

图 2.14 图解了电子、空穴浓度与分布函数及能带态密度的关系。

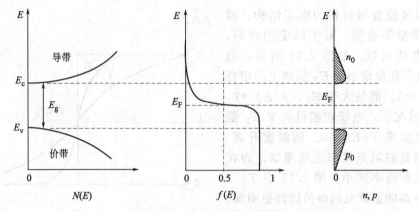

图 2.14　电子、空穴浓度与能带态密度及分布函数

取 n_0 与 p_0 的乘积为：

$$n_0 p_0 = N_c N_v e^{-E_g/k_B T} \tag{2.20}$$

式（2.20）表明，对于给定的材料 $n_0 p_0$ 乘积仅是温度的函数，与费米能级无关。这表明在一定温度下 n_0 与 p_0 是相互制衡的，称 $n_0 p_0$ 积为热平衡常数。

对于本征半导体，$n_0 = p_0 = n_i$，称 n_i 为本征载流子浓度。据式（2.17）和式（2.18），得出本征半导体的费米能级：

$$E_F = E_i = \frac{1}{2}(E_c + E_v) + \frac{1}{2} k_B T \ln \frac{N_v}{N_c} = \frac{1}{2}(E_c + E_v) + \frac{3}{4} k_B T \ln \frac{m_v^*}{N_c^*} \tag{2.21}$$

由式（2.21）看出，本征半导体的费米能级基本位于带隙中央，由于价带和导带态密度的不同（$N_v/N_c \neq 1$）导致稍偏离带隙中央。

本征载流子浓度为：

$$n_i = n_0 = p_0 = (N_c N_v)^{1/2} e^{-E_g/2k_B T} \tag{2.22}$$

将本征载流子浓度 n_i 代入式（2.15）和式（2.16），它们可表示为：

$$n_0 = n_i e^{\frac{E_F - E_i}{k_B T}} \tag{2.23}$$

$$p_0 = n_i e^{\frac{E_i - E_g}{k_B T}} \tag{2.24}$$

$$n_0 p_0 = n_i^2 \tag{2.25}$$

对于一定的材料，n_i 仅是温度的函数。

讨论掺杂半导体的载流子浓度，与讨论本征载流子浓度相类似，电子在施主能级 E_D 及空穴在受主能级 E_A 的填充概率可分别写为：

$$f_D(E) = \frac{1}{1 + \frac{1}{2} \exp \dfrac{E_D - E_f}{k_B T} + 1} \tag{2.26}$$

$$f_D(E) = \frac{1}{1 + \frac{1}{2} \exp \dfrac{E_F - E_A}{k_B T} + 1} \tag{2.27}$$

若施主和受主杂质浓度分别为 N_D 和 N_A，在杂质能级 E_D 及 E_A 能级上电子和空穴的浓度为：

$$n_D = N_D f_D(E_D) \tag{2.28}$$

$$p_A = N_A f_A(E_A) \tag{2.29}$$

由于杂质激发在导带和价带的电子和空穴浓度为：

$$n_{CD} = N_D[1 - f_D(E)] \tag{2.30}$$

$$n_{VA} = N_A[1 - f_A(E)] \tag{2.31}$$

以上分析可知，掺杂半导体的载流子有两个来源：一是从价带到导带的本征激发，二是杂质离化的贡献，这两部分均是温度的函数。图 2.15 是 n 型半导体电子浓度随温度变化的示意。在低温下，本征激发很小，杂质是浅能级，离化能较小，载流子浓度主要随杂质的离化而指数上升，斜率为 $(E_c - E_D)/2k_B$，当温度上升到杂质完全离化，但本征激发仍是很小时，呈现一个平台。本征激发主要发生在高温区，以斜率为 $E_g/2k_B$ 的指数增加。

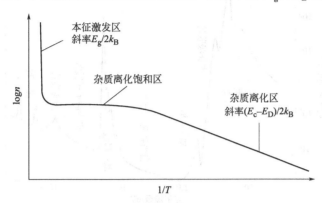

图 2.15 n 型半导体电子浓度随温度变化的示意

以 n 型材料为例，在完全电离的温度条件下，半导体中的负电荷是导带中的电子浓度，正电荷是价带中的空穴与离化施主杂质 N_D^+ 之和，根据电中性条件，有：

$$p_0 + N_D^+ - n_0 = 0 \tag{2.32}$$

通过关系 $n_0 p_0 = n_i^2$ 及费米分布函数可以求出 n_0、p_0 及 N_D^+ 的一般解。对于杂质完全电离的情况，有：

$$N_D^+ \approx N_D, \quad p_0 + N_D - n_0 = 0 \tag{2.33}$$

当 N_D 较大，$p_0 \ll N_D$，电子浓度基本上与施主杂质浓度相等，$n_0 \approx N_D$。应用热平衡常数，可获得 $p_0 = n_i^2/N_D$。例如，若晶体硅中掺磷浓度为 $10^{17}/cm^3$，在室温下认为是全部离化的，因此 $n_0 = 10^{17}/cm^3$；引用室温下 n_i 的值，计算空穴的浓度为 $p_0 = n_i^2/10^{17} = 0 = 2.1 \times 10^3/cm^3$。与电子相比，电子为多数载流子，空穴为少数载流子，$n_0 \gg p_0$，为 n 型半导体。对于掺受主杂质的 p 型半导体，分析是类似的。

半导体材料中，可能同时有施主和受主杂质，将产生杂质补偿效应。设施主杂质浓度大于受主杂质浓度，在不考虑本征激发情况下，由于能级位置的关系，施主上束缚电子将先补偿受主杂质，再提供电子给导带。当杂质能级完全电离情况下 $n_0 = |N_D - N_A|$。

2.1.4 半导体光吸收

一束光在固体中的传播，其光强强度是随离表面的距离 x 而衰减：

$$I = I_0 \exp(-\alpha x) \tag{2.34}$$

式中，I_0 为入射光强强度；α 为材料的光吸收系数。光强衰减是固体吸收了一定能量的光子将电子从较低的能态激发到较高的能态的结果。半导体中有多种光的吸收过程：能带之间的本征吸收、激子的吸收、子带之间的吸收、来自同一带内载流子的跃迁的自由载流子吸收、与晶格振动能级之间的跃迁相关的晶格吸收等。图 2.16 为半导体的不同光吸收及其相应的大致的能量位置的设想图。吸收过程反映了电子或声子不同的跃迁的机制。对不同吸收过程的研究将有效地提供晶体能带结构及声子谱等的信息。其中与光伏电池有关的基本吸收过程——电子从价带跃迁到导带的本征吸收。发生本征吸收的条件是光子能量必须满足 $h\nu \geqslant E_g$ 的关系。与光吸收相伴随的电子跃迁是由能带结构与能量、动量守恒原则确定的。

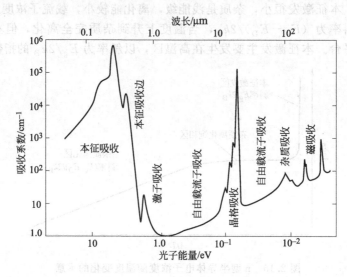

图 2.16　半导体光吸收谱示意

2.1.4.1　直接带隙半导体的光吸收

直接带隙半导体的能带结构示意图如图 2.17 所示。考虑电子与光子的相互作用，能量大于 E_g 的光子激发一个电子从价带跃迁到导带。在 k 空间，电子跃迁前、后的波矢分别是 k_v 和 k_c，光子波矢为 k，它们满足动量守恒：

$$k_v + k = k_c \tag{2.35}$$

若光子的能量约为 1eV 量级，光子波矢的绝对值 k 约为 $5 \times 10^{-4} \text{Å}^{-1}$，而布里渊区的线度（即电子波矢的量级）约为 1Å^{-1}。因此与电子的波矢相比，光子的 k 值可忽略不计，式 (2.35) 可简化成 $k_v = k_c$。此时价带电子是竖直跃迁到导带，称为直接的光吸收。

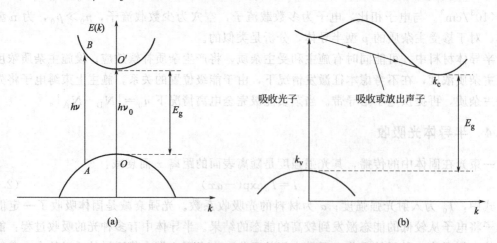

图 2.17　半导体光吸收过程中电子动量变化的示意

光吸收可用光子与电子相互作用的量子理论求出。吸收系数 $\alpha(\omega)$ 定义为单位时间，单位体积净吸收光能量 $I_0(\omega)$ 与入射光能量 $I(\omega)$ 之比。根据量子力学，各向同性材料的吸收系数为：

$$\alpha(\omega) = \frac{2(4\pi^2 e^2)}{m^2 n^2 w_k V_g} \int_{\text{布}} \frac{2}{(2\pi)^3} \left\| \alpha \cdot P_{cv}(k) \right|^2 \delta(E_{ck} - E_{vk} - h\omega) dk \tag{2.36}$$

$$= \frac{2(4\pi^2 e^2)}{m^2 n^2 w_k V_g} |\alpha \cdot P_{cv}(k)|^2 \underbrace{\int \frac{2dk}{(2\pi)^3} \delta(E_{ck} - E_{vk} - h\omega)}_{J_{CV}(h\omega)}$$

式中积分区域为整个布里渊区，其中 $\| \alpha \cdot P_{cv}(k)|^2$ 为跃迁矩阵元；w_k 为光子频率，n 为折射率；V_g 为光的群速度，$J_{CV}(\eta\omega)$ 是与导带、价带的能带 $E(k)$ 相关的联合态密度（joint density of states）。对于一定的材料，吸收系数与联合态密度有直接的关系，因此通过 $E(k)$ 求出 dk 与 dE 的关系，根据能量守恒，可利用式（2.36）计算出吸收系数。

GaAs、GaInP、CdTe 和 Cu(InGa)Se$_2$ 等直接带隙半导体材料的导带底与价带顶的 $E(k)$ 都是球对称的，具有如下形式：

$$E(k) = E_{c0} + \frac{h^2 k^2}{2m_n^*} \tag{2.37}$$

$$E(k) = E_{v0} + \frac{h^2 k^2}{2m_p^*} \tag{2.38}$$

E_{c0} 和 E_{v0} 分别为导带底和价带顶的能量。将式（2.37）和式（2.38）代入式（2.36），得到：

$$\alpha(\omega) = \frac{A^*}{w}(h\omega - E_g)^{1/2} \tag{2.39}$$

其中，A^* 是与材料有关的参量。吸收系数与 $(h\omega - E_g)^{1/2}$ 成正比，这是与前面讨论的价带与导带的态密度与能量成抛物线关系有关的。当吸收系数为零时，光子的能量仅用于电子的跃迁，从而能够获得材料的禁带宽度。

2.1.4.2 间接带隙半导体的光吸收

Si 为间接带隙材料，它的能带图及跃迁过程分别如图 2.10 和图 2.17(b) 所示。价带的极大值 Γ 点与导带极小值（接近 X 点）出现在不同的波矢处。电子初态 $\boldsymbol{k}_v$ 与末态 $\boldsymbol{k}_c$ 之间存在着明显的差异。为同时满足能量守恒与动量守恒，除了光子与电子的相互作用外，须有第三种粒子介入，才能使间接跃迁成为可能。这第三种粒子可以是声子、杂质或缺陷，通常是波矢为 $\boldsymbol{q}$ 的声子。电子从初态到末态的跃迁可以是吸收或发射一个声子，即：

$$k_v = k_c \pm q \tag{2.40}$$

$$E_c - E_v = h\omega \pm h\omega_q \tag{2.41}$$

设价带顶在 Γ 点，$\boldsymbol{k}_v = 0$，导带底 $\boldsymbol{k}_c = \boldsymbol{k}_{c0}$，代入式（2.40），得：

$$-k_c = \pm q \tag{2.42}$$

对间接能隙材料，价带顶与导带底的 $E(k)$ 关系式可表示为：

$$E_v(k_1) = \frac{-h_2 k_1^2}{2m_v^*}, \quad E_c(k_2) = \frac{h^2(k_2 - k_{c0})^2}{2m_c^*} + E_g \tag{2.43}$$

声子能量 $h\omega_q = E_q$，

间接跃迁吸收系数可表示为：

$$\alpha(\omega) = M \iint_{\text{布}} \frac{2}{(2\pi)^6} dk_1 dk_2 \delta\left[\frac{h_2(k_2 - k_{c0})}{2m_c^*} + \frac{h_2 k_1^2}{2m_v^*} + E_g - h\omega - E_q\right] \tag{2.44}$$

当跃迁过程吸收一个声子时，有：

$$\alpha_a(\omega) = \begin{cases} 0 & \hbar\omega < E_g - E_q \\ C_1(\hbar\omega - E_g + E_q)^2 N_q(T) & \hbar\omega > E_g - E_q \end{cases} \quad (2.45)$$

对于放出一个声子，有：

$$\alpha_e(\omega) = \begin{cases} 0 & \hbar\omega < E_g + E_q \\ C_1(\hbar\omega - E_g + E_q)^2 [N_q(T)+1] & \hbar\omega > E_g + E_q \end{cases} \quad (2.46)$$

式中，N_q 为声子数，服从玻色-爱因斯坦统计。通常，$E_g \gg E_q$，总的吸收系数为：

$$\alpha(\omega) = \alpha_a(\omega) + \alpha_e(\omega) \quad (2.47)$$

Si、Ge 和 GaAs 的本征吸收光谱的共同点是存在一个与带隙宽度 E_g 对应的能量阈值，光子能量小于 E_g 时，吸收系数很低，形成本征吸收边。光子能量大于 E_g，吸收系数随光子能量的增加快速上升，渐趋平缓。对 Ge 和 Si 等间接能隙材料，在较高光子能量处，光子的吸收呈二次快速上升，这反映了电子从间接跃迁向直接跃迁的转变。

比较 Si 和 GaAs 的吸收光谱，Si 吸收系数比 GaAs 吸收系数小，这在实验上验证了包含三粒子过程的间接跃迁的概率比直接带隙的跃迁概率要小许多。然而，当光子能量大于 3.4eV，Si 的直接跃迁发生，吸收系数有明显的上升直至与 GaAs 的吸收相当。

温度也会影响半导体的吸收光谱，这是因为带隙宽度与温度有 $E_g(T) = E_g$ 时（0）$+\beta T$ 的关系，温度系数 β 是负的。如 Si 与 GaAs 在 0K 时的 E_g 分别为 1.17eV 与 1.519eV。而在室温下 E_g 分别为 1.12eV 与 1.42eV。温度上升，带隙减小，光谱红移。

实际上，一种材料总是存在着多种光吸收机制，净吸收系数 $\alpha(\hbar\omega)$ 则应该是所有光吸收过程的吸收系数之和，可表示为：

$$\alpha(\eta\omega) = \sum_j \alpha_j(\eta\omega), \quad j = 1,2,3 \quad (2.48)$$

对于非晶材料，它的结构特征是原子排列长程无序，没有长程周期性，因此不存在量子数波矢 k。跃迁过程只要满足能量守恒，无动量守恒的要求，可按直接带隙跃迁来处理。因此，非晶材料的吸收系数往往比同质的晶体材料要大。

2.1.5 非平衡载流子的产生与复合

热平衡状态的载流子分布仅是温度的函数。在实际应用中，在外场（光照、电场等）作用下，载流子分布将偏离热平衡状态。如在恒定光照下，电子被激发到导带产生电子与空穴，载流子浓度增加。同时，载流子浓度增加也加速了导带中电子与价带中空穴的复合。当两个过程达到动态平衡时，形成一个新的稳定状态称非平衡稳态。

2.1.5.1 非平衡载流子产生

非平衡载流子产生的外界条件包括如光照射半导体的光注入；加载在 p-n 结加上正向偏压的电注入；高能粒子辐照等。这些外界条件都能导致半导体内载流子的增加，使半导体处于非热平衡状态，那些偏离热平衡所增加的载流子统称为非平衡载流子。非平衡载流子浓度是非平衡稳态与热平衡态载流子浓度之差。

光吸收系数决定材料或器件产生电子-空穴对的能力。光在半导体中沿光照方向 x 处的产生率 $G(x)$ 定义为在单位时间、单位体积内光吸收产生的电子-空穴对数，单位为 $1/(\text{cm}^3 \cdot \text{s})$。对频率为 ω_0 的单色光吸收系数 $\alpha(\omega_0)$ 产生率可写成：

$$G(x) = I_0 \eta(\omega_0)[1 - R(\omega)]\alpha(\omega_0)e^{-\alpha(\omega_0)x} \quad (2.49)$$

式中，I_0 为入射光强，$R(\omega_0)$ 为光反射系数；$\alpha(\omega_0)$ 为光吸收系数；$\eta(\omega_0)$ 为量子效率，是指一个光子激发电子-空穴对的概率。讨论太阳光在半导体中沿光照方向 x 的产生率 $G(\omega,x)$ 应该是式(2.49)在光频 $\omega_g \to \infty$ 的积分，此处的 ω_g 由 $E_g = \hbar\omega$ 导出。

$$G(x) = \int_{\omega > \omega_g} [1 - R(\omega)] \alpha(\omega_0) Q(\omega) e^{-\alpha x} d\omega \tag{2.50}$$

式中，$Q(\omega)$ 为太阳光子流密度的光谱分布（也称光子流谱密度），代表单位面积、单位时间入射太阳光中、能量为 $\hbar\omega$ 的光子数。

2.1.5.2 非平衡载流子复合

外界注入使半导体处于非热平衡状态。当注入条件消失之后，非平衡的载流子将通过复合而回到它们各自的平衡状态，宏观上呈现光生载流子的衰退。光电导实验表明非平衡载流子的浓度呈指数衰退。如 p 型半导体，少数载流子电子浓度随时间变化规律为：

$$\Delta n(t) = \Delta n_0 e^{-\frac{t}{\tau}} \tag{2.51}$$

非平衡载流子浓度减少到 $1/e$ 所需的时间为非平衡载流子在导带或价带平均存在时间为 τ，也称为非平衡载流子的寿命，τ 是材料质量的主要标志之一。

实际上复合过程在任何时间都是存在的，即使在热平衡情况下，载流子浓度是由一定温度下电子和空穴的产生与复合之间的平衡，即产生率等于复合率来决定的。

电子与空穴的复合途径有两类，分别是带间的直接复合和通过带隙中复合中心的间接复合。

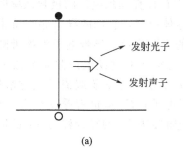
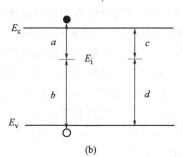

图 2.18 电子与空穴的复合途径

E_i 为复合中心，a 和 b 分别代表 E_i 俘获电子和空穴的过程，
c 和 d 分别代表 E_i 发射电子和空穴的过程

电子与空穴的复合过程是能量释放的过程，根据能量释放的方式也就是复合机制，又可分成几种情况。

（1）辐射复合　辐射复合是光吸收的逆过程。电子与空穴复合的能量以发射光子的方式释放。根据能量释放的途径，复合过程分为直接复合和间接复合。直接复合是没有声子参加的绝热电子跃迁，其复合概率较大。间接复合是需要声子参加的过程。因此，直接跃迁材料的辐射复合概率比间接带隙材料的辐射复合概率大很多。这是 GaAs 等直接带隙材料适于制备发光器件的原因。

① 直接复合过程　直接辐射复合过程中，导带中电子向下跃迁与价带空穴相遇，电子-空穴对消失并发射一个光子，复合过程中没有动量的变化，故而直接复合概率高。复合率 R 定义为单位时间、单位体积复合的电子与空穴数。R 与载流子浓度 n 及 p 成正比：

$$R = r_{rad} np \tag{2.52}$$

式中，r_{rad} 为辐射系数或电子与空穴的辐射复合概率。

热平衡时载流子浓度为 n_0 及 p_0，此时的复合率 $R_0 = r_{rad} n_0 p_0$。热平衡时复合率等于产生率，即 $G_0 = R_0$。

外场作用下，产生率 G 增加，非平衡载流子的浓度增加使复合率 R 也增加，并重新达到一个新的非平衡稳态，此时 $G = R$。当外场撤出后，产生率 G 降低到热产生率 G_0，复合率 R 大于热产生率 G_0，非平衡载流子浓度发生衰减，净复合率 U 可写成：

$$U = R - G_0 = r_{rad}(np - n_i^2) \tag{2.53}$$

对于 p 型半导体，$n_0 \ll p_0$，小信号条件下（Δn，$\Delta p \ll n_0 + p_0$），净辐射复合率表示为：

$$U_{rad} = \frac{n - n_0}{\tau_{n,rad}} \tag{2.54}$$

$$\tau_{n,rad} = \frac{1}{r_{rad} N_A} \tag{2.55}$$

式（2.56）表明净复合率 U_{rad} 正比于非平衡少数载流子浓度。这里 $\tau_{n,rad}$ 出为少数载流子的辐射复合寿命，少数载流子寿命反比于掺杂浓度。同样分析可得 n 型 $p_0 \ll n_0$，半导体的净辐射复合率和少数载流子辐射复合寿命为 $\tau_{p,rad}$。

$$U_{rad} = \frac{p - p_0}{\tau_{p,rad}} \tag{2.56}$$

$$\tau_{p,rad} = \frac{1}{r_{rad} N_D} \tag{2.57}$$

辐射复合对理论分析太阳电池是不可缺少的，特别在计算理想电池的极限效率时。

② 间接复合过程　对于 Ge、Si 这类间接带隙半导体材料，它们的导带底与价带顶不在 k 空间的同一点，通过复合中心的间接复合成为复合的主要途径：导带电子先被带隙中的缺陷或陷阱能级俘获，该能级再俘获价带的空穴，电子与空穴通过缺陷或陷阱能级复合而消失。带隙中陷阱能级 E_t 亦称为复合中心。图 2.18(b) 显示了非平衡载流子通过浓度为 N_t 的缺陷能级 E_t 产生-复合的微观过程。E_t 从导带俘获电子；E_t 从价带俘获空穴；从 E_t 发射电子到导带；从 E_t 发射空穴到价带。这种通过单陷阱能级 E_t 的复合称为 Shockley-Read-Hall（SRH）复合。

这种复合模式的净复合率，可表示为：

$$U_{SRH} = \frac{np - n_i^2}{\tau_{n,SRH}(p + p_t) + \tau_{p,SRH}(n + n_t)} \tag{2.58}$$

其中 p_i 和 n_i 分别为空穴和电子的准费米能级，$\tau_{n,SRH}$ 和 $\tau_{p,SRH}$ 分别为电子和空穴寿命。

$$p_t = n_i e^{\frac{E_i - E_t}{k_B T}}, \quad n_t = n_i e^{\frac{E_t - E_i}{k_B T}} \tag{2.59}$$

$$\tau_{n,SHR} = \frac{1}{v_n \sigma_n N_t}, \quad \tau_{p,SRH} = \frac{1}{v_p \sigma_p N_t} \tag{2.60}$$

其中，v_n 与 v_p 分别为电子与空穴的平均热运动速度，σ_n 和 σ_p 分别表示复合中心 E_t 对电子和空穴的俘获界面。

实际半导体中，带隙中可能有多个复合能级。当复合能级位于带隙中央即 $E_t = E_i$，对 SRH 的复合贡献最大。n 型半导体在小注入及 $E_t = E_i$ 情况下，$n \approx n_0 \gg p_0$，$p_0 \leqslant p \leqslant n_0$，复合率可表示为：

$$U_{SRH} \approx \frac{p - p_0}{\tau_{p,SRH}} \tag{2.61}$$

（2）非辐射复合　无论直接或间接复合，释放的能量均以发射声子的方式交给晶格。直接的效果是提高晶格温度。该过程极易发生。间接带隙材料中非平衡载流子的复合过程主要是非辐射复合。

（3）俄歇（Auger）复合　也是一种非辐射复合。

与带间直接复合不同的是，俄歇复合的跃迁和复合虽然是带间的跃迁和直接的复合，然而复合释放的能量不是直接发射光子，而是交给了晶体中邻近的载流子。该载流子从导带（或价带）的低能态激发到高能态，随后从高能态通过发射声子回到导带底（或价带顶），如图 2.19（a）所示。

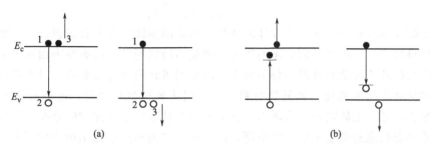

图 2.19　俄歇复合过程

俄歇复合是"三粒子"的相互作用，对于带-带的俄歇复合，涉及两个电子与一个空穴，或两个空穴与一个电子，因此其复合率与三粒子的浓度有关。对两个电子与一个空穴的碰撞，复合率为：

$$R_{aug,n} = r_{aug,n} n^2 p \tag{2.62}$$

对于两个空穴与一个电子的过程，复合率为：

$$R_{aug,p} = r_{aug,p} p^2 n \tag{2.63}$$

式中，r_{aug} 为俄歇复合系数。

俄歇复合的逆过程是碰撞电离，是电子-空穴对的产生过程。当两者达到平衡时，得到的净复合率为：

$$U_{aug} = (r_{aug,n} n + r_{aug,p} p)(np - n_i^2) \tag{2.64}$$

俄歇复合概率为载流子浓度的 3 次方关系，故俄歇过程容易发生在载流子浓度高的情况。对于高掺杂、窄带隙、强注入或高温条件下的半导体，俄歇过程将是主要的复合通道。

在小注入条件下，俄歇复合的寿命 τ 表示为：

$$\tau = \frac{1}{r_{aug,n} n_0^2 + (r_{aug,n} + r_{aug,p}) n_i^2 + r_{aug,p} p_0^2} \tag{2.65}$$

对于 n 型半导体，带-带俄歇复合的空穴寿命和 p 型半导体的带-带俄歇复合的电子寿命分别为：

$$\tau_{aug,n} = \frac{1}{r_{aug,n} N_A^2} \tag{2.66}$$

$$\tau_{aug,p} = \frac{1}{r_{aug,p} N_D^2} \tag{2.67}$$

俄歇复合也可以通过复合中心完成，靠近导带的缺陷态上的电子与价带空穴复合，其释放的能量交给了导带中的一个电子，使其激发到导带较高能态，如图 2.19（b），当然它涉及的过程更复杂。

俄歇复合要求复合过程满足动量和能量守恒，因此俄歇过程也能在间接带隙材料中发生。

上述诸多复合过程彼此是独立或平行发生的，而且带隙中也可能有多个陷阱能级的分布，因此总复合率是由各种过程所引起的复合率之和：

$$U = \sum_i U_{i,\text{SRH}} + U_{\text{rad}} + U_{\text{aug}} \tag{2.68}$$

式中，i 代表不同的陷阱能级，对于掺杂材料，小信号输入情况下，少数载流子的有效寿命为：

$$\frac{1}{\tau} = \sum_i \frac{1}{\tau_{i,\text{SRH}}} + \frac{1}{\tau_{\text{rad}}} + \frac{1}{\tau_{\text{aug}}} \tag{2.69}$$

（4）表面和界面复合　除了半导体的体性质如缺陷能级影响复合过程外，非平衡载流子复合也受材料尺寸、形状和表面状态的影响。因晶体的周期性中断而在表面所产生的大量悬挂键、表面损伤及外来杂质吸附等都可能在带隙中引进缺陷态即表面态。对于器件而言，任意两种不同材料之间的界面，如异质材料之间、同质异构材料之间、电极材料与有源层之间，均可在界面处产生缺陷态。表面态或界面态可在禁带中呈现连续的分布，这些与复合相关的表面或界面缺陷通常集中在二维空间，因此用单位面积而不是用单位体积来描述它们。

与体内的缺陷态一样，表面或界面态对电子和空穴起复合中心的作用，将增加载流子在表面或界面区的复合。表面复合的分析与通过复合中心的间接复合类似。实验上测得的非平衡载流子寿命应是体内复合与表面复合的综合结果。下式内的 f 是与表面相关的因子：

$$\frac{1}{\tau} = \frac{1}{\tau_{\text{体}}} + \frac{f}{\tau_{\text{表面}}} \tag{2.70}$$

2.1.5.3　非平衡载流子浓度

设热平衡时电子及空穴的浓度分别为 n_0、p_0，电导为 σ_0。在光照下，载流子达到一个新的平衡态，电子及空穴的浓度增加到 $n_0 + \Delta n$ 和 $p_0 + \Delta p$，Δn，Δp 为非平衡载流子浓度。相应的电导率为：

$$\sigma = q[(n_0 + \Delta n)\mu_n + (p_0 + \Delta p)\mu_p] \tag{2.71}$$

恒定光照下 $\Delta n = \Delta p$，电导率的增加为光电导 σ_p：

$$\sigma_p = \sigma - \sigma_0 = q\Delta n(\mu_n + \mu_p) \tag{2.72}$$

对于本征半导体，光照引起电子电导与空穴电导的变化是相近的，在同一个量级。对于掺杂半导体，电导的变化与平衡载流子的状况有关。通常，外场条件对少数载流子的影响更为灵敏。

在非平衡稳态，载流子不再遵循费米-狄拉克分布式。若考虑载流子寿命是 $10^{-8} \sim 10^{-3}$ s，载流子与晶格相互作用弛豫时间约为 10^{-10} s，表明在同一带内，仅需很短的时间即能实现带内载流子的新平衡。因此可认为电子在导带处于准热平衡态，相应的温度为 T_n。同样价带空穴也处于准热平衡态，相应的温度为 T_p。原则上 T_n、T_p 与晶格温度（环境温度）T 是不等的。倘若 $T_n > T$，则是热电子的情况。在外场作用不是很强的情况下，可认为 $T = T_n = T_p$。由于导带和价带之间能量差别大，电子与空穴没有统一的费米能级。对于处于准热平衡的导带和价带，分别引入电子和空穴的准费米能级 E_{Fn} 和 E_{Fp}，导带和价带非平衡载流子分布可表述为：

$$f_n(E) = \frac{1}{\exp\dfrac{E - E_{\text{Fn}}}{k_B T} + 1} \tag{2.73}$$

$$f_{\mathrm{p}}(E)=\frac{1}{\exp\dfrac{E_{\mathrm{Fp}}-E}{k_{\mathrm{B}}T}+1} \tag{2.74}$$

此时，非平衡载流子浓度可表示为：

$$n=N_{\mathrm{c}}\exp\left(-\frac{E_{\mathrm{c}}-E_{\mathrm{Fn}}}{k_{\mathrm{B}}T}\right) \tag{2.75}$$

$$p=N_{\mathrm{v}}\exp\left(-\frac{E_{\mathrm{Fp}}-E_{\mathrm{v}}}{k_{\mathrm{B}}T}\right) \tag{2.76}$$

电子和空穴浓度的乘积为：

$$np=n_0 p_0\exp\left(-\frac{E_{\mathrm{Fn}}-E_{\mathrm{Fp}}}{k_{\mathrm{B}}T}\right)=n_{\mathrm{i}}^2\exp\left(-\frac{E_{\mathrm{Fn}}-E_{\mathrm{Fp}}}{k_{\mathrm{B}}T}\right) \tag{2.77}$$

式（2.77）表明，电子与空穴的准费米能级之差，$\Delta E_{\mathrm{F}}=E_{\mathrm{Fn}}-E_{\mathrm{Fp}}$ 反映了半导体偏离热平衡的程度。若 $\Delta E_{\mathrm{F}}=0$ 电子和空穴费米能级重合，形成单一的费米能级，回到热平衡状态。

2.1.6 载流子输运性质

2.1.6.1 漂移运动与迁移率

在电场作用下，自由空穴沿电场方向的漂移，或电子逆电场方向的漂移，均将形成电流。载流子从电场不断获得能量而加速，因此其漂移速度与电场有关。对于一个恒定电场，漂移运动速度 v_{D} 与电场强度 F 成正比，$v_{\mathrm{D}}=\mu F$。比例系数 μ 称为迁移率，定义为单位电场下的载流子漂移速度。原则上迁移率是电场的函数，但在弱场下迁移率与电场无关，可看成是常数。太阳电池通常工作在低电场条件。电子浓度为 n 的漂移电流密度 I_{n} 为：

$$I_{\mathrm{n}}=-qnv_{\mathrm{D}}=qn\mu_{\mathrm{n}}F \tag{2.78}$$

空穴浓度为 p 的漂移电流密度 I_{p} 为：

$$I_{\mathrm{p}}=qpv_{\mathrm{D}}=qp\mu_{\mathrm{p}}F \tag{2.79}$$

n 型和 p 型半导体电导率分别表示成：

$$\sigma_{\mathrm{n}}=nq\mu_{\mathrm{n}}, \ \sigma_{\mathrm{p}}=pq\mu_{\mathrm{p}} \tag{2.80}$$

另外，载流子在晶体场中受到晶体体中偏离周期场的畸变势的散射作用，失去原来的运动方向或损失能量，经重新加速，再散射和再加速不断地进行，最后偏离周期势的散射作用使载流子漂移速度不会无限地增大。

迁移率是半导体材料主要的宏观参数之一，其单位为 $\mathrm{cm}^2/(\mathrm{V \cdot s})$。它是由固体中载流子运动遭遇的散射过程所决定的，涉及晶体中的晶格缺陷、杂质及晶格振动等引起对载流子的弹性散射或非弹性散射。描述这种散射过程的参数是 τ 或散射概率 $1/\tau$。τ 可理解成载流子在两次散射之间的平均时间间隔，它的大小直接反映了载流子在晶体中运动的迁移能力。迁移率正比于 τ 反比于载流子的有效质量：

$$\mu_{\mathrm{n}}=\frac{q\tau}{m_{\mathrm{n}}^*}, \ \mu_{\mathrm{p}}=\frac{q\tau}{m_{\mathrm{p}}^*} \tag{2.81}$$

载流子平均自由时间 τ 由散射过程决定。半导体中有多种散射机制：电离杂质散散射、中性杂质散射、声学波形变势散射、长光学波畸变势散射和长光学波极化势散射等。在诸多散射机制中电离杂质散射与声子散射对迁移率的影响是主要的。

太阳电池的模拟计算中，对晶体 Si 材料。300K，电子迁移率近似地表示成：

$$\mu_n = 92 + \frac{1268}{1 + \left(\frac{N_D^+ + N_A^-}{1.3 \times 10^{17}}\right)^{0.91}} \left[\text{cm}^2/(\text{V} \cdot \text{s})\right] \tag{2.82}$$

空穴迁移率近似地表示：

$$\mu_p = 54.3 + \frac{406.9}{1 + \left(\frac{N_D^+ + N_A^-}{2.35 \times 10^{17}}\right)^{0.88}} \left[\text{cm}^2/(\text{V} \cdot \text{s})\right] \tag{2.83}$$

当杂质浓度大于 $10^{17}/\text{cm}^3$，载流子迁移率随杂质浓度的增加而明显地减少。

2.1.6.2 载流子扩散运动

当固体中粒子浓度（原子、分子、电子、空穴等）在空间分布存在梯度时将发生扩散运动，运动方向从高浓度向低浓度（正好是梯度的反方向）。如一束光入射到半导体材料，在离表面吸收深度的范围内（$1/\alpha$，α 为材料的光吸收系数）将激发形成电子和空穴，因半导体对光的吸收沿入射方向是衰减的，沿从表面向体内方向，光生载流子浓度由高到低不均匀分布。光生电子沿 x 方向的浓度变化为 $\Delta n(x) = n(x) - n_0$。n_0 为无光照处 n 型半导体电子浓度。扩散运动形成的电子扩散流密度可表示为：

$$I_{n\text{扩}} = qD_n \frac{\text{d}\Delta n}{\text{d}x} \tag{2.84}$$

扩散流密度与浓度梯度方向相反，然而电子带负电荷，因此式(2.84)中电流密度 $I_{n\text{扩}}$ 没有负号。类似地，空穴的扩散电流密度为：

$$I_{p\text{扩}} = -qD_p \frac{\text{d}\Delta p}{\text{d}x} \tag{2.85}$$

式中，比例系数 D_n、D_p 分别为电子和空穴的扩散系数，单位是 cm^2/s。

材料中由载流子分布不均匀导致产生附加电场，热平衡条件下，载流子的扩散流与漂移流平衡，半导体对外不表现净的电子流或空穴流，此时材料迁移率与扩散系数之间应满足著名的爱因斯坦关系：

$$\frac{D}{\mu} = \frac{k_B T}{q} \tag{2.86}$$

上式表明材料的迁移率与扩散系数并不是独立的，它们之间相差一个因子 $k_B T/q$。因非平衡载流子在很短的时间内就达到准平衡态。实验证明式(2.86)也可以应用于非平衡载流子。

2.1.6.3 非平衡载流子的扩散与漂移的基本方程

由于外场的注入，表面与体内的差别或材料掺杂不均匀等，非平衡载流子的空间分布通常是不均匀的。扩散运动与漂移运动同时存在。

考虑一维的情况。在半导体的 x 方向有一均匀外场 F 的作用下，非平衡载流子同时有扩散与漂移运动，电子与空穴的电流密度 I_n，I_p 可分别为：

$$I_n = I_{n\text{扩}} + I_{n\text{漂}} = qD_n \frac{\text{d}\Delta n}{\text{d}x} + q\mu_n nF \tag{2.87}$$

$$I_p = I_{p\text{扩}} + I_{p\text{漂}} = -qD_p \frac{\text{d}\Delta p}{\text{d}x} + q\mu_p pF \tag{2.88}$$

应用爱因斯坦关系，总的电流密度方程为：

$$I = I_p + I_n = q\mu_n \left(nF + \frac{k_B T}{q} \frac{\text{d}\Delta n}{\text{d}x}\right) + q\mu_p \left(pF - \frac{k_B T}{q} \frac{\text{d}\Delta p}{\text{d}x}\right) \tag{2.89}$$

同样考虑一维情况。若光沿 x 方向垂直入射半导体表面，在表面产生大量的非平衡载流子，此时，半导体内同时存在漂移、扩散、产生与复合。此时载流子的运动不仅是空间的函数也是时间的因数。在沿 $x \to x+\mathrm{d}x$ 方向上，单位面积电子浓度的变化率则为：

$$\frac{\partial n}{\partial t} = \frac{1}{q} \nabla \cdot J_\mathrm{n}(x) + G - U_\mathrm{n} \tag{2.90}$$

第一项代表在 $x \to x+\mathrm{d}x$ 范围内电子电流密度的梯度引起的电子数的变化。G 和 U_n 表示产生率与复合率。同样可得空穴浓度的变化率：

$$\frac{\partial n}{\partial t} = -\frac{1}{q} \nabla \cdot J_\mathrm{p}(x) + G - U_\mathrm{p} \tag{2.91}$$

把式(2.87)、式(2.88) 代入式(2.90)、式(2.91)，考虑电场 F 是位置的函数，可得到一维非平衡稳态载流子的连续方程：

$$\frac{\partial n}{\partial t} = G_\mathrm{n} - U_\mathrm{n} + n\mu_\mathrm{n} \frac{\partial F}{\partial x} + \mu_\mathrm{n} F \frac{\partial n}{\partial x} + D_\mathrm{n} \frac{\partial^2 n}{\partial x^2} \tag{2.92}$$

$$\frac{\partial p}{\partial t} = G_\mathrm{p} - U_\mathrm{p} + n\mu_\mathrm{p} \frac{\partial F}{\partial x} + \mu_\mathrm{p} F \frac{\partial p}{\partial x} + D_\mathrm{p} \frac{\partial^2 p}{\partial x^2} \tag{2.93}$$

电场强度界的空间分布是由泊松方程决定的：

$$\nabla \cdot F = \frac{\rho(x,y,z)}{\varepsilon_0 \varepsilon_\mathrm{s}} \tag{2.94}$$

$\rho(x, y, z)$ 是半导体内电荷密度分布：

$$\rho(x,y,z) = (p - n + N_\mathrm{D} - N_\mathrm{A}) \tag{2.95}$$

在稳态情况有：

$$\frac{\partial p}{\partial t} = \frac{\partial n}{\partial t} = 0 \tag{2.96}$$

设材料是均匀掺杂的，其带隙宽度、载流子迁移率、介电常数和扩散系数均与位置无关，稳态连续方程为：

$$\mu_\mathrm{n} \frac{\mathrm{d}nF}{\mathrm{d}x} + D_\mathrm{n} \frac{\mathrm{d}^2 n}{\mathrm{d}x^2} + G - U = 0 \tag{2.97}$$

$$\mu_\mathrm{p} \frac{\mathrm{d}pF}{\mathrm{d}x} - D_\mathrm{p} \frac{\mathrm{d}^2 p}{\mathrm{d}x^2} - (G - U) = 0 \tag{2.98}$$

方程(2.94)、方程(2.97)、方程(2.98) 是确定半导体内载流子浓度、电荷密度和电场强度的基本方程组。这是一组相互关联的非线性微分方程，原则上有了边界条件就可求解。实际上方程的求解是很复杂的，通常要通过简化，采用数字解的方法获得器件特性。

考虑较简单的情况，在中性区内的电场极小 $F \approx 0$，因此与扩散电流相比，漂移电流可忽略不计。且是小注入条件，应用式(2.61)，n 型材料的复合项可为：

$$U = \frac{p_\mathrm{n} - p_{0\mathrm{n}}}{\tau_\mathrm{p}} = \frac{\Delta p_\mathrm{n}}{\tau_\mathrm{p}} \tag{2.99}$$

p 型材料的复合项为：

$$U = \frac{n_\mathrm{p} - n_{0\mathrm{p}}}{\tau_\mathrm{n}} = \frac{\Delta n_\mathrm{p}}{\tau_\mathrm{n}} \tag{2.100}$$

式中 Δn_p，及 Δp_n 分别为 p 区和 n 区非平衡少数载流子浓度。在上述条件下，方程(2.97)、方程(2.98) 可简化成为少数载流子扩散方程。对于 n 型半导体有：

$$D_{\mathrm{p}}\frac{\mathrm{d}^2\Delta p_{\mathrm{n}}}{\mathrm{d}x^2}-\frac{\Delta p_{\mathrm{n}}}{\tau_{\mathrm{p}}}+G(x)=0 \tag{2.101}$$

对于 p 型半导体，有：

$$D_{\mathrm{n}}\frac{\mathrm{d}^2\Delta n_{\mathrm{p}}}{\mathrm{d}x^2}-\frac{\Delta n_{\mathrm{p}}}{\tau_{\mathrm{p}}}+G(x)=0 \tag{2.102}$$

上述方程组是分析半导体器件及太阳电场的基本方程。

2.2 半导体 p-n 结基础

掺有施主杂质的 n 型半导体与掺有受主杂质的 p 型半导体的有机结合，形成具有特定功能的结构，该结构被称为 p-n 结。p-n 结是构成半导体器件及其应用组件的基本单元。p-n 结可以是由同一种材料且带隙宽度相同但导电类型不同的材料形成，称为同质结。也可是由带隙宽度不同的材料形成，称为异质结。

2.2.1 热平衡的 p-n 结

根据 p 型及 n 型材料的掺杂情况不同，p-n 结可分为突变结和缓变结。如半导体的掺杂是均匀的，p-n 结形成后在界面两边的杂质空间分布是突变的，称为突变结，一般采用离子注入、浅结扩散或早期的合金结来实现。若 p-n 结界面两边杂质的空间分布是逐渐变化的则称为缓变结，一般采用深结扩散来实现。

2.2.1.1 p-n 结形成与空间电荷区

孤立的 p 型及 n 型半导体的费米能级是不同的，如图 2.20(a) 所示，p 型材料有高的空穴浓度，n 型材料有高的电子浓度。当两者紧密接触形成 p-n 结时，在界面区分别形成空穴与电子的浓度梯度，在此浓度梯度驱使下，n 区的电子向 p 区扩散，留下荷正电的施主离子，形成正的空间电荷区。p 区的空穴向 n 区扩散，留下荷负电的受主离子，形成负的空间电荷区。结果是产生一个从 n 区指向 p 区的电场 F，如图 2.20(b) 所示。与此同时，在该电场 F 作用下，载流子产生漂移流，其方向与扩散流方向相反，将阻止由扩散引起的空间

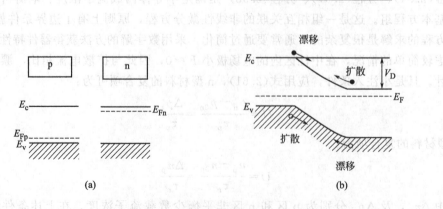

(a)　　　　　　　　　　　　　　　(b)

图 2.20 孤立半导体和热平衡态 p-n 结的能带示意

电荷区电场的增强。当扩散流和漂移流达到平衡时，空间电荷区最终建立的电场 F 称为内建场。同时随内建场的建立，E_{Fn} 与 n 区能带一起下移，或 E_{Fp} 与 p 区能带一起上移。p-n 结形成统一的费米能级，对外不呈现电流。从图 2.20(b) 可看出，p-n 结的形成仅改变它们接触面附近的空间电荷区，如 p 区和 n 区足够厚，离开结一定距离的 p 和 n 区的能带保持不变，近似地认为是没有空间电荷的电中性区，或准中性区。因此 p-n 结可看成由三部分组成：①空间电荷区，区内没有可移动的载流子，载流子耗尽，亦称耗尽区，在此区形成 p-n 结势垒，故又称为势垒区；②准中性的 p 区；③准中性的 n 区。结的内建场补偿了 E_{Fn} 和 E_{Fp} 的移动，结两端电势能差 qV_D，即 p-n 结的势垒高度写为：

$$qV_D = E_{Fn} - E_{Fp} \tag{2.103}$$

在准中性区电子与空穴的热平衡浓度：

$$n_{0n} = n_i e^{\frac{E_{Fn} - E_i}{k_B T}} \tag{2.104}$$

$$p_{0p} = n_i e^{\frac{E_i - E_{Fp}}{k_B T}} \tag{2.105}$$

式(2.105) 的下标"0"表示热平衡条件，下标"n"和"p"分别表示在 n 区和 p 区。对于突变结，室温下 $n_{0n} = N_D$，$p_{0p} = N_A$，p-n 结的势垒高度由两边的掺杂程度决定：

$$V_D = \frac{E_{Fn} - E_{Fp}}{q} = \frac{k_B T}{q} \left(\ln \frac{N_D N_A}{n_i^2} \right) \tag{2.106}$$

2.2.1.2 空间电荷区电势与载流子分布

p-n 结的空间电荷区内的电场和电势分布通过求解泊松方程(2.94)获得。

考虑一维情况有：

$$\frac{d^2 V(x)}{dx^2} = -\frac{\rho(x)}{\varepsilon_0 \varepsilon_s} \tag{2.107}$$

其中，电荷密度分布为：

$$\rho(x) = q[p(x) + p_D(x) - n_A(x) - n(x)] \tag{2.108}$$

式中，$p(x)$、$n(x)$ 为空间电荷区内的自由载流子浓度；$p_D(x)$、$n_A(x)$ 分别为荷正电的离化施主浓度和荷负电的离化受主浓度，ε_0、ε_s 分别为真空介电常数与半导体介电常数。在耗尽层近似条件下，空间电荷区内无可移动的载流子，即 $p(x) = n(x) = 0$。

对突变结而言，杂质完全离化，$p_D(x)$、$n_A(x)$ 由杂质浓度决定。由于是均匀掺杂，电荷密度为：

$$\begin{cases} \rho(x) = qN_D, \ 0 < x \leqslant x_n \\ \rho(x) = -qN_A, \ x_p \leqslant x < 0 \end{cases} \tag{2.109}$$

x_n、x_p 分别为 n、p 区中空间电荷区宽度。将电荷密度代入泊松方程式(2.107)，有：

$$\begin{cases} -\frac{\partial^2 V}{\partial x^2} \approx \frac{q}{\varepsilon_0 \varepsilon_s} N_D, \ 0 < x \leqslant x_n \\ \frac{\partial^2 V}{\partial x^2} \approx \frac{q}{\varepsilon_0 \varepsilon_s} N_A, \ -x_p \leqslant x < 0 \end{cases} \tag{2.110}$$

(1) 电场分布　对式(2.108)一次积分，并应用边界条件：在界面处（$x = 0$）电场连续及空间电荷区外电场为零，可得到如图 2.21(b) 的电场的分布。

$$\begin{cases} F(x) = -\frac{qN_A(x + x_p)}{\varepsilon_0 \varepsilon_s}, \ -x_p \leqslant x < 0 \\ F(x) = -\frac{qN_D(x - x_n)}{\varepsilon_0 \varepsilon_s}, \ 0 < x \leqslant x_n \end{cases} \tag{2.111}$$

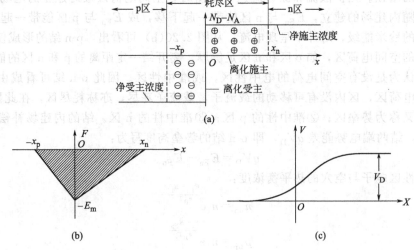

图 2.21 p-n 结的结构示意图（a）、电场分布（b）和电势分布（c）

式（2.114）表明空间电荷区电场是线性分布的，式中的负号表明内建场与 x 方向相反，从 n 区指向 p 区，这与图 2.20 的定性解释是一致的。在 $x=0$ 处有电场的极值 F_m。

$$|E_m| = \frac{qN_A x_p}{\varepsilon_0 \varepsilon_s} = \frac{qN_D x_n}{\varepsilon_0 \varepsilon_s} \tag{2.112}$$

得到：

$$\frac{x_n}{x_p} = \frac{N_A}{N_D} \tag{2.113}$$

式（2.113）表明空间电荷区两侧的宽度与其掺杂浓度的积是常数，即保持电中性之意。空间电荷区主要分布在低掺杂区。

（2）电势分布 对式（2.110）的二次积分，边界条件为：①在耗尽区的 p 区边界，$V(-x_p)=0$ 在 n 区边界，$V(x_n)=V_D$；②$x=0$ 处电势连续。得到电势的分布为：

$$V(x) = \frac{qN_A}{2\varepsilon_0 \varepsilon_s}(x+x_p)^2, \quad -x_p \leqslant x < 0 \tag{2.114}$$

$$V(x) = V_D - \frac{qN_D}{2\varepsilon_0 \varepsilon_s}(x-x_n)^2, \quad 0 \leqslant x < x_n \tag{2.115}$$

热平衡条件下耗尽区总宽度为 $W = x_p + x_n$，即：

$$W = \left[\frac{2\varepsilon_0 \varepsilon_s}{q} \left(\frac{N_D + N_A}{N_D N_A} \right) V_D \right]^{1/2} \tag{2.116}$$

（3）载流子浓度分布 在空间电荷区内，只要空间电荷区各处的电势分布确定，耗尽区内载流子分布仍可按式（2.17）及式（2.18）来表示。n 区和 p 区的能量相差 $V(x)$：

$$E_{cn}(x) = E_{cp} - qV(x) \tag{2.117}$$

$$E_{vn}(x) = E_{vp} - qV(x) \tag{2.118}$$

其中，E_{cn} 和 E_{cp} 分别代表 n 区和 p 区的导带，E_{vn} 和 E_{vp} 分别代表 n 区和 p 区的价带。电子浓度的分布：

$$n_0(x) = N_C e^{[E_{cn}(x) - E_F]/k_B T} = n_{0p} e^{qV(x)/k_B T} \tag{2.119}$$

耗尽区 n 边界的电子浓度 n_{0n} 和耗尽区 p 边界的电子浓度 n_{0p} 有如下关系：

$$n_{0n} = n_{0p} e^{qV_D/k_B T} \tag{2.120}$$

同样可得 n 区和 p 区在耗尽区边界的空穴浓度的关系：

$$p_0(x) = p_{0\mathrm{p}} \mathrm{e}^{-qV(x)/k_\mathrm{B}T} \tag{2.121}$$

$$p_{0\mathrm{n}} = p_{0\mathrm{p}} \mathrm{e}^{-qV_\mathrm{D}/k_\mathrm{B}T} \tag{2.122}$$

式(2.120) 与式(2.122) 相乘可得：

$$n_{0\mathrm{n}}(x) p_{0\mathrm{n}}(x) = n_{0\mathrm{p}} p_{0\mathrm{p}} = n_\mathrm{i}^2 \tag{2.123}$$

说明虽然在空间电荷区载流子浓度是位置的函数，但 $n_{0\mathrm{n}}(x)$ 和 $n_{0\mathrm{p}}(x)$ 乘积（热平衡常数）与位置无关。

2.2.2　p-n 结伏安特性

热平衡 p-n 结的核心部分是空间电荷区。空间电荷区性质由电势的空间分布 $V(x)$ 及势垒宽度 W 来表征。尽管势垒区对外不呈现电流，但存在扩散电流及漂移电流的平衡。在外电场作用下，p-n 结的平衡被打破，处于非平衡状态，p-n 结对外呈现不对称的伏安特性。

为简化分析难度，将 p-n 结视为理想状态，并进行如下假设。

① 耗尽区边界是突变的，耗尽区外是中性的，注入的少数载流子在准中性的 p 区和 n 区进行纯扩散运动。

② 采用玻尔兹曼近似，将载流子浓度与电势差相关联。

③ 耗尽区内电子流和空穴流是不变的。

④ 小注入近似。注入的少数载流子比多数载流子浓度小很多。外电压主要作用于载流子极少甚至耗尽的空间电荷区。

2.2.2.1　外电场作用下的 p-n 结基本过程

（1）正向偏置　p 区接外电场正极，n 区接外电场负极。

当外电场与 p-n 结相连，p-n 结的 p 区接外电场正极，n 区接外电场负极。外电场的偏压为 V_F，其电场方向与内建场方向相反。外电场部分抵消内建场，空间电荷相应减少，空间电荷区变窄，势垒高度从 qV_D 降低到 $q(V_\mathrm{D}-V_\mathrm{F})$。随着内建电场的减弱，漂移电流减小，势垒区中扩散电流与漂移电流不再平衡，产生电子从 n 区相 p 区及空穴从 p 区向 n 区的净扩散电流。电子进入 p 区，积累在边界成为 p 区的非平衡少数载流子。同样，空穴进入 n 区，积累在边界成为 n 区的非平衡少数载流子。积累在边界的非平衡载流子将向 p-n 结两端方向扩散形成扩散流。扩散过程它们将与多数载流子复合，扩散流逐渐减少，经过一定距离后，非平衡载流子完全复合，这一段距离成为扩散区。电场作用使非平衡载流子进入 n 区或 p 区成为电注入。在正向偏压作用下，p-n 结的电流是由从 n 区向 p 区的电子流和从 p 区向 n 区的空穴流组成（图 2.22）。

（2）反向偏置　p 区接外电场正极，n 区接外电场负极。

当外电场与 p-n 结相连，p-n 结的 p 区接外电场负极，n 区接外电场正极。外电场的偏压为 V_R，其电场方向与内建场方向相同。外电场增强内建场，空间电荷增加，空间电荷区变宽，势垒高度从 qV_D 升高到 $q(V_\mathrm{D}+V_\mathrm{R})$。随着内建电场的增强，漂移电流增加，势垒区中扩散电流与漂移电流同样不再平衡，在 n 区边界的少数载流子空穴向 p 区漂移，在 p 区边界的电子向 n 区漂移。实际的效果是边界的少数载流子被电场驱动而减少，内部少子不断地减少，形成了反向偏置下的空穴与电子的扩散电流，犹如少子不断地被抽到另一区，称为少数载流子的抽取或吸出。总的反向电流是势垒区边界少数载流子扩散电流之和。

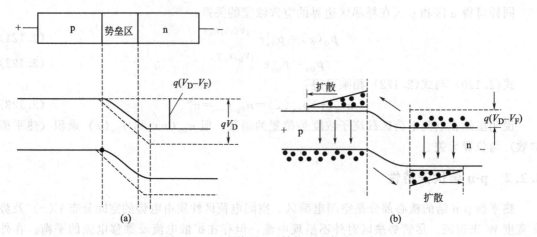

图 2.22　正向偏置 p-n 结势垒和载流运动

2.2.2.2　p-n 结中的费米能级

外电场作用下，p-n 结偏离热平衡状态，载流子浓度用准费米能级 E_{Fn} 和 F_{Fp} 来表征。外场的存在导致 n 区和 p 区均有少子注入，因此，少数载流子的费米能级 $E_{Fn}(x)$ 和 $E_{Fp}(x)$ 是空间位置的函数。图 2.23 给出了不同偏置下的能带图。在扩散区少子的 E_{Fn} 和 E_{Fp} 随空间变化的方向是有外加偏压决定的。图中 L_n 和 L_p 分别是 p 区和 n 区少子的扩散长度。

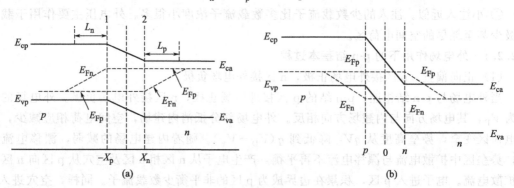

图 2.23　正向偏置（a）和反向偏置（b）下 p-n 结能带图

2.2.2.3　p-n 结的 I-V 特性

势垒区两边的电子浓度与空穴浓度与势垒 $V(x)$ 相关，外加偏压 V 引起势垒高度的变化为 $q(V_D-V)$。正向偏压 V 为正，势垒高度降低；反向偏压 V 为负，势垒高度增加。耗尽区边界的电子浓度为：

$$n_n = n_p e^{q(V_D-V)/k_B T} \tag{2.124}$$

外加偏压下的 p-n 结处于非平衡态，n_n，n_p 分别是 n 区和 p 区在耗尽区边界的电子浓度。在小注入条件下，$n_n \approx n_0$，耗尽区 p 区边界 $x=-x_p$ 处电子浓度：

$$n_p = n_{0p} e^{qV/k_B T} \tag{2.125}$$

p 区边界注入的电子浓度为非平衡条件下该处的电子浓度减去平衡时的电子浓度：

$$n_p - n_{0p} = n_{0p}(e^{qV/k_B T}-1) \tag{2.126}$$

同样，在耗尽区的 n 区边界 $x=x_n$ 处的空穴浓度 p_n：

$$p_n = p_{0n} e^{qV/k_B T} \tag{2.127}$$

n 区边界注入的空穴浓度为边界处的空穴浓度与平衡空穴浓度之差：

$$p_n - p_{0n} = p_{0n}(e^{qV/k_BT} - 1) \tag{2.128}$$

在稳定的外场条件下，根据理想 p-n 结假设，耗尽区内既无产生也无复合，电流主要来自准中性区。在小注入条件并设中性区电场约为 0 的情况下，n 区稳态非平衡少数载流子连续方程写成：

$$D_p \frac{d^2 p_n(x)}{dx^2} - \frac{p_n - p_{0n}}{D_p \tau_p} = 0 \tag{2.129}$$

将式（2.99）及在准中性区少于浓度与热平衡时浓度相等 $p_n(x = \infty) = p_{0n}$，则注入 n 区非平衡少数载流子（空穴）浓度为：

$$p_n - p_{0n} = p_{0n}(e^{qV/k_BT} - 1)e^{-(x-x_n)/L_p} \tag{2.130}$$

式中 $L_p = \sqrt{D_p \tau_p}$，是空穴的扩散长度。同样可得注入 p 区非平衡少数载流子浓度为：

$$n_p - n_{0p} = n_{0p}(e^{qV/k_BT} - 1)e^{-(x-x_p)/L_n} \tag{2.131}$$

式中 $L_n = \sqrt{D_n \tau_n}$，是电子的扩散长度。在 n 区边界 $x = x_n$，得到空穴的扩散电流密度：

$$I_p(x_n) = -qD_p \frac{dp_n(x)}{dx}\bigg|_{x_n} = \frac{qD_p p_{0n}}{L_p}(e^{qV/k_BT} - 1) = \frac{qD_p n_i^2}{N_D L_p}(e^{qV/k_BT} - 1) \tag{2.132}$$

同样在 p 区电子的扩散电流密度为：

$$I_p(-x_p) = -qD_n \frac{dn_p(x)}{dx}\bigg|_{-x_p} = \frac{qD_n p_{0p}}{L_n}(e^{qV/k_BT} - 1) = \frac{qD_n n_i^2}{N_A L_n}(e^{qV/k_BT} - 1) \tag{2.133}$$

通过 p-n 结的总电流是电子与空穴扩散流之和：

$$I = I_n(-x_p) + I_p(x_n) = I_s(e^{qV/k_BT} - 1) \tag{2.134}$$

其中，I_s 为反向饱和电流密度：

$$I_s = \frac{qD_p p_{0n}}{L_p} + \frac{qD_n n_{0p}}{L_n} = qn_i^2 \left(\frac{D_p}{N_D L_p} + \frac{D_n}{N_A L_n} \right) \tag{2.135}$$

式（2.134）就是理想 p-n 结的伏安特性。正偏压时，电流随偏压的增加指数上升。反向偏置时，指数项趋于零，结电流为恒定的反向饱和电流密度 J_s，显示典型的整流特性。图 2.24 给出由式（2.134）描述的 I-V 特性曲线与实测 p-n 结 I-V 曲线的比较。

2.2.2.4　势垒区的产生-复合及大注入效应

式（2.134）可较好地描述小信号条件下 Ge 的 p-n 结特性。对于 Si、GaAs 的 p-n 结特性，反向电流比理想的反向电流约大 2 个量级，正向电流与理想的正向电流呈现不同的电压依赖关系。这是因为在较大正向偏压下，注入的少子浓度可能接近或甚至超过所在区的多子浓度。此外耗尽区内载流子的产生与复合实际上是不能忽略的，表面效应-表面离子电荷，串联电阻效应等，使 I-V 特性偏离理想特性。

（1）正向偏置时势垒区的复合流　正向偏置时总电流密度近似地为扩散电流密度和复合电流密度之和：

$$I = I_r + I_F = qn_i \left(\sqrt{\frac{D_p}{\tau_p}} \frac{n_i}{N_D} e^{qV/k_BT} + \frac{W}{2\tau} e^{qV/2k_BT} \right) \tag{2.136}$$

W 为势垒区宽度。

（2）反向偏置时势垒区的产生流　反向电流由扩散电流和产生电流组成：

$$I_R = \frac{qD_p p_{0n}}{L_p} + \frac{qD_n n_{0p}}{L_n} + \frac{qn_i W}{2\tau} \tag{2.137}$$

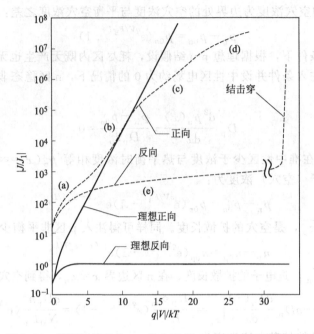

图 2.24 实际测量的硅 p-n 结合理想 p-n 结的 I-V 特性比较

(a) 产生-复合电流区；(b) 扩散电流区；(c) 大注入区；(d) 串联电阻效应；

(e) 产生-复合与表面效应等引起的反向漏电流。

对于一个 p^+n 结，有 $N_A \gg N_D$ 关系，此时总的反向电流密度简化为：

$$I_R = \frac{qD_p n_i^2}{L_p N_D} + \frac{qn_i W}{2\tau} \tag{2.138}$$

该式表明，I_R 比例于 n_i^2。Ge 的带隙宽度较小，室温下有较高的 n_i 值，上式的第一项起主要作用，反向电流符合理想 p-n 结情况。对于具有较大的带隙的半导体，如 Si，n_i 较小。当反向偏压较大，W 也大；势垒区的产生电流增加，因此 Si、GaAs 的 p-n 结以势垒区产生电流为主，呈现高的反向电流。需要指出的是，除了势垒区的扩散电流与产生电流构成反向电流外，对实际器件，与工艺有关的表面电流也是不可忽视的。

（3）正向大注入　正向偏压较大时，正向电流比理想 p-n 结的电流要小，这有两个主要的原因。首先，理想 p-n 结伏安特性是在小注入条件下导出的，是指区内少子浓度远低于多子浓度，认为准中性区电场约为 0。在大注入情况，注入区内少子浓度可接近或高于多子浓度，区内不仅有少子的浓度梯度，为了保持电中性，亦会出现多子的浓度梯度，由此产生多子的扩散运动使"准中性区"电场不为零。因此在势垒区外也有能带的弯曲，此时，外加正向电压不再完全降落在势垒区，也会降落在扩散区，加在势垒区上的正向电压减少。对于电流密度的计算，必须同时考虑电子和空穴的漂移和扩散电流分量。

针对正向注入条件下，正向 I-V 特性可用统一的经验公式来表示，此时指数项分母中多出一个理想因子 m：

$$I \propto e^{qV/mk_B T} \tag{2.139}$$

m 取决于载流子的输运机制，当扩散电流起主要作用时，$m \approx 1$；当以复合电流为主时，$m \approx 2$；两种电流同时存在时，m 在 1~2 变化。以此，可以通过分析 p-n 结的正向伏安特性了解载流子的输运机制。

I-V 特性偏离理想特性的另一原因是大电流情况下串联电阻的影响。实际 p-n 结的准中性区和电极接触总会有一定的串联电阻 R，电阻大小与工艺有关。小电流运作的情况，R 对 *I-V* 特性的影响可忽略。在大注入时，必须考虑大电流通过中性区和欧姆接触的串联电阻的影响。电流流过串联电阻的压降为 IR，降低了耗尽区的偏压。理想电流降低一个因子 $\exp(qIR/k_BT)$，这就使电流随电压的上升变慢。

$$I \approx I_s e^{q(V-IR)/k_BT} \tag{2.140}$$

总结 p-n 结的整流特点。*I-V* 特性由正向或反向偏置时势垒区的变化决定。

正向偏压降低势垒高度，其伏安特性主要由以下三方面的影响：①在边界形成少数载流子的扩散流；②势垒区内载流子浓度超过平衡态的值，形成势垒区的复合电流；③大注入情况下，注入区内高的少子浓度，准中性区有电场存在，势垒区的正向电压减少。

反向偏压增加势垒高度，使势垒区变宽。p-n 结的反向电流主要来源于：①少数载流子的抽出扩散电流；②势垒区内载流子浓度低于平衡态值，形成载流子产生电流。

2.2.3 异质结

两种具有不同带隙宽度材料形成的结称为异质结。

异质结的表示方法是用小写符号表示窄带隙材料，用大写表示宽带隙材料。

按照结两边的掺杂情况，异质结可分为同型异质结和异型异质结。同型异质结的两边是同类型掺杂的 nN、pP，如 n-GaAs/N-Al$_x$Ga$_{1-x}$As，异型异质结的结两边的掺杂类型不同的 nP、pN，如 n-GaAs/P-Al$_x$Ga$_{1-x}$As。这类结的主要特点是除了不同能隙宽度外，介电常数及电子亲和势均不同。

按照过渡区的宽度，异质结可分为突变异质结和缓变异质结。如果两材料界面的过渡区只有几个原子间距，形成突变异质结。若过渡层大于几个扩散长度，形成缓变异质结。过渡区的宽窄是与实际工艺密切相关的，目前采用分子束外延，或金属有机化学气相沉积，过渡区宽度可做到 1~2 个原子层，可认为是突变异质结。

常见的异质结通常由Ⅲ-Ⅴ族化合物材料构成，如 Al$_x$Ga$_{1-x}$As，随 x 从 0~1 变化，其带隙宽度从 GaAs 的 1.42eV 逐渐均加到 AlAs 的 2.17eV。不同 x 半导体材料的晶格常数基本不变，从而保证异质结结构的完整性。

2.2.3.1 理想异质结能带图

以 p-N 异质结的形成为例讨论。具有不同禁带宽度的 p 型材料 1 和 n 型材料 2 单独存在时的能带图如图 2.25(a) 所示。其中 E_0 为真空能级，指电子离开半导体所需的最低能量，X_1、X_2 分别为材料 1 及 2 的电子亲和势，W_1、W_2 分别为材料 1 及 2 的费米能级与真空能级之差即功函数。当两材料连接在一起时，设：①对没有过渡层的突变异质结，各自的带隙宽度不变；②电子亲和势不变，即晶格对原子的束缚力并没有因异质结的形成而改变；③内建场势垒由两侧的空间电荷决定。

当两种材料接触时，因 n 区有较高的费米能级，电子克服势垒到 p 区，同时 p 区空穴克服势垒流向 n 区，电荷在两边的流动，直到它们的费米能级一致，$E_{F1}=E_{F2}=E_F$，形成一个如图 2.25(b) 所示的热平衡的突变异质结能带图。与同质 p-n 结能带的差别是在界面，同质 p-n 结界面的能带是连续的。对于异质结，由于带隙宽度的不同，能带在界面处是不连续的，有尖峰出现，分别称为导带和价带的"带阶" ΔE_c 和 ΔE_v。带阶是影响异质结性能的极为重要参量。

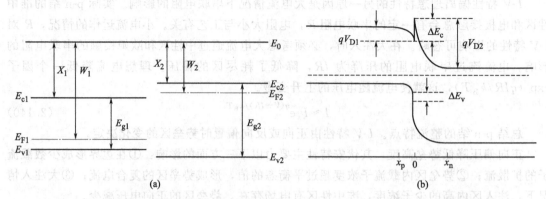

图 2.25 不同禁带宽度材料 1 和 2 接触前得能带图（a）和异质结形成后的能带图（b）

与同质 p-n 结相似，由于载流子的流动，在界面两侧形成空间电荷区。n 区一侧为正，p 区一侧为负。空间电荷区的内建势 V_D 是半导体 1 与半导体 2 热平衡时静电势 V_{D1} 和 V_{D2} 之和。结势垒高度 $qV_D = E_{F2} - E_{F1} = W_2 - W_1$，亦为两材料费米能级之差。半导体材料的带隙宽度，掺杂类型和带阶的不同可形成多种类型的异质结能带结构（图 2.26）。

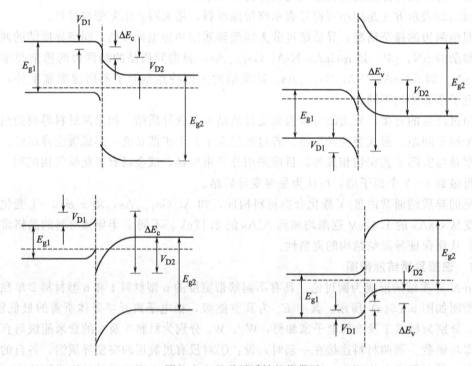

图 2.26 几种异质结的能带图

2.2.3.2 理想异质结势垒区

与分析同质 p-n 结的方法类似，在耗尽近似条件下，利用泊松方程可以获得势垒高度及势垒区宽度 $W = x_n + x_p$。以图 2.25 所示突变异质结为例给出相应参数。

（1）势垒高度

$$V_D = V_{D_1} + V_{D2} = \frac{q}{\varepsilon_0 \varepsilon_1 \varepsilon_2} \left[\varepsilon_1 N_{A1} \left(\frac{N_{D2} W}{N_{D2} + N_{A1}} \right)^2 + \varepsilon_2 N_{D2} \left(\frac{N_{A1} W}{N_{D2} + N_{A1}} \right)^2 \right] \quad (2.141)$$

（2）势垒区宽度

$$W = \left[\frac{q\varepsilon_0\varepsilon_1\varepsilon_2(N_{D2}+N_{A1})^2}{qN_{D2}N_{A1}(\varepsilon_2 N_{D2}+\varepsilon_1 N_{A1})}V_D \right]^{1/2} \tag{2.142}$$

在讨论实际的异质结时,以下的因素需要特别注意。

① 界面缺陷是不可避免的,如由于半导体晶格常数的失配或其他生长缺陷,在界面将引入界面缺陷能级。低的界面态密度基本上不影响结的能带图,但高的界面态密度,界面能级上的电荷将影响异质结的能带图。

② 制备过程中从材料 1 到材料 2 总会有一个过渡区,过渡区很窄才是突变结(1~2 原子层)。材料 E_g 和 X 的渐变,对异质结界面的能带图有较大的影响,如一个宽的过渡区,有可能抹平势垒区的尖峰。

2.2.3.3 理想突变异质结电输运与伏安特性

载流子注入比是指 p-n 结加正向偏压后,从 n 区向 p 区的电子流与从 p 区向 n 区的空穴流之比。对同质 p-n 结,在杂质完全电离情况下,电子流与空穴流之比为:

$$\frac{I_n}{I_p} = \frac{D_n n_{0p} L_p}{D_p p_{0n} L_n} = \frac{D_n L_p N_D}{D_p L_n N_A} \tag{2.143}$$

对同质材料 D_n、D_p、L_n、L_p 差别不大,因此注入比主要由掺杂比决定。某个区相对有高的掺杂可获得高注入比,这是发射区的掺杂浓度较高的原因。

突变 pN 异质结能带图中存在的带阶 ΔE_c 和 ΔE_v,使电子和空穴在输运过程中的势垒高度有差别,对输运特性的影响很大,此时空穴自 p 区向 N 区的注入除了势垒 V_D 外还需考虑带阶 ΔE_v 的影响。空穴的注入电流为:

$$I_p \propto e^{\frac{qV_D+\Delta E_v}{k_B T}} \tag{2.144}$$

电子自 N 区向 p 区的注入只得考虑势垒 V_{D2},电子注入电流写成:

$$I_p \propto e^{\frac{-qV_{D2}}{k_B T}} \tag{2.145}$$

注入比为:

$$\frac{I_n}{I_p} \propto e^{\Delta E_v} \tag{2.146}$$

异质结的注入比是带阶的指数关系,大的带阶可产生高的注入比。

异质结 pN 结伏安特性的分析主要有扩散、热发射和隧穿三种模型。

(1) 扩散模型 扩散模型的分析与前面 p-n 结的分析方法一样。在异质结 pN 结中,载流子从 N 区扩散流向 p 区与从 p 区流向 N 区克服的势垒是不同的。考虑载流子在异质结界面的透射系数 X,异质结电流-电压特性可写成:

$$I = qX\frac{D_{n1}N_{D2}}{L_{n1}}e^{-qV_{D2}/k_B T}(e^{-qV_2/k_B T}-e^{-qV_1/k_B T}) \tag{2.147}$$

(2) 热发射模型 热发射模型的基本思路是载流子输运不是以扩散的方式,而是具有一定热运动速度的载流子才能越过势垒进入另一个区,处理方法与扩散模型相同,差别是描述电流的参数不是扩散系数和扩散长度,而是与热运动速度有关的温度。热发射电流密度的表达式为:

$$I = qXN_{D2}\left(\frac{kT}{2\pi m}\right)e^{-qV_{D2}/k_B T}(e^{-qV_2/k_B T}-e^{-qV_1/k_B T}) \tag{2.148}$$

(3) 隧穿机制 带势垒尖峰的异质结能带结构,给电子提供了隧穿的机会,在势垒较薄的情况下,能量小于势垒高度的电子可以量子隧穿的方式从 N 区输运到 p 区。

对于势垒高度为 E_0、电场强度为 F_0 的三角势垒，正偏压为 V_f 时隧穿概率 D 为：

$$D \approx \exp\left[-\frac{4(2m)^{1/2}}{3} \times \frac{E_0^{2/3}}{\eta F_0}\right] \exp\left[2(2m)^{1/2} \frac{E_0}{\eta F_0} qV_f\right] \qquad (2.149)$$

隧穿电流密度是隧穿概率与入射电流密度 $I_s(T)$ 的乘积：

$$I = I_s(T) e^{AV_f} \qquad (2.150)$$

$I_s(T)$ 与温度有很弱的依赖关系，因此载流子隧穿输运的特点是基本与温度无关。

2.3 太阳电池基础

2.3.1 光生伏特效应

当能量大于半导体材料禁带宽度的一束光垂直入射到 p-n 结表面，光子将在离表面一定深度 $1/\alpha$ 的范围内被吸收，α 为光吸收系数，如 $1/\alpha$ 大于 p-n 结厚度，入射光在结区及结附近的空间激发电子-空穴对，产生在空间电荷区内的光生电子与空穴在结电场作用下分离，产生在结附近扩散长度范围的光生载流子扩散到空间电荷区，也在电场作用下分离。p 区的电子在电场作用下漂移到 n 区。n 区空穴漂移到 p 区，形成自 n 区向 p 区的光生电流。由光生载流子漂移并堆积形成一个与热平衡结电场方向相反的电场 $-qV$ 并产生一个与光生电流方向相反的正向结电流，它补偿结电场，使势垒降低为 $qV_D - qV$。当光生电流与正向结电流相等时，p-n 结两端建立稳定的电势差，即光生电压。光照使 n 区和 p 区的载流子浓度增加，引起费米能级的分裂，$E_{Fn} - E_{Fp} = qV$。p-n 结开路时，光生电压 qV 为开路电压。如外电路短路，p-n 结正向电流为零，外电路的电流为短路电流，理想情况下也就是光电流。

2.3.2 太阳电池电流-电压特性分析

一个 $n^+ p$ 结太阳电池的基本结构如图 2.27(a) 所示，$n^+ p$ 结由 3 个部分组成：掺杂浓度为 N_A 厚度为 W_p 的 p 型区（$x>0$）；掺杂浓度为 N_D 厚度为 W_n 的 n 型区（$x<0$）；以及在它们之间的势垒区。势垒区在 p 区及 n 区的宽度分别为 x_p 和 x_n。势垒区两边的 p 与 n 区近似地认为是没有电场的准中性区。准中性区有相应的接触电极与外电路连接。前、后电极均是欧姆接触，光照面有前电极因此光照面积稍小。n^+ 区的高掺杂可获得高注入比，称其为发射区。通常发射区都很薄，使基区能吸收绝大部分的光，因此基区也称为吸收区。轻掺杂的 p 区则为基区。

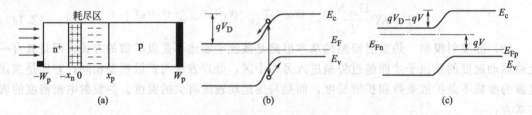

图 2.27 光照 p-n 结表面 (a)、热平衡 p-n 结能带图 (b) 和光照 p-n 结能带图 (c)

在非平衡情况下（加偏压、光照等）引入准费米能级来表征非平衡载流子浓度。因此，原则上结合边界条件，通过求解光照下非平衡稳态的电子和空穴输运方程（2.101）和方程（2.102），可获得太阳电池的电流-电压特性。

边界条件如下。

① n 区前表面　n 区前表面处（$-W_n$）的少子浓度与表面复合有关。前表面复合有两部分：一是金属栅线与表面接触的复合，理想的欧姆接触表面复合速度趋向无限大，少子浓度 $\Delta p(-W_n)=0$；二是栅线之间的表面复合，表面复合较小。金属栅线仅占表面面积的很小部分，因此用有效表面复合速度 S_{Feff} 来描述总的前表面复合。

$$\frac{\mathrm{d}\Delta p}{\mathrm{d}x}=\frac{S_{Feff}}{D_p}\Delta p(-W_n) \tag{2.151}$$

② p 区的边界条件　背表面 $x=W_p$，如果背表面是理想的欧姆接触，则 $\Delta n(W_p)=0$。然而太阳电池的基区背面通常有一层重掺杂区 $p^- p^+$，称背表面场（back surface field，BSF），它使少数载流子不与欧姆电极直接接触，可提高少数载流子的收集，降低了表面复合速度。用 S_{BSF} 代表有效背表面复合速度。在 $x=W_p$ 的边界条件为：

$$\frac{\mathrm{d}\Delta n}{\mathrm{d}x}\Big|_{x=W_p}=-\frac{S_{BSF}}{D_n}\Delta n(W_p) \tag{2.152}$$

设吸收的每个光子都产生一对电子-空穴，即 $\eta(\omega)=1$。考虑前金属栅线占去一部分面积，引进隐蔽因子 s，它反映受光照的实际面积是 $(1-s)A$，A 为表面面积。光从前表面入射，在 x 点单位面积的光产生率：

$$G(x)=(1-s)\int_{h\omega>h\omega_g}[1-R(\eta\omega)]a(\eta\omega)Q(E)\mathrm{e}^{-a(x+W_n)}\mathrm{d}\eta\omega \tag{2.153}$$

其中，$Q(E)$ 为入射光子流谱密度，它代表单位面积、单位时间入射光子能量为 $E=\hbar\omega$ 的光子数。太阳辐射的光子流谱密度表示为：

$$Q_s(E)=\frac{2F_s}{h^3c^2}\Big(\frac{E^2}{\mathrm{e}^{E/k_BT_n}-1}\Big) \tag{2.154}$$

式中，F_s 为太阳辐照的几何因子；T_n 为太阳表面温度。

有了以上边界条件及产生、复合的表达式。解少数载流子扩散方程，可求出在准中性区少数载流子浓度。

在 n 区，空穴浓度的空间分布为：

$$\Delta p_n(x)=A_n\sinh[(x-x_n)/L_p]+B_n\cosh[(x-x_n)/L_p]+\Delta p_n'(x) \tag{2.155}$$

在 p 区，电子浓度的空间分布为：

$$\Delta n_p(x)=A_p\sinh[(x-x_p)/L_n]+B_p\cosh[(x-x_p)/L_n]+\Delta n_p'(x) \tag{2.156}$$

式中，A_n、B_n、A_p 和 B_p 是由边界条件确定的常数；$\Delta n_p'(x)$ 和 $\Delta p_n'(x)$ 是与产生率 $G(x)$ 有关的参数。

$$\Delta p_n'(x)=-(1-s)\int_{\omega>\omega_g}\frac{\tau_p}{(L_p^2\alpha^2-1)}[1-R(\omega)]Q(\omega)\alpha(\omega)\mathrm{e}^{-a(x+W_n)}\mathrm{d}\omega \tag{2.157}$$

$$\Delta n_p'(x)=-(1-s)\int_{\omega>\omega_g}\frac{\tau_p}{(L_n^2\alpha^2-1)}[1-R(\omega)]Q(\omega)\alpha(\omega)\mathrm{e}^{-a(x+W_n)}\mathrm{d}\omega \tag{2.158}$$

在准中性区电场可忽略，只有少数载流子的扩散电流。p 区和 n 区少子扩散电流密度为：

$$I_n(x)=qD_n\frac{\mathrm{d}\Delta n_p}{\mathrm{d}x} \tag{2.159}$$

$$I_p(x)=-qD_p\frac{\mathrm{d}\Delta p_n}{\mathrm{d}x} \tag{2.160}$$

总的扩散电流密度为：

$$I(x)=[I_p(x)+I_n(x)] \tag{2.161}$$

注意这里的 x 仅代表电子电流与空穴电流是位置的函数，并不是在空间的同一点。总的电流应该是在空间相同一点的电子电流与空穴电流之和。

$$I = A[I_n(-x_n) + I_p(-x_n)] = A\left[I_p(-x_n) - I_n(x_p) + I_D - q\frac{W_D n_i}{\tau_D}(e^{qV/2k_BT} - 1)\right]$$

(2.162)

其中，A 为电池面积，第一、第二项分别代表少子的扩散电流，最后一项代表耗尽区的复合电流。应用已求出的少子电流密度方程及扩散电流方程等代入式(2.162)，整理后可得太阳电池的电流-电压特性：

$$I = I_{SC} - I_{01}(e^{qV/k_BT} - 1) - I_{02}(e^{qV/2k_BT} - 1)$$

(2.163)

第一项 I_{SC} 是当 $V=0$ 时的短路电流。短路电流由电池的势垒区及其两边的中性区三个部分组成。其中 n 区少子短路电流为：

$$I_{SCN} = qAd_p\left[\frac{D'_p(-x)T_{p1} - S_{Feff}D'_p(-W_n) + D_p\frac{dD'_p}{dx}\Big|_{x=-w_n}}{L_p T_{p2}} - \frac{dD'_p}{dx}\Big|_{x=-x_n}\right]$$

(2.164)

其中，
$$T_{p1} = \frac{D_p}{L_p}\sinh\left[\frac{W_N - x_n}{L_p}\right] + S_{Feff}\cosh\left[\frac{W_N - x_n}{L_p}\right]$$

(2.165)

$$T_{p2} = \frac{D_p}{L_p}\cosh\left[\frac{W_N - x_n}{L_p}\right] + S_{Feff}\sinh\left[\frac{W_N - x_n}{L_p}\right]$$

(2.166)

与背面复合有关的 p 区短路电流为：

$$I_{SCP} = qAd_n\left[\frac{D'_p(-x)T_{n1} - S_{Feff}D'_p(-W_p) + D_n\frac{dD'_p}{dx}\Big|_{x=-w_p}}{L_n T_{n2}} - \frac{dD'_p}{dx}\Big|_{x=-x_p}\right]$$

(2.167)

其中
$$T_{n1} = \frac{D_n}{L_n}\sinh\left[\frac{W_N - x_p}{L_n}\right] + S_{Feff}\cosh\left[\frac{W_N - x_p}{L_n}\right]$$

(2.168)

$$T_{n2} = \frac{D_n}{L_n}\cosh\left[\frac{W_N - x_p}{L_n}\right] + S_{Feff}\sinh\left[\frac{W_N - x_p}{L_n}\right]$$

(2.169)

势垒区中的产生电流，$I_{SCD} = AJ_D$。

第二项中 I_{01} 是与 n 和 p 中性区的复合相关的暗饱和电流：

$$I_{01} = I_{01n} + I_{01p}$$

(2.170)

其中
$$I_{01p} = Aq\frac{n_i^2 D_p}{N_D L_p}\left\{\frac{\frac{D_p}{L_p}\sinh\left[\frac{(W_n - x_n)}{L_p}\right] + S_{Feff}\cosh\left[\frac{(W_n - x_n)}{L_p}\right]}{\frac{D_p}{L_p}\cosh\left[\frac{(W_n - x_n)}{L_p}\right] + S_{Feff}\sinh\left[\frac{(W_n - x_n)}{L_p}\right]}\right\}$$

(2.171)

第三项中 I_{02} 是与耗尽区复合有关的暗饱和电流，与 $I_{01n} = Aq\dfrac{n_i^2 D_n}{N_A L_n}$

$$\left\{\frac{\frac{D_n}{L_n}\sinh\left[\frac{(W_p - x_p)}{L_n}\right] + S_{Feff}\cosh\left[\frac{(W_p - x_p)}{L_n}\right]}{\frac{D_n}{L_n}\cosh\left[\frac{(W_p - x_p)}{L_n}\right] + S_{Feff}\sinh\left[\frac{(W_p - x_p)}{L_n}\right]}\right\}$$ 耗尽区宽度 W_D 有关，因此也是与偏压有关。

$$I_{02} = Aq\frac{n_i W_D}{\tau_D}$$

(2.172)

图 2.28 给出了电池无光照与有光照下的 $I\text{-}V$ 特性。从图中看出光 $I\text{-}V$ 特性曲线是将光电流叠加到通常的整流二极管的 $I\text{-}V$ 电流。短路时的 I_L 就是短路电流 I_{sc}。

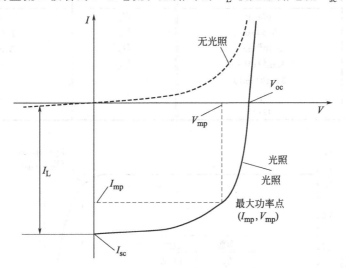

图 2.28　太阳电池无光照和有光照时的 $I\text{-}V$ 曲线

通过对式（2.163）的分析可知，太阳电池的 $I\text{-}V$ 特性是与材料的基本性质 E_g、N_A、N_D、D_n、D_p、L_n、L_p 及与器件结构和工艺 W_n、W_p、S_{Feff}、S_{RSF} 等参数密切相关的。

2.3.3　太阳电池性能表征

太阳电池工作的特点可用一个等效电路来表示，如图 2.29 所示，由 3 个并联的元器件组成，一个理想的恒流源 I_{sc} 及理想因子分别为 1 和 2 的两个二极管 D_1 及 D_2。电流源 I_{sc} 的电流与两个二极管的电流方向是相反的，相当于二极管处于正向偏置。为了突出描述电池的主要特性，这里暂不考虑实际电池中总是存在的串联电阻 R_s 与并联电阻 R_{sh}。总的电流表示成：

$$I(V) = I_{sc} - I_{D1} - I_{D2} \tag{2.173}$$

设在理想情况下，与耗尽区复合相关的二极管 D_2 对电流的贡献是很小的，式（2.173）则为：

$$I = I_{sc} - I_{01}(e^{qV/k_BT} - 1) \tag{2.174}$$

具体计算一个 n^+p 结构太阳电池的 $I\text{-}V$ 特性，表 2.2 列出一个硅太阳电池的材料与结构参数。发射区的掺杂浓度（N_D）比基区掺杂浓度（N_A）高出 5 个量级，有高的注入效

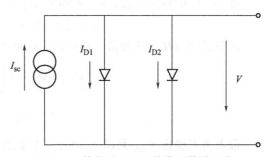

图 2.29　简化的双二极管模型等效电路

率。而发射区厚度仅是基区厚度的千分之一，保证了电池有充分的吸收。将有关参数代入式（2.174）等相关方程，计算出典型的太阳电池电流-电压特性如图 2.30 所示。图 2.30 是以光生电流为正的结果，它与图 2.28 第四象限的结果是对应的。通过电流-电压特性来定义表征电池性能的参数。$V = 0$，由光电流提供的电流为短路电流 I_{sc}。$I = 0$ 时，电池的输出电压为开路电压，可由式（2.175）表示：

$$V_{oc} = \frac{kT}{q}\ln\frac{I_{sc} + I_{01}}{I_{01}} = \frac{kT}{q}\ln\frac{I_{sc}}{I_{01}} \tag{2.175}$$

表 2.2 Si 太阳电池计算参数

参　数	数　值	参　数	数　值
A	$100 \mathrm{cm}^2$	W_p	$300 \mu\mathrm{m}$
W_n	$0.35 \mu\mathrm{m}$	N_A	$1\times 10^{15} \mathrm{cm}^{-3}$
N_D	$1\times 10^{20} \mathrm{cm}^{-3}$	D_n	$35 \mathrm{cm}^2/(\mathrm{V}\cdot\mathrm{s})$
D_v	$1.5 \mathrm{cm}^2/(\mathrm{V}\cdot\mathrm{s})$	S_BSF	$100 \mathrm{cm/s}$
S_Feff	$3\times 10^4 \mathrm{cm/s}$	τ_n	$350 \mu\mathrm{s}$
τ_p	$1 \mu\mathrm{s}$	L_n	$1100 \mu\mathrm{m}$
L_p	$12 \mu\mathrm{m}$		

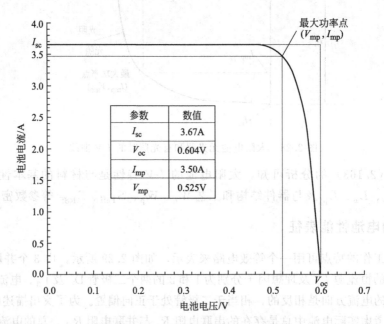

参数	数值
I_sc	3.67A
V_oc	0.604V
I_mp	3.50A
V_mp	0.525V

图 2.30　Si 太阳电池电流-电压特性

对于一定的短路电流，V_oc 和电流 I_{01} 的增加而呈指数性减小，电池的输出功率为：

$$P = IV = I_\mathrm{sc}V - I_{01}V(\mathrm{e}^{qV/k_\mathrm{B}T} - 1) \tag{2.176}$$

求解式(2.176)的极值，获得最大输出电压 V_mp 和最大输出电流 I_mp：

$$V_\mathrm{mp} = V_\mathrm{oc} - \frac{k_\mathrm{B}T}{q}\ln\left(1 + \frac{qV_\mathrm{m}}{k_\mathrm{B}T}\right) \tag{2.177}$$

$$I_\mathrm{mp} = I_\mathrm{sc}\left(1 - \frac{k_\mathrm{B}T}{qV_\mathrm{m}}\right) \tag{2.178}$$

最大功率输出 P_mp 是图 2.30 中 I-V 曲线内面积最大的矩形。

$$P_\mathrm{mp} = V_\mathrm{mp}I_\mathrm{mp} = I_\mathrm{sc}\left[V_\mathrm{oc} - \frac{k_\mathrm{B}T}{q}\ln(1 + \frac{qV_\mathrm{m}}{k_\mathrm{B}T}) - \frac{k_\mathrm{B}T}{q}\right] \tag{2.179}$$

定义 $V_\mathrm{mp}I_\mathrm{mp}$ 与 $V_\mathrm{sc}I_\mathrm{oc}$ 两个矩形的面积比为填充因子 FF：

$$FF = \frac{I_\mathrm{mp}V_\mathrm{mp}}{I_\mathrm{sc}V_\mathrm{oc}} \tag{2.180}$$

理想情况下的 FF 为 1，FF 与 V_oc 有直接的关系：

$$FF = \frac{V_\mathrm{oc} - \dfrac{kT}{q}\ln(qV_\mathrm{oc}/kT + 0.72)}{V_\mathrm{oc} + kT/q} \tag{2.181}$$

太阳电池光电转换效率 η 应是电池最大输出功率 P_{mp} 与入射功率 P_{in} 之比：

$$\eta = \frac{P_{mp}}{P_{in}} = \frac{I_{mp}V_{mp}}{P_{in}} = \frac{\mathrm{FF}I_{sc}V_{oc}}{P_{in}} \tag{2.182}$$

至此用 I_{sc}、V_{oc}、FF 和 η 来描述太阳电池的性能。

2.3.4　量子效率谱

量子效率：QE（quantum efficiency）或称收集效率（collection efficiency）描述不同能量的光子对短路电流 I_{sc} 的贡献。QE 是能量的函数，有两种表述方式：外量子效率和内量子效率。外量子效率 EQE（external quantum efficiency），定义为对整个入射太阳光谱，每个波长为 λ 的入射光子能对外电路提供一个电子的概率，用下式表示：

$$\mathrm{EQE}(\lambda) = \frac{I_{sc}(\lambda)}{qAQ(\lambda)} \tag{2.183}$$

式中，$Q(\lambda)$ 为入射光子流谱密度，A 为电池面积；q 为电荷电量。它反映的是对短路电流有贡献的光生载流子密度与入射光子密度之比。

内量子效率 IQE（internal quantum efficiency）定义为被电池吸收的波长为 λ 的一个入射光子能对外电路提供一个电子的概率。内量子效率反映的是对短路电流有贡献的光生载流子数与被电池吸收的光子数之比：

$$\mathrm{IQE}(\lambda) = \frac{I_{sc}(\lambda)}{qA(1-s)[q-R(\lambda)]Q(\lambda)[\mathrm{e}^{-a(\lambda)W_{opt}}-1]} \tag{2.184}$$

式中，W_{opt} 是电池的光学厚度，它是与工艺有关的。若电池采用表面光陷结构或背表面反射结构，W_{opt} 可以大于电池的厚度。比较这两个量子效率的定义，外量子效率的分母，没有考虑入射光的反射损失、材料吸收，电池厚度和电池复合等过程的损失因素，因此 EQE 通常是小于 1 的。而内量子效率的分母是考虑了反射损失、电池实际的光吸收等，因此对于一个理想的太阳电池，若材料的载流子寿命 $\tau \to \infty$，表面复合 $S \to 0$。电池有足够的厚度吸收全部入射光，IQE 是可以等于 1 的。对于电池常用与入射光谱相应的量子效率谱来表征光电流与入射光谱的响应关系。图 2.31 是晶体硅电池的内量子

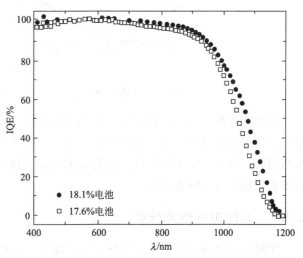

图 2.31　晶体 Si 电池的内量子效率谱

效率谱的示例，快速下降的长波段对应电池材料带隙的吸收极限。式(2.185) 清晰表明了内量子效率与外量子效率的关系：

$$\mathrm{IQE}(\lambda) = \frac{\mathrm{EQE}(\lambda)}{1-R(\lambda)-T(\lambda)} \tag{2.185}$$

其中，$R(\lambda)$ 是电池半球角反射；$T(\lambda)$ 是电池半球透射。

分析量子效率谱可了解材料质量，电池几何结构及工艺等与电池性能的关系。

对一个 $p^{+}n$ 结电池而言，它的量子效率谱中短波长的光子主要在电池表面区被吸收，

因此量子效率谱的短波方向主要反映发射区 p^+ 层的信息。

产生在靠近表面一层的光生载流子必需扩散到势垒区，才能在势垒区内实现电荷的分离，这是光伏电压产生的必要条件。如发射区厚度 W_p 过宽，大于电子的扩散长度（$W_p > L_n$），扩散不到势垒区的光生载流子对光生电流无贡献，势必降低量子效率。因此电池设计要求 W_p 尽可能的薄，至少 $W_p < L_n$。从注入效率角度看，发射区的设计还应是高掺杂的。此外，表面区光生载流子浓度直接受表面复合速度的影响，因此短波响应直接反映表面复合的程度。

因低能光子在离表面较远的基区被吸收，因此量子效率谱的长波方向主要反映 n 层的信息。影响长波响应的主要因素包括 n 层厚度和 n 层背表面复合。n 层要足够的厚，才有利于对长波的充分吸收。但也不能过厚。过厚的基区，载流子扩散不到输出电极，影响载流子的收集。在恰当的基区厚度情况下，长波响应的快速下降是电池带隙宽度决定的。

对于中间波长的光子，主要是在靠近空间电荷区（SCR）被吸收（图 2.32）。

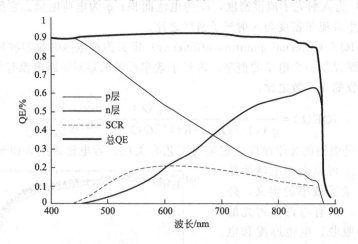

图 2.32 太阳电池中 p、n 及 SCR 各层对量子效率谱的影响

电池的外量子效率谱在实验上是可直接测量的。通过对外量子效率谱式（2.183）的积分，可得到短路电流。而电池的内量子效率谱的确定，需要考虑电池的反射、光学厚度、栅线结构等。因此，量子效率谱是很有效的分析工具，有助于了解电池结构及工艺对电池性能的影响，从而改进制备工艺。

2.3.5 太阳电池效率分析

实际太阳电池，除了 p-n 结外，光照面有一层抗反射膜，以减少光反射。正面收集电流用的金属栅线，导致电池接受光照面积降低，为 $A(1-S)$，S 是栅线与电池的面积比。同时，电池背面有 p-p$^+$ 背表面场（BSF）有助于载流子的收集（图 2.33）。

2.3.5.1 材料带隙宽度

对效率有贡献的只是那些被电池吸收，能产生电子-空穴对的光子。带隙宽度 E_g 是入射光谱进入电池，并被吸收利用的下限。小的带隙宽度可拓宽电池对太阳光谱的吸收，但使本征载流子浓度 n_i 指数地增加。因反向饱和电流 I_{01} 比例于 n_i^2，使开路电压 V_{oc} 降低，因此，小的 E_g 引起输出电压的减少。虽宽的带隙有利于 V_{oc} 的提高，但过高的带隙宽度使材料的吸收光谱变窄，降低了载流子的激发，减少光电流。因此能隙宽度太窄或太宽都会引起效率的

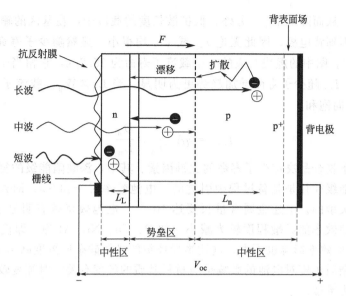

图 2.33 太阳电池几何结构示意

下降，必存在优化的 E_g 值。简化的理论计算表明，E_g 在 $0.8\sim1.6\mathrm{eV}$ 范围内有较高的效率输出，$E_g=1.1\mathrm{eV}$ 可获得 48% 的最大效率，由此也说明对于 $E_g=1.12\mathrm{eV}$ 的硅是太阳电池的合适材料。

2.3.5.2　少数载流子寿命

长的少子寿命可制备高性能的电池。用表 2.2 的参数计算了基区少子寿命对电池 I_{sc}、V_{oc} 及 FF 的影响，结果如图 2.34 所示。

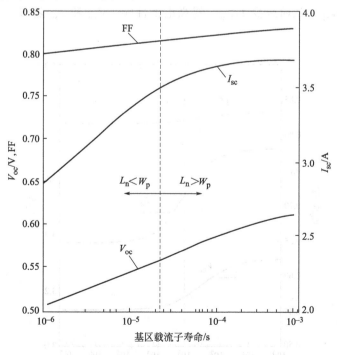

图 2.34 基区少子载流子寿命对电池参数的影响

当基区少子扩散长度远小于基区厚度。$L_n \ll W_p (L_n = \sqrt{D_n \tau_n})$。暗饱和电流小的 L_n 导致大的饱和电流，从而降低 V_{oc}。另外，低扩散长度的载流子，在基区的输运过程中基本上被复合了，扩散不到背电极，因此无论 I_{sc} 或 V_{oc} 均很小。显然随少子寿命增加，I_{sc}、V_{oc} 及 FF 均相应增加。图中的虚线对应的少子载流子寿命为 $25.7\mu s$，它相当于 $L_n = W_p$。图的右侧是 $L_n > W_p$，I_{sc} 随少子寿命增加趋势更为明显。当 $L_n \gg W_p$，载流子基本上都能扩散到背电极，I_{sc} 趋向饱和。

$$I_{01,n} = qA \frac{n_i^2}{N_A} \times \frac{D_n}{L_n} \qquad (2.186)$$

非平衡载流子复合是决定少子寿命的关键因素。其中，深缺陷能级的复合是主要复合过程。体材料的深能级往往是制备过程中引进的。电池效率对于如 Ta、Mo、Nb、W、Ti 及 V 等金属是极为灵敏的。上述金属含量只要达到 10^{-11}，电池效率就有明显下降。相对而言，对有些金属，电池效率的灵敏程度较为减小。如 P、Cu、Ni、Al 等，即使金属杂质浓度超过 10^{-8}，对电池的效率影响也不大，这比半导体级的晶体硅杂质浓度高出 100 倍。

同时，金属杂质浓度对电池的影响也与材料基质的纯度有关。对纯度较低的硅材料，金属杂质的影响更为灵敏。

2.3.5.3 表面复合的影响

当 $L_n \ll W_p$，载流子扩散不到背电极就完全被复合了。在此情况下，背表面的复合不影响饱和电流。当少子寿命足够长，$L_n \gg W_p$，基区载流子扩散到背表面并通过背表面输出，饱和电流将受背表面复合速度 S_{BSF} 的影响。

$$I_{01,n} = qA \frac{n_i^2}{N_A} \times \frac{D_n}{W_p - x_p} \times \frac{S_{BSF}}{S_{BSF} + D_n/(W_p - x_p)} \qquad (2.187)$$

表面复合是与工艺有关的参量，在没有背表面场 BSF 的情况，即 $S_{BSF} \rightarrow \infty$。而背表面场的存在可降低 S_{BSF}，从而减少 $I_{01,n}$，提高电池性能。V_{oc} 和 I_{sc} 随 S_{BSF} 的增加是单调下降的（图 2.35）。

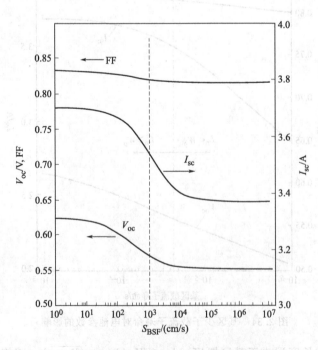

图 2.35　电池被表面复合速率对电池性能的影响

前表面复合由两部分组成：栅线之间的表面复合与金属栅线与电池表面接触之间的复合。栅线之间的表面复合速度 S_F 相对较低。金属与电池表面是欧姆接触，其表面复合速度极高 $S_g \to \infty$。用有效表面复合速度 S_{Feff} 表示它们的综合结果。背表面复合主要影响电池的长波响应，而前表面复合主要影响电池的短波响应。

2.3.5.4 寄生电阻效应

上述分析没有考虑电池实际存在的寄生电阻：串联电阻 R_s 与并联（或旁路）电阻 R_{sh}。串、并联电阻对电池性能影响是不可忽略的。完整的双二极管模型表示成图 2.36。串联电阻主要来源于电池本身的体电阻、前电极金属栅线的接触电阻、栅线之间横向电流对应的电阻、背电极的接触电阻及金属本身的电阻等。电池的光生电压被串联电阻消耗了 IR_s，使输出电压下降。

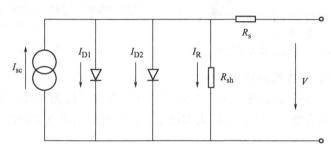

图 2.36　完整的太阳电池等效电路

并联电阻主要来源于电池 p-n 结的漏电，包括 p-n 结内部的漏电流（晶体缺陷与外部掺杂沉积物）和结边缘的漏电流。R_{sh} 表现为使电池的整流特性变差。考虑这两个因素后，电流表示成：

$$I = I_{sc0} - I_{01}\left[e^{q\left(V + \frac{IR_s}{kT}\right)} - 1 \right] - I_{02}\left[e^{q\left(V + \frac{IR_s}{2kT}\right)} - 1 \right] - \frac{(V + IR_s)}{R_{sh}} \tag{2.188}$$

I_{sc0} 是不考虑寄生电阻时的短路电流。R_s 与 R_{sh} 主要影响电池的填充因子。

图 2.37 是在假设 $R_{sh} = \infty$ 情况下不同串联电阻的电流-电压特性。从图可以看出，当电流为零的开路时，串联电阻不影响开路电压。电流不为零时，它使输出终端间有一压降 IR_s，因此串联电阻对填充因子的影响十分明显。串联电阻越大，短路电流的降低将越明显。

为方便分析，将式(2.187)中两个二极管的理想因子合并用一个 n_0 代替，在 $V = 0$ 的短路情况下，短路电流可表示为：

$$I_{sc} = I'_{sc} - I_0\left(e^{\frac{qI_{sc}R_s}{n_0 kT}} - 1 \right) - I_{sc}R_s/R_{sh} \tag{2.189}$$

n_0 可在 $1 \sim 2$ 变化，取决于扩散区的复合电流与势垒区复合电流的比例。式(2.188)清楚地表明了 R_s 与 R_{sh} 对短路电流的影响。

图 2.38 给出了并联电阻 R_{sh} 对电流-电压特性的影响。当电压为零的短路情况，并联电阻不影响短路电流。电压不为零时，与 p-n 结并联的电阻 R_{sh} 将分流一部分电流，I-V 特性呈现为输出电流将减小 V/R_{sh}。填充因子对并联电阻也十分敏感，极低的并联电阻还将降低开路电压，V_{oc} 与 R_{sh} 的关系为：

$$\frac{V_{oc}}{R_{sh}} = I'_{sc} - I_0\left(e^{\frac{qV_{oc}}{n_0 kT}} - 1 \right) \tag{2.190}$$

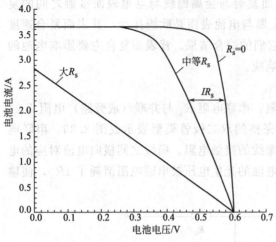

图 2.37　串联电阻对电流-电压特性的影响示意　　　图 2.38　并联电阻对电流电压特性的影响

2.3.5.5　温度对 *I-V* 特性的影响

分析电池的 *I-V* 特性可发现，除了二极管电流与温度直接相关外，饱和电流也是温度的函数。这直接表现为处于工作状态的太阳电池，由于光照引起电池温度升高而使电池效率有衰退的现象。

根据饱和电流表示，影响饱和电流的参数，如本征载流子浓度 n_i，扩散系数 D，复合寿命 τ 及表面复合速度 S 等都是温度的函数，其中 D、τ 及 S 对温度的依赖较弱。饱和电流的扩散电流分量比例于 n_i^2、产生-复合电流分量比例于 n_i，因此，电池 *I-V* 温度特性主要考虑 n_i 随温度的变化（图 2.39）。

$$\text{本征载流子浓度}\qquad n_i = 2(m_n^* m_p^*)^{\frac{3}{4}}\left(\frac{2\pi k_B T}{h^2}\right)^{3/2} e^{(-E_g/2k_B T)} \tag{2.191}$$

本征载流子浓度中的电子与空穴的有效质量通过能带的 $E(k)$ 与温度发生关联的，是间接的、弱的依赖关系。

另外，带隙宽度也是温度的函数，带隙宽度与温度的关系可表示为：

$$E_g(T) = E_g(0) - \frac{\alpha T^2}{T+\beta} \tag{2.192}$$

式中，α，β 是因材料而异的常数，$E_g(0)$ 为绝对零度时半导体的带隙。这表明温度上升带隙减小。虽然带隙宽度减小拓宽了电池的光吸收范围，短路电流有所提高，但带隙减小的直接结果是 n_i 增加。由于 n_i 与 T 的关系是与 E_g 成指数关系，因此温度上升的结果使 n_i 迅速增加，总的结果是 V_{oc} 下降。

开路电压与温度的依赖关系可近似地表示成：

$$\frac{dV_{oc}}{dT} = -\frac{\dfrac{1}{q}E_g(0)-V_{oc}+\zeta\dfrac{kT}{q}}{T} \tag{2.193}$$

短路电流随温度上升稍有提高，但开路电压明显下降。

2.3.6　太阳电池效率损失分析

图 2.40 表示了电池受光照后，光生载流子的产生、能量变化及其输运过程。电池吸收一个能量大于 E_g 的入射光子产生电子-空穴对，电子和空穴分别激发到导带与价带的高能

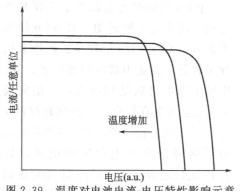

图 2.39　温度对电池电流-电压特性影响示意

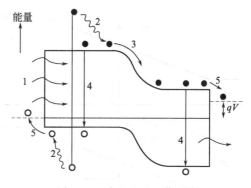

图 2.40　太阳电池工作示意

态 1。在激发后的瞬间，电子和空穴在激发态的能量位置取决于入射光子的能量。处于高能态的光生载流子很快与晶格相互作用，将能量交给声子而回落到导带底与价带顶，如图所示的过程 2，这过程也称热化过程（thermolization），热化过程使高能光子的能量损失了一部分。过程 3 是光生载流子的电荷分离和输运，光生载流子输运过程（势垒区或扩散区）中将有复合损失 4，最后电压的输出又有一压降 5，它来源于与电极材料的功函数的差异。

　　图 2.41 定性地说明了影响单结 Si 电池性能的各种因素。太阳电池效率受材料、器件结构及制备工艺的影响，包括电池的光损失、材料的有限迁移率、复合损失、串联电阻和旁路电阻等。

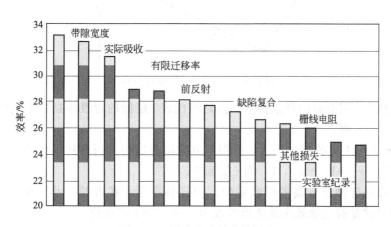

图 2.41　影响电池效率的因素

2.3.7　p-i-n 结电池

　　无论发射区或基区激发的光生载流子都要扩散到空间电荷区实现电荷的分离才对光电流有贡献。因此。对电池而言，扩散长度越大越好。光生载流子的收集主要是扩散运动。可见，对于扩散长度小但有高的吸收系数的材料，很难用 p-n 结实现有效的光电转换。采用在 p 区和 n 区之间插入一个本征层形成 p-i-n 结。与 p-n 结一样，它也由 p 和 n 掺杂决定的内建场，只是内建场也在本征层扩展，与 p 区和 n 区的高掺杂相比，i 层电导较低，因此空间电荷区宽度基本上落入 i 层，甚至延展到整个 i 层的厚度。太阳光照下，光子被足够厚的 i 层有效地吸收，i 层的光生载流子在内建场作用下分离，并漂移到边界。由于 p 层与 n 层很薄。少数载流子容易通过 p 层与 n 层被收集（图 2.42）。

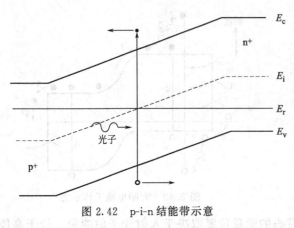

图 2.42   p-i-n 结能带示意

p-i-n 结构中光生载流子主要是漂移运动。而不是扩散运动。对 p-i-n 结需要考虑以下几点：①i 层较厚、比掺杂层电导又较低，因此串联电阻将增加；②i 层中电子与空穴数是相近的，在正向偏压下 i 层也可能有复合；③虽然较厚的 i 层可有充分的吸收，考虑到 i 层内荷电缺陷有可能降低空间电荷区的电场，如图 2.43 定性地表示了 i 层内荷电的缺陷态密度对于空间电荷区宽度的影响。图中实线代表 i 层有高的本底掺杂的电场分布，空间电荷区的宽度小于 i 层厚度。这相当于有一"死层"，对光电流是无贡献的。电池设计时需考虑工作状态下，空间电荷区的宽度应大于 i 层厚度。电池结构的设计优化是必要的。

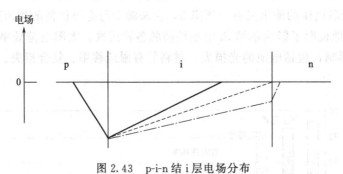

图 2.43   p-i-n 结 i 层电场分布

其中实线代表 i 层有高的背景掺杂，点划线代表 i 层低的背景掺杂。虚线代表空间电荷区的宽度等于 i 层厚度。

对于 p-i-n 结的 *I-V* 特性的描述，原则上可应用前面的分析方法。作适当的修改，耗尽区宽度应是 $W_D = x_n + W_i + x_p$，W_i 为 i 层宽度。

非晶硅，微晶硅薄膜有高的吸收系数，但迁移率低，扩散长度小。p-i-n 结构的采用，使非晶硅和微晶硅薄膜电池效率提高得以成功，并实现了产业化。

思考题及习题

2.1   若晶体硅中掺磷浓度为 $10^{17}/cm^3$，在室温下被认为是全部离化的，计算空穴的浓度。（$n_i = 1.5 \times 10^{15}/cm^3$）

2.2   外电场作用下的 p-n 结的电子和空穴输运过程是怎样的？

2.3   影响太阳电池的 *I-V* 特性的材料及工艺因素有哪些？这些因素如何影响 *I-V* 特性的？

2.4   少数载流子如何影响太阳电池的 I_{sc}、V_{oc} 及 FF，为什么？

第3章

晶体硅电池

硅太阳电池的设计和对硅材料的要求都不同于其他的硅电子器件。为了获得高转换效率，不仅要求体材料特性均匀、高质量，同时也要求表面有理想的钝化。这是因为较长波段的光必需穿过几百微米厚度的硅层后才被完全吸收，而由这些波长的光所产生的载流子必须要有较长的寿命才能被电池收集。

本章主要从材料角度讨论现代电池设计的特点以及影响电池性能的主要因素。

3.1 晶体硅太阳电池

3.1.1 早期的硅太阳电池

贝尔实验室在研究纯硅材料的融熔再结晶时，意外发现在高纯硅衬底上生长出的多晶硅锭显示了清晰的势垒。当样品受光照或加热时，结的一端会产生负电势，而另一端必须在加负偏压时，才能降低电阻使电流通过"势垒"，这个现象导致了 p-n 结的诞生。加负压的这一端材料被称为"n 型"硅，相反的一端则称为"p 型"硅。而这种势垒实际上是硅重结晶过程中杂质分凝的产物，这一初步实验很明确地显示了施主杂质和受主杂质在 p-n 结特性中各自的掺杂效果。

首个基于这种"生长结"的光伏器件出现于 1941 年。图 3.1(a) 显示了电池的几何结构，结与光照表面是平行的，电极分布在器件顶部外围和整个背表面。显然，这种电池很难制备，光电转换效率应该远低于 1%，因为它缺乏对结区定位的控制。

为有效阻止了"生长结"的随机形成，使用纯硅原料生长的晶体硅，用氦离子轰击硅表面形成注入结，如图 3.1(b) 所示，电极设计则和前一种电池类似。这种器件展示了良好的光谱响应特性，但光电转换效率估计约仅为 1%。

晶体生长技术的进步带来了单晶硅制造技术的产生，同时，高温扩散掺杂工艺也被开发出来。在此基础上，第一块现代意义上的单晶硅太阳电池于 1954 年问世，其电池结构的示意如图 3.1(c) 所示。它在单晶硅片上通过扩散掺杂形成 p-n 结，并在背面配有双电极结构。这种 p-n 结称为"包绕型结"。该结构的优点：①顶层没有电极遮挡；②因为正负电极都在电池的背面上，电极容易连接。其缺点在于电阻比较高，这是由于电池是制作在整块硅片上，其包绕型结构使得电流需沿着硅片表层的扩散层传输很长一段距离，才能被背面的电极

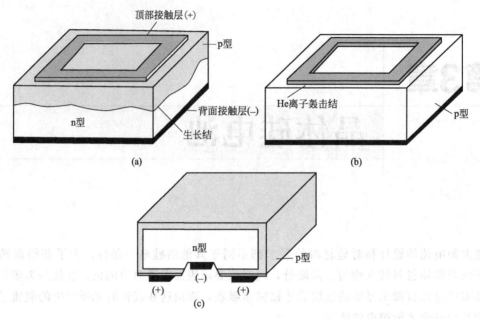

图 3.1　采用生长结方法制备的硅太阳能电池（a），氦离子注入形成
"注入结"的太阳能电池（b），和扩散结太阳能电池的结构

收集。为降低电阻，出现一种被称之为"polka-dot"的太阳电池设计，将硅片腐蚀出一排排通向背面的孔洞，大大缩短了电流收集的通路。这种电池结构，除具备上述优点外，还能使用性能较差的硅片制备太阳电池，并提高其转换效率，如带状硅、多晶硅等材料。只要少数载流子的扩散长度能达到硅片厚度的一半，这种方式几乎可以使整个电池的光生载流子都被收集。

　　太阳电池性能的进一步提升得益于将电极制备在硅片的上表面之上，并最终发展成栅线电极的新概念。几乎在同一时间，研究的重心从 n 型衬底开始转向 p 型衬底，这是因为 p 型衬底具有更好的抗辐射特性，人们对太阳电池在宇宙飞船上的应用前景越来越感兴趣。

3.1.2　传统的空间电池

　　空间电池需要适用于太空高辐射环境，其材料特点是：使用抗辐射能强的 p 型硅衬底，如 $10\Omega \cdot cm$ p 型硅衬底来得到最大的抗辐射能力；使用约 $40\Omega/\square$ 的方块电阻，$0.5\mu m$ 结深的磷扩散。空间电池的设计如图 3.2(a) 所示。尽管已知扩散的结越浅，蓝光响应越好，但此处仍采用了深结结构，主要是为了防止在上电极金属化过程中引起 p-n 结漏电。

　　从结构上看，对于 $2cm \times 2cm$ 的空间应用标准电池，通常通过会金属掩模蒸发，在电池的一侧形成设一条 1cm 宽的主栅线，六条与它垂直的副栅线，以降低电阻、增强电流的收集能力。添加钯的中间层，有助于提高空间电池在其升空前的环境中的防潮性。在电池的上表面镀一层二氧化硅（SiO_2），作为减反膜，有利于减小电池表面的反射率。但是 SiO_2 薄膜对 $0.5\mu m$ 以下波长的光吸收性很强。背面有金属接触层。采用背面氩处理技术减少了背表面处的载流子的有效复合速率，从而提高开路电压、短路电流密度以及转换效率。这种电池设计的光电转换效率在太空辐射环境中为 $10\% \sim 11\%$，在地面测试条件下会相对提高 $10\% \sim 20\%$。

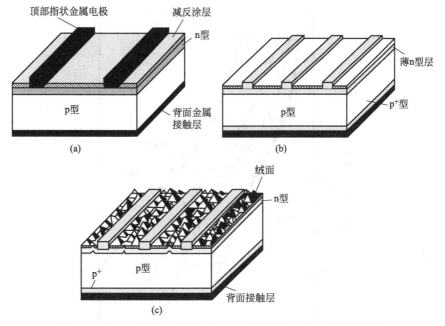

图 3.2 在 20 世纪 50 年代初期 (a) 典型的硅太阳电池结构设计
（b）浅结"紫"电池和（c）化学制绒后零反射的"黑体"电池

3.1.3 紫电池

传统的空间电池对 $0.5\mu m$ 以下波长的响应相对较差，原因是扩散的结较深和 SiO_2 减反膜也吸收该波长以下的光。为解决此问题，用了浅结（$0.25\mu m$）和高方块电阻结，同时采用如图 3.2(b) 所示的电池结构来适应这种变化。

图 3.3 是在恒定扩散温度和不同扩散时间的条件下，测得磷的活性沿结的深度分布的结果。图中曲线显示，在接近结的表面处有一段平坦的部分，它表示在所选定的扩散温度下，结内含磷的浓度已经超过了磷在硅中的固溶度。在此区域里相对于光伏效应的有效性而言，磷的电活性非常差。图 3.3 中这个平坦的区域被称为"死层"。紫电池就是采用很浅的扩散结，甚至比图 3.3 中最浅的扩散结还要浅，以避免"死层"的形成。

浅扩散层的弊端是使薄层电阻增加，电池在结构上必须采用密集型的栅线电极，以使电池的电阻将比传统电池的电阻更低。相应地，减反膜也做了改善，如选用 TiO_2 或者 Ta_2O_5，比 SiO_2 吸收更少，透明度更好，同时也为电池在做成电池组件时和其表面需要覆盖的玻璃间提供了更好的光学匹配性。

通过调整膜的厚度，使其对短波响应优于传统的膜，最后电池的外表呈现特有的紫色，通常也被称为"紫电池"。

在"紫电池"结构中，采用较低电阻率（$2\Omega\cdot cm$）的衬底材料。这种改进，使电池在蓝光波段的抗辐射性相当好，且其余波段的抗辐射性也低于传统的电池，电池的整体电压输出有了提升。开路电压的提高（改变了衬底电阻率）、电流输出的提高（清除了死层、更好的减反膜、更少的表面电极遮挡）和填充因子的提高（开路电压的提高、电池串联电阻的减小）都有助于电性能极大的提升，与传统设计的空间电池电性能相比它要提高 30%。在空间辐射的条件下，转换效率达 13.5%。基于 n 型衬底的早期电池的进展则没有如此显著，地面测量紫电池效率为 16%，而传统 n 型衬底电池则为 14%～15%。

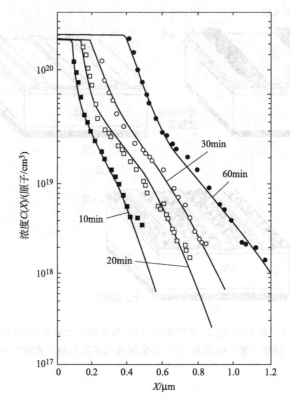

图 3.3 在扩散温度为 1000℃，随不同扩散时间，
实测硅表面磷被活化的深度分布

3.1.4 黑体电池

为进一步提升电池对光线的吸收和减少反射，在电池的受光面（称作上表面）形成类金字塔形的结构，可以降低表面的反射率，这种工艺通常被形象地称为"制绒"工艺。基于类似的概念，利用单晶硅晶面的各向异性特性，通过对不同晶向的选择性腐蚀，在（100）晶向的硅衬底上将（111）面露出来，而显露出来的（111）面交界便在电池表面随机形成不同尺寸的等边类金字塔形，如图 3.4（a）所示。这导致电池表面呈现特有的黑色，被称为"黑体电池"。

该技术对提高电池的电性能有两个显著的优势：第一，光照射到金字塔倾斜的表面时，光是向下方反射的，从而至少可增加一次光被电池吸收的机会，如图 3.4（b）所示；第二个优势，光沿着不同倾斜的角度进入电池。大部分的入射光会在第一次到达金字塔表面时就折入电池，这些光会以一定的角度折射，大大延长了光在电池内传播的路径长度，增加的光吸收部分大约是表面未制绒电池所能吸收光的 1.35 倍。等效于电池对光的吸收系数或者体内的扩散长度增加了相同的幅度。

制绒工艺可以更多地捕获入射光。对于地面用的电池来说，这是一个优势。因为它提高了电池的长波响应。但是，对于空间电池来说，却是一个弊端。因为电池背电极处对低能量光子吸收的增加，会明显增加电池温度，在缺乏有效的散热措施条件下，致使电池要在一个较高温度的空间环境下工作，这样会极大地抵消之前得到的增益，同时在装配过程中也有可能对金字塔的塔尖造成磨损，因此，表面绒面技术并不能在空间领域得到广泛的应用。

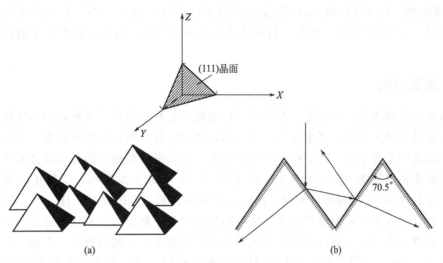

图 3.4 当（100）晶面的硅片经过选择性腐蚀以后，
显露出来的（111）晶面所形成的金字塔示意（a）和
反射光和折射光的光路示意（b）

和空间电池相比，"紫电池"和"黑体电池"在电性能方面的优势如图 3.5(a)，（b）所示。这两种新电池的优势主要体现在短路电流密度的增加，这是由于："死层"的去除；反射损失的减少和"黑体电池"使得光倾斜折入电池。这些改善对电池的光谱响应的影响如图 3.5(b) 所示。与传统的电池相比，由于不存在表面死层，这两种电池具有更好的光谱响应，特别是在短波范围内，这种优势更为明显。且"黑体电池"的优势比"紫电池"更显著，这是因为在短波范围内，"黑体电池"表面反射损失更小；在长波范围内，由于表面金字塔绒面导致光倾斜折入电池表面，从而增加光在"黑体电池"内部的有效吸收长度。

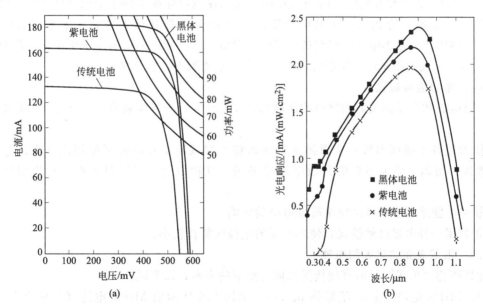

图 3.5 "黑体电池（卫星用的无减反系统的电池/CNR）"、"紫电池"和
常规电池的电流电压输出特性（a）和光电响应（b）

"黑体电池"在大气质量 AM0 的空间环境下转换效率为 15.5%。在地面标准测试条件下（AM1.5，$100mW/cm^2$，25℃）转换效率大约为 17.2%。这些都体现了表面制绒技术的优势。

3.1.5　表面钝化

晶体硅表面存在大量悬挂键、断键等不饱和键，容易在禁带形成复合中心能级，加大载流子在表面复合消失速率，严重影响少子寿命，从而降低电池光电转换效率。而表面钝化能很好地去除这些复合中心，降低硅的表面态密度，从而降低载流子的表面复合速率。传统的表面钝化技术使用等离子体化学气相沉积（PECVD）在硅表面沉积一层氮化硅薄膜，但热氧化方法生长的 SiO_2 薄膜与衬底硅的晶格系数更加匹配，钝化效果更佳。这样可有效消除硅的表面态，减少非平衡少数载流子在表面的复合损失。然而，二氧化硅过低的折射率，难于同时满足高效电池有效减反与表面钝化的双重作用的要求。如果电池正表面二氧化硅的厚度大于 20nm，再加上随后沉积的任意厚度的附加薄层，都会削弱减反膜的减反效果。为此，以热氧化对电池表面进行钝化时，氧化层必须很薄。利用金属-绝缘体-半导体（MIS）隧道二极管效应，先在未扩散的硅衬底的上表面生长一层薄的氧化层，直接在这层氧化层上沉积栅状金属电极，然后在衬底两面都沉积含高密度固定电荷的减反膜。因为这样生成的氧化层非常薄（＜2nm），所以在电极和衬底直接可以形成隧道效应。这样，电池的开路电压则主要取决于薄的氧化层和硅表面之间的复合，因此，电池的开路电压通常比较高，这也是第一次在硅太阳电池上得到了 650mV 的开路电压的电池结构。该电池由于薄氧化层所提供的表面钝化而具有很好的蓝光响应，电池外观呈蓝色。

采用表面钝化处理的电池都具备 p^+-n-n^+ 结构，一般选用 $300\mu m$ 厚，$10\Omega \cdot cm$ 的 n 型衬底。通过磷的重扩散得到了背面的 n^+ 区域。通过这个区域的吸杂作用使得体内的少子寿命提高到毫秒量级。而电池的正面则采用硼的浅扩散工艺得到薄层电阻为 $200\Omega/\square$ 的浅结（约 $0.25\mu m$）。如果没有氧化层的钝化作用，电池在地面标准条件下的效率为 15%～16%，而如果有 5nm 厚的钝化层，短路电流密度和开路电压都有显著提高，电池的效率达到 16.8%。尽管比"黑体电池"得到的转换效率要低，但是考虑到正电极未作优化，遮光面积达到 10%，以及使用单层减反膜等因素，这仍然是相当不错的结果。

3.1.5.1　电极区域钝化

一般电极和半导体表面相接触的区域都是高复合区。为减少载流子的复合，可采用如下方法。

① 通过在电极区形成一个重掺杂的区域将少数载流子和电极区域隔离开来而达到钝化的效果。目前。绝大多数的高效电池都采用了这种设计，即通过重掺杂将电极区域局域化。

② 尽可能地缩小电极区域来降低电极的影响。

③ 采用一种电极接触模式，使其本征的电极区复合较小。

3.1.5.2　顶部表面钝化太阳电池

此处所称"顶部"是指直接接受太阳光照射的表面，以下同。

（1）MIPN 电池（金属-绝缘体-pn 结）　如图 3.6 所示的 MIPN 电池（金属-绝缘体-pn 结），一种类似于 MIS 结构的接触模式，这层薄的氧化层位于金属电极的下面，可以有效降低其复合速率。

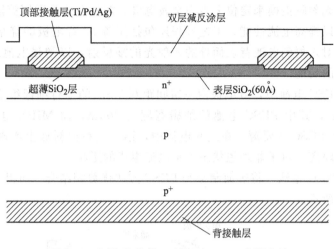

图 3.6　金属-绝缘体-pn 结（MIPN）太阳电池

在图 3.6 所示的 MIPN 太阳电池结构中。顶部上电极区的钝化是通过电极下面减薄了的氧化物薄层实现的，而表面钝化的氧化层未经减薄，比电极区的稍微厚一些。顶电极是通过多次沉积的 Ti/Pd/Ag 多层金属，采用 Ti 是其具有较低的功函数。它在硅的下表面形成一个静电感应电荷聚集层，从而降低接触电极处的复合。这种电池是在（100）晶向的低阻（0.2Ω·cm）抛光硅衬底上实现的，通过 Al/Si 合金工艺制得背电极。同时在背电极区域形成重掺杂区域。在抛光面上的钝化比在绒面或者研磨后的表面更容易实现。为了尽可能地降低反射损失，双层减反膜是在顶部氧化薄层上沉积约 1/4 波长厚度的 ZnS 和约 1/4 波长厚度的 MgF$_2$ 组成的。这个波长一般选在太阳光谱能量（或光子数）最大值附近。

（2）PESC（passivated emitter solar cell，钝化发射极电池）　图 3.7 显示了钝化发射极电池的电池结构。除了 PESC 的电极是直接在氧化薄层上的细槽中制成，PESC 和 MIPN 电池的结构比较相似，这也是通过缩小电极区面积来增强电极区钝化的效果。

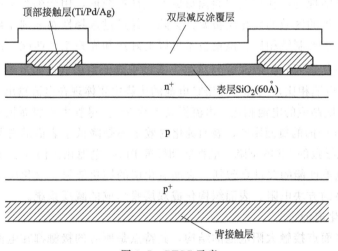

图 3.7　PESC 示意

以上两类电池的工艺过程包括上表面的浅扩散、钝化热氧化层的生成和电极区域的腐蚀。对于 MIPN 电池来说，有隧穿效应的氧化薄层是在沉积金属电极之前，在电极区域生长的，随后采用设计好的掩模版来制成电池的顶电极（或称上电极）。PESC 电池的工艺流程稍许简化，采用光刻胶掩模来定位上表面金属电极。两种电池都采用镀银的工艺来增加金属电极的道电能力以提高电流性能。工艺过程还包括制备 Al 背电极的烧结步骤，以降低背电极电阻，并通过对入射到电池背表面处的入射光的漫反射，以增强电池对长波光的吸收，且具有一定体吸杂的功能。

在 MIPN 和 PESC 电池中，其电极由一组间距 0.8mm 的平行细栅组成。两种电池的栅线截面积为 $150\mu m^2$，其中 PESC 电池的细栅宽度为 $20\mu m$，而 MIPN 电池的细栅宽度为 $30\mu m$，其厚度可比 PESC 的要薄。在这些电池中，第一次在硅衬底上实现了真实的陷光结构，并证实了"结隔离"对于非理想状态下暗电流组成的影响。

(3) "微槽" PESC 电池　将表面制绒和 PESC 方法优势相结合，所得"微槽" PESC 电池的结构如图 3.8 所示。

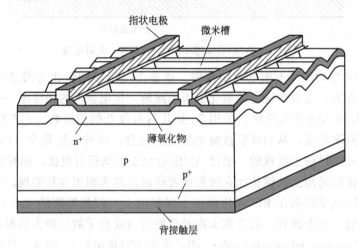

图 3.8　转换效率达 20% 的"微槽" PFSC 电池结构

该电池所采用的"微槽"技术，可获得比通常金字塔形织构化技术更优的效果。微槽技术是采用光刻工艺实现的，在氧化层表面形成所设计的图形，用光刻胶保护那些不需要腐蚀的部分，而未被保护的区域氧化层被腐蚀去除，并通过选择性腐蚀剂在裸露的硅表面制成微槽。与常规金字塔形制绒相比，微槽技术可以更好地和光刻工艺匹配。由于在交叉部分的扩散深度约是表面其余部分扩散深度的 $\sqrt{3}$ 倍，有助于降低由串联电阻导致的损失。

和常规 PESC 电池相比，"微槽" PESC 电池的优势主要体现在电流输出上，与采用类似的工艺在抛光的硅衬底制成的电池相比，电流提高大约 5%。尽管由于表面积增大和裸露的不尽理想的 (111) 晶向表面的负面影响，表面钝化的效果还是降低了表面的总复合。综合电压提高，电阻损失降低导致的 FF 的下降，电性能和标准 PESC 电池相比仍有接近 10% 的提高。

影响 PESC 电池性能的关键点包括：表面氧化层的钝化效果、氧化层上电极的设计、上表面扩散需要较高的方块电阻、表面织构化或双层膜形成的减反系统。

3.1.5.3　双面钝化电池

图 3.9 为背光面点接触太阳电池的结构，其特点是所有的接触都在电池背面，这种设计对表面钝化的质量以及后续工艺过程中能继续保持高的少子寿命提出了严格的要求。为了达到设计目标，在很大程度上得益于借鉴了微电子加工技术。

为降低对硅衬底材料的少子寿命和表面钝化效果的要求，结合了早先 PESC 的结构，双面钝化以及在电池制造过程中采用了氯化物，提出了如图 3.10 所示的 PERL 电池，该结构的硅太阳电池效率达到 23%。PERL 电池和常规背面点接触电池拥有许多共性，包括几乎覆盖氧化硅的钝化层和局部重扩散小区域接触。相对而言，PERL 电池结构是更具活力的设计，这降低了对表面钝化质量和体少子寿命的要求。

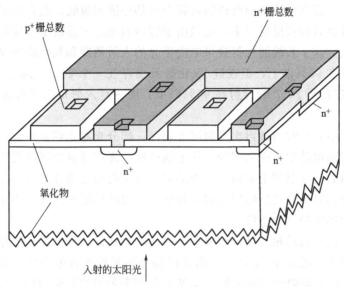

图 3.9 背面点接触太阳电池结构示意

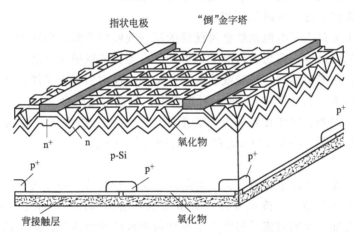

图 3.10 PERL 太阳电池结构示意

以上两种电池结构的缺点是均需要好几道光刻步骤，这难于降低产业化成本。

PERL 电池还可进一步改善：在更薄的氧化物钝化层上使用双层减反膜以提高短路电流密度；利用对上层氧化和局部点接触的退火过程以增加开路电压；改善背表面的钝化和降低金属化接触电阻以增加填充因子，这可使 PERL 电池的效率在 24% 以上。

3.1.6 PERL 电池设计

3.1.6.1 光学特征

为了实现最大限度地提高电池转化效率，应该尽可能多地让有用波长的光折入电池并被吸收。PERL 电池上表面的倒金字塔结构起了很重要的作用。该结构使大多数入射光在达到金字塔的一个壁面时，多数光在第一个入射点即能进入电池内部。部分的反射光又能再次向下反射，确保其至少有两次机会进入电池中。一些靠近金字塔底部的入射光则有三次进入电池的机会。金字塔覆盖着一层厚度适宜的（1/4 波长）氧化层作为减反膜。在最新的电池设计中，氧化层可以更薄以便适用于双层减反膜结构。

光进入电池后，在向电池背面行进的过程中大部分能被吸收，残存的未被吸收的长波段的入射光在达到背面时会被反射回来，这是由于背面氧化层上蒸镀了一层铝之后，能形成一个有效的反射系统。这个系统的反射效果取决于光的入射角度和氧化膜的厚度。一般正常角度的入射光反射率在 95％以上，但在硅/氧化硅界面存在一个 24.7°的临界角度（即全反射角），当入射光角度接近 24.7°时反射在 90％以下，而一旦入射角度超过这一数值，就接近 100％的反射。

电池体内的入射光从背面被再次反射回上表面。部分光在碰到表面金字塔反方向的斜面时，又被重新反射回电池中，而大部分光从电池逃逸。光在碰到金字塔的其他面时的反射全部为内反射。这也致使反射到上表面的一半的光被再反射回电池背电极。在经过第一次双回路之后所逃逸的光的量可通过精确的几何计算得出，也可以通过打破一些几何平衡来降低光逃逸的数量，如使用倾斜倒金字塔。

倒金字塔和背面反射的相互结合形成了有效的陷光结构，可增加吸收光在电池里传播的长度，测得的有效光程增长 40 倍以上。陷光结构能明显地改善电池的红外响应。PERL 电池在波长 1.02μm 处测得的外部响应值（A/W）比先前的硅太阳电池测得的 0.75A/W 还要高。测得在单色卤灯光同一波长下能量的转换效率值高于 45％以上，进一步的改进可使波长为 1.06μm 处的转换效率达到 50％以上。

其他的光学损失是由于电池顶端金属栅线的反射或吸收所致。尽可能地缩小栅线的宽度可以使光学损失降到最少，理想的情况下是得到尽可能大的纵横比（高/宽比）。此外，可以通过光学手段让入射光远离这些栅线或确保那些从栅线反射后的光又能完全进入电池体内。

整体而言，PERT 电池中有 5％的入射光损失，包括电池未金属化的上表面的反射、金属栅线的吸收或反射等。同样在效率方面会损失 1％～2％，因为实际的陷光结构同理想状态相比还是有一定差距，不是 100％光都能从背面反射回来。

3.1.6.2 电特性

（1）体复合 光生载流子在被收集之前的复合是一种浪费，若要获得高效的电池，电池的复合电流一定要尽可能小。降低复合，对增加电流输出和提高开路电压，均有很大的益处。在整个电池内部，少数载流子的净产生率和偏压效应导致的复合是要达到平衡的。电池的开路电压比短路电流更能表明电池内部的复合情况。

如图 3.10 所示，PERL 电池表面的扩散情况显然不均匀，可将电池分成电极区与无电极的表面区。尽可能选择高质量的材料以降低体内的复合，材料的质量通常可用少子寿命的大小来判断。一般而言，衬底掺杂浓度越低，少子寿命越高。复合速率的变化量受掺杂补偿的影响，即掺杂浓度越高，确定电压下少数载流子浓度越低。复合速率由掺杂浓度和载流子寿命所决定。对于理想的硅材料，低掺杂浓度无疑可使复合速率变小。对于实际的材料来说，还会有一些其他的决定因素，如最佳的掺杂浓度取决于电池的微观设计。显然体区域越薄，体复合越小。此处需要在减少电池机械强度和对光的吸收能力之间进行折中。上述陷光结构与最优化厚度的有效结合有可能获得最低复合速率。

（2）表面复合 目前大多认为，对高质量的氧化层，界面态对电子的俘获截面要比对空穴的俘获截面大。界面态对电子和空穴俘获截面如此明显的非对称性，意味着界面态的复合状态可能由于静电效应呈现出对电子有吸引力而对空穴不具有吸引力，就像未被占据的带正电的缺陷态，显示出"类施主"的特征。

图 3.11 给出俘获概率与界面态俘获截面以及相对应载流子浓度关系的示意。该图说明，表面复合因界面态对电子和空穴的俘获截面的不同而呈现出不对称性。图中箭头的粗细代表俘获截面，箭头的数量代表载流子浓度。整个表面复合速率由箭头的最弱权重的关联性决定。不管对电子、空穴俘获截面非对称性的物理根源如何，差异的存在总之会导致在 n 型和 p 型表面呈现出不同的复合特性。在 n 型表面，表面的空穴浓度很低，因此对空穴的俘获概率成为限速过程，决定了表面的复合速率。

p 型表面的复合情况较为复杂。此处空穴的浓度较大，电子的浓度很小。在低电压时，如图 3.11(b) 所示，电子的俘获是限速过程。而当电池电压输出增加时电子浓度会随之增加。在这些电压下由于电子具有大的俘获截面，与 n 型材料相比，p 型材料的复合过程的变化较为明显。当电池的电压形成之后，低的空穴俘获截面又将逐渐变成限速过程。相对而言，因为表面的空穴浓度不会迅速增加。而电池体内的电子有效表面复合速率在随着电池电压增加时迅速减少，最终复合速率在任何给定的大电压下与 n 型材料相似。

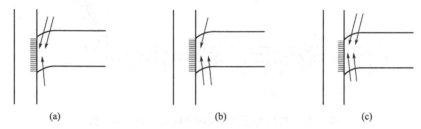

图 3.11　俘获概率与界面态的俘获截面以及相对应载流子浓度关系的示意

(a) 低电压下的 n 型硅，空穴俘获是限速过程，(b) 低电压下的 p 型硅，电子俘获是限速过程；
(c) n 型硅和 p 型硅在高的电压下，空穴俘获是限速过程

对于 PERL 电池。这一效应对于电池背面的非接触区域尤为重要。随着电压从短路状态逐渐上升到开路状态，这些区域的有效复合速率从 10^4 cm/s 的数量级降低到低于 30cm/s。对 PERL 电池的暗态 I-V 特性分析，可以得出复合速率随电压变化的特性。对于非接触区域的 p 型硅表面，实验测量确认了表面复速率随注入浓度增加而逐渐降低。

（3）电极处内的复合　在电池表面和电极金属接触的区域存在很高的复合。降低这种复合的途径：一是尽可能地降低电极接触面积，例如。对于 PERL 电池正面金属电极与表面氧化层接触宽度仅为 $3\mu m$，在背面金属电接触面积仅为 $10\mu m \times 10\mu m$，电极孔与孔之间距离一般为 $250\mu m$，这样的接触方式只占正面面积的 0.4% 或更少，占背面面积的 0.2%。第二种是在金属接触区域进行重掺杂，这样可以有效抑制这些接触区域的少数载流子的浓度，从而降低表面复合率，这和"背面场效应"起到同样的作用。

3.2　**高效晶体硅电池**

3.2.1　丝网印刷电池

3.2.1.1　电池结构

图 3.12 显示了典型的晶体硅丝网印刷电池的结构。传统的电池生产方式包括：通过腐

蚀去除表面损伤层；如果原始硅表面是〈100〉界面，先在表面进行化学制绒；表层扩散至方块电阻 400Ω/□；把硅片叠起来在真空情况下通过等离子刻蚀去除边缘结；去除表面磷硅玻璃；通过一个印刷框架进行正面金属印刷；烘干并烧结使正面形成合金；背面金属印刷；烘干并烧结形成背面金属接触；电池测试及分选。

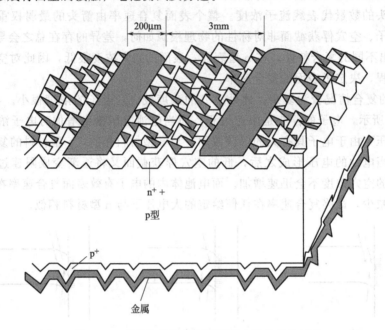

图 3.12　典型的晶体硅丝网印刷电池的结构示意

正常使用的电阻率为 0.5～5Ω·cm 的硼掺杂太阳能级 CZ 硅片，最后生产出来的电池效率一般为 12％～14％。如果在表面加一层减反膜（一般是 TiO₂ 或者是 Si₃N₄）电池效率将会提高 4％。

丝网印刷方法最大的缺点就在于印刷过程中消耗的大量 Ag 浆的成本问题以及最后生产出的电池片效率相对较低。造成这种问题的根本原因在于丝网印刷所得到的栅线宽度受到限制，另外一个重要原因是顶电极（亦称正面电极）和硅的接触电阻较高。烧结后的正面栅线的高宽比将会比烧结前降很多（大约是原先的 1/3），和纯金属相比，烧结后金属浆料较低的电导率亦是问题之一。

为了降低栅线宽度，应该开发更优化的印刷网版和新的印刷技术。尽管取得了很多好的研究结果，但是在商业化生产上还是存在很多问题。

正面电极和硅的接触电阻随着烧结环境和温度的变化影响很大。玻璃料（作为浆料中的一种添加剂）烧结前期首先在硅片表面和浆料之间形成一层氧化层，这样就导致了高的接触电阻。为了降低这种电阻，可在接触 n 型表面的浆料中添加磷源。烧结后通过 HF 的浸泡去除了界面上的玻璃料，可以降低接触电阻。不过，这会导致电池片在潮湿环境中可靠性的降低。

背面接触电阻不是主要问题，即使在更少掺杂的材料上接触，也可以通过更大的接触面积来降低接触电阻。

3.2.1.2　电池性能

丝网印刷方法制造出来的电池，其开路电压为 580～620mV。根据硅衬底电阻率的大小，短路电流密度为 $28\sim32\text{mA/cm}^2$，而大面积电池片的填充因子一般为 $70\%\sim75\%$。对于一块大面积电池，如图 3.13 所示，$10\%\sim15\%$ 的表面积会被印刷浆料电极所覆盖，主要包括大约 $200\mu\text{m}$ 宽的金属栅线，$2\sim3\text{mm}$ 的栅线间距。由于电极的电导率较差，对于大面积电池片需要设计一个收集电流的主栅线。虽然增加主栅线导致遮光面积的增加，但是这个设计有利于降低电池片的碎片率。随着电池片面积的增大，同样主栅线的条数也需要增加。

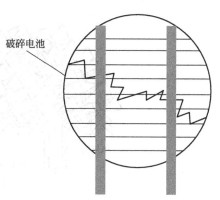

图 3.13　带有主栅线的电池设计，有助于降低栅线和减少破碎率

因为表面"死层"的影响，为获得比较合理的接触电阻，表面扩散层的薄层电阻应当相当低。较高的薄层电阻能提高电池的蓝光响应，但会降低电池的填充因子。重扩散也会限制电池的开路电压。由于这种限制因素，用表面氧化层钝化来提高电池性能将没有多大效果，使用质量较好的硅片，如悬浮区熔硅，也不会显著提高电池性能，为此需要改进丝网印刷的技术。

自从 21 世纪初以来。基于丝网印刷技术的晶体硅太阳电池的大规模制造技术和装备得到明显的改进。这主要体现在以下几个方面。①由等离子体化学气相沉淀技术（PECVD）制作的氮化硅膜（Si_3N_4）作为电池正表面的减反射膜，既降低了电池的表面反射，也有效地钝化了电池的表面，降低了电池表面复合。②改进银浆配方，使得电池表面发射结的薄层电阻提高（$55\Omega/\square$）的情况下，也能实现较好的欧姆接触。较高的薄层电阻提高了氮化硅（Si_3N_4）的表面钝化效果，提高了电池对短波的响应，继而提高短路电流。③共烧技术，电池的正表面在丝网印刷银浆栅线后，随着在电池背面印刷上铝浆和银铝浆，在浆料烘干后，进入烧结炉，进行前后电极的共烧过程。通过对烧结炉的多个温度区域的温度设置、气体种类和气流的设置，以及承载电池片的金属传送带带速的设置和控制。以达到最佳的烧结效果。通常电池的填充因子（FF）可达 $77\%\sim78\%$。

用改进的丝网印刷技术生产的单晶硅太阳电池技术的典型参数为 V_{oc} 为 $615\sim625\text{mV}$；I_{sc} 为 $34\sim36\text{mA/cm}^2$；FF 为 $76\%\sim78\%$；η 为 $15.5\%\sim17.5\%$。

改进的丝网印刷技术对多晶硅电池转换效率的提高尤为明显。这是因为由 PECVD 淀积的 Si_3N_4 薄膜含有大量的原子氢（15%）。在电极共烧的过程中，这些原子氢从 Si—H 和 N—H 键上断裂、扩散到多晶硅的体内和表面，饱和了体内晶界处和表面的悬挂键，从而实现了氢原子对多晶硅体内和表面缺陷的钝化。在电极的共烧过程中，背面铝浆和硅的合晶过程也有效地实现了对多晶硅片的吸杂作用，提高了少数载流子的扩散长度，从而提高了多晶硅电池的转换效率。典型多晶硅电池的技术参数为 V_{oc} 为 $600\sim620\text{mV}$；I_{sc} 为 $32\sim34\text{mA/cm}^2$；FF 为 $76\%\sim78\%$；η 为 $14.5\%\sim16\%$。

3.2.2　掩埋栅太阳电池

3.2.2.1　电池结构

图 3.14 中所示的埋栅电池是为克服丝网印刷电池的缺陷而开发的。该电池最有特色的设计在于金属化是嵌入电池表面的一系列狭窄槽内。

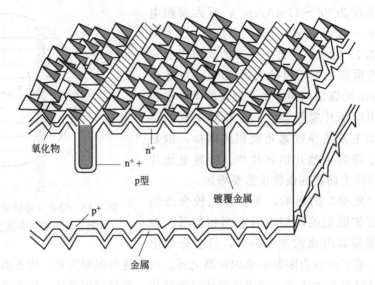

图 3.14　掩埋栅太阳电池结构示意

　　电池制作过程是：经去除损伤层和制绒后，在整个表面进行浅扩散和氧化。采用激光划片机、机械切割轮或其他机械或化学方法在电池表面形成槽，用化学腐蚀的方法对槽进行了清洗后，进行第二次扩散，即实现在接触区域选择性的磷扩散，此次扩散浓度比第一次浓得多。然后用蒸发、溅射的方法将铝沉积在电池背面。

　　经过铝烧结和腐蚀去除氧化层后，使用化学镀镍/铜/银的方法实现电池的金属化。首先沉积很薄的镍层，烧结后再沉积较厚的铜层，最后通过置换反应在表面形成很薄的银层。所有过程都是化学镀，盛放硅片的承载盒和硅片都是比较简单地浸没在镀液中。

3.2.2.2　电池性能

　　埋栅电池的性能比丝网印刷电池高 30％左右，但每单位面积的生产成本事实上是相同的，不超过丝网印刷电池的 4％。埋栅电池效率高的原因在于：由于金属栅线导电性更好，与槽内重扩散区的接触电阻更小，所以填充因子更高。表面顶层较高的薄层电阻，加上表面极好的氧化层钝化和由槽内重扩散提供的电极区钝化，使得埋栅电池的电压更高。已实现了接近 700mV 左右的开路电压，接近实验室电池中的最高电压。

　　电流高是由于表面遮光面积相对较少，对面积较大的电池，这种方法同样适用。结果是：使用埋栅结构增加了金属电极的高宽比，可实现 5:1 的高宽比。金属化后，用激光刻槽的槽宽为 15～20μm，用机械法成槽的槽宽为 40μm。另外一个原因是：非电极接触区域近乎理想状态的表面特性，大大提高了电池的蓝光响应。

　　工艺本身能产生相当大的吸杂作用。刻槽过程中产生的损伤似乎是有利的。激光应用到电池背面时，其损伤能产生相当有效的吸杂作用。类似地，位于表面顶层的激光槽也能成为有效的吸杂区域。在对刻槽区域进行重扩散的过程中，磷会优先扩散入损伤区域并自动钝化槽内损伤层。同槽内浓磷扩散区一样，电池背面的铝也起着吸杂作用。

3.2.3　高效背面点接触电极电池

3.2.3.1　电池设计

　　背面接触太阳能电池设计如图 3.15 所示，有相互交叉的 n^+ 和 p^+ 扩散层以及在电池背

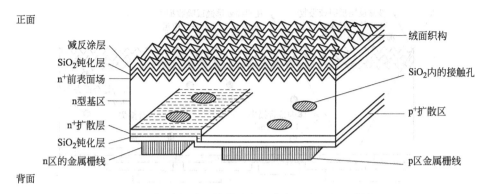

正面

减反涂层
SiO₂钝化层
n⁺前表面场
n型基区
n⁺扩散层
SiO₂钝化层
n区的金属栅线

背面

绒面织构
SiO₂内的接触孔
p⁺扩散区
p区金属栅线

图 3.15　背面接触太阳能电池的结构示意图（未精确刻度）

面的收集光生电流的栅线。

达到高效率的关键设计点包括：局部性的背面接触，可以有效控制接触处的复合损失；前表面无栅线，可以最大程度地吸收光辐射；钝化和背面金属化，可以提供背表面的反射作用以及比较低的串联电阻。

3.2.3.2　硅材料

因为少数载流子必须扩散通过整个硅片厚度才能达到背面结区，所以这种电池设计就需要格外高的少子寿命的硅片作为基体材料。因此，这种电池主要使用太阳能级的区熔硅材料（FZ）。因为 n 型 CZ 单晶硅片具有接近区熔单晶的少子寿命，为降低成本，逐渐由 n 型 CZ 单晶硅片取代区熔（FZ）单晶硅片。

3.2.3.3　电池生产过程

高效率背面接触太阳能电池是采用经典的包括光刻在内的半导体生产技术制造的。为了降低制造成本，SunPower 公司开发了低成本的丝网印刷技术来替代光刻技术。

3.2.3.4　电池性能

典型背面接触太阳能电池的技术参数为 V_{oc} 为 678mV；I_{sc} 为 39.5mA/cm²；FF 为 80.3%；η 为 21.5%（测试条件：100mW/cm²，AM1.5，25℃）。

3.2.3.5　光谱响应

背面接触太阳能电池的具有高电流（大于 40mA/cm²）是与电池更为宽泛的光谱响应相关的。短波段的响应被加强是由于电池正表面的掺杂比较少，这可避免传统电池因高掺杂而产生"死层"的影响；长波段的响应被加强是由于除点接触外的背面都有 SiO₂ 层，使背面有了极好的钝化效果。长波段响应被加强还在于极好的光学设计，它可以使电池的光学厚度相当于本身实际厚度的 6 倍，宽泛的光谱响应提升了每瓦传输的能量。

3.2.3.6　损失机理

图 3.16 显示了通过实验结果描述在最大功率点电池内部各种光子和复合损失所占比例。按该图所示结果可知，电池的光学厚度相当于电池实际厚度的 6 倍。

3.2.3.7　温度系数

太阳能电池的温度系数可由开路电压和光伏材料能隙宽度之比来预测。背面接触太阳能电池的高开路电压（约 667mV）所形成的温度系数约为 −0.38%/℃，比传统太阳电池的温度系数（−0.5%/℃）低 20%。高的开路电压意味着电池可以在标准测试条件、额定功率条件下提供更高的能量。图 3.17 显示出该类电池开路电压与温度的关系。

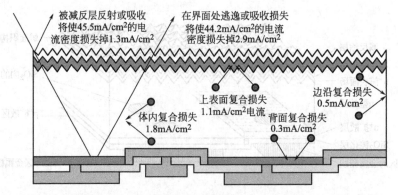

图 3.16　在最大功率点由光子损失和载流子复合损失所占比例的示意

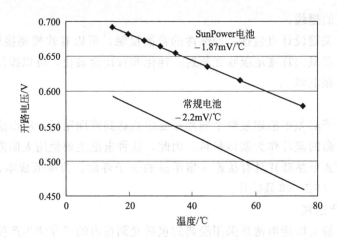

图 3.17　SunPower 高效电池的开路电压随温度变化的关系曲线

3.2.4　异质结电池

3.2.4.1　异质结（HIT）结构

图 3.18 显示了标准的 HIT 电池的结构示意。

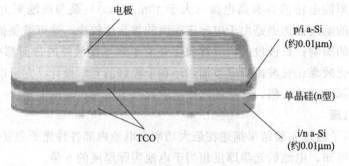

图 3.18　HIT 电池结构示意

带有绒面的太阳能级 CZ 硅片夹在作为受光面的 p/i a-Si 和作为背表面电场（BSF）的 i/n a-Si 之间，形成"三明治"结构。透明导电膜（TCO）和金属电极制备在 p 和 n 两层掺杂层上。顶层的 TCO 还起着减反层的作用，其厚度需要满足减反层的要求。减反层上的指状电极间距为 2mm，这比传统的 p/n 结扩散电池的指状电极间距窄，目的是为了弥补 TCO

较差的方块电阻。背面电极也做成指状的，目的是为了获得对称的 HIT 电池，以此减小器件的热应力和机械应力。

HIT 太阳电池的结构特色是在 p^+ 或 n^+ 型 a-Si 和 n 型 c-Si 之间夹有一层极薄的本征 a-Si 层。

① 这一结构可以采用高质量的本征 a-Si 薄膜实现对 c-Si 表面缺陷出色的钝化效果，进而得到高效率，尤其是高开路电压。

② HIT 电池的低温（小于 200℃）工艺和对称结构可以抑制制备过程中的热应力和机械应力对硅片的影响，因而可以采用更薄的硅片。

③ HIT 电池的温度系数优于传统 c-Si，因此可以在高温下实现更高的功率输出。

3.2.4.2　HIT 的性能

图 3.19 给出了 HIT 电池和 p 型 a-Si/n 型 c-Si 异质结电池的暗态 I-V 曲线。采用 HIT 结构，反向电流密度减小了 2 个数量级，并且在低压区域的正向电流明显增大。这一结果表明，由于 HIT 结构对 c-Si 实施了出色的表面钝化，由此得到了低的载流子复合速率和更好的 p-n 结性能。

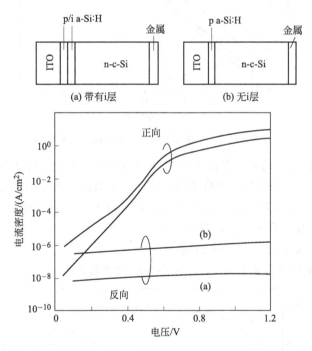

图 3.19　HIT 电池（a）和 p-n 异质结电池（b）的暗态 I-V 曲线比较

3.2.4.3　提高 HIT 电池性能

为了在 HIT 结构中获得优异的钝化效果，高质量的 a-Si 膜必不可少。a-Si 膜的缺陷态密度（N_d）主要取决于光学带隙而非诸如沉积温度 T_s 等的沉积条件。存在一个优化的光学带隙范围可以获得低的缺陷态密度。低缺陷态密度的高质量 a-Si 薄膜有助于获得高效率的 HIT 太阳电池。

采用低损伤工艺，减小等离子体/热损伤也是获得高质量 HIT 电池的必要条件。

（1）提高 HIT 电池效率的方法　为了获得更高的 HIT 电池效率，需要同时改善 V_{oc}、I_{sc} 和 FF。

为了获得更高的 V_{oc}，减小 a-Si 和 c-Si 界面的表面复合速率对于尽可能地抑制反向饱和电流是非常重要的。通过以下几种主要方法可获得更高的 V_{oc}。

① 在 a-Si 沉积之前清洁 c-Si 表面。

② 沉积高质量的本征 a-Si 层。

③ 在 a-Si、TCO 和电极沉积过程中减小对 c-Si 表面的等离子体/热损伤。

④ 优化 c-Si/a-Si 界面的能带弯曲。

图 3.20 给出了 HIT 太阳电池在不同 V_{oc} 下的暗态 I-V 曲线。可以看出，扩散电流区域向高压移动，与此同时，反向漏电流随着 V_{oc} 的增大而减小。

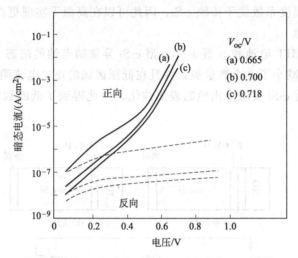

图 3.20　HIT 电池在不同 V_{oc} 下的暗态 I-V 曲线

为了获得更大的 I_{sc}，需要克服由 a-Si 和 TCO 的光吸收导致 HIT 结构的光学损失。图 3.21 给出了 HIT 电池与 PERL 电池典型的内量子效率 IQE 比较。该图表明无论是短波区域还是长波区域都有 I_{sc} 增大的空间。光学损失主要取决于 a-Si 的光学吸收和 TCO 的自由载流子吸收。通过以下几种重要方法可获得更高的 I_{sc}。

① 使用优化的绒面增强对入射光的捕获。

② 采用高质量宽带隙合金如 a-SiC 以减小 a-Si 的光吸收。

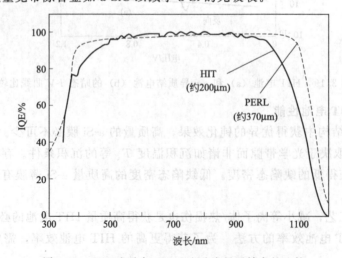

图 3.21　HIT 电池与 PERL 电池内量子效率的比较

③ 开发具有高载流子迁移率的高质量 TCO。

④ 优化 HIT 电池的背表面电场（BSF）。

⑤ 制备良好的栅线电极。

HIT 背面电场有助于改善对长波长光子的吸收，进而有助于提高 I_{sc}。背面 a-Si 和 c-Si 界面的表面复合速率小于 100cm/s。

为了获得更高的 FF，减小漏电和串联电阻尤为重要。通过以下几种重要方法可获得更高的 FF：

开发低电阻高质量的栅电极材料；开发具有大的高宽比的栅电极；开发高导电性的 p 型窗口层；减小 TCO 的串联电阻。

根据这些原则，已经获得了高达 0.815 的 FF。

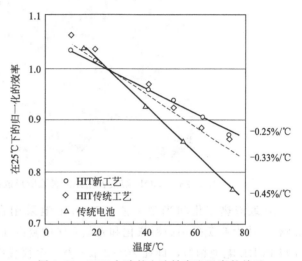

图 3.22 HIT 电池的电池效率和温度的关系

通过综合运用以上优化方法，在 100.4cm^2 的面积上得到了效率高达 21.8% 的太阳电池（V_{oc} 为 0.718V，I_{sc} 3.852A 和 FF 为 79.0%）。

（2）温度特性 太阳电池通常在室温下的标准条件下优化。然而，考虑到光伏组件的实际应用环境是在室外，高温下的电池性能更为重要。图 3.22 给出 HIT 电池的电池效率与温度的关系。HIT 电池的温度系数为 −0.33%/℃，低于传统 p-n 结扩散电池的温度系数 −0.45%/℃。随着技术的进步，当开路电压升高到 710mV 时，温度系数也因此减小到 −0.25%/℃。具有良好表面钝化或者具有较高 V_{oc} 的太阳电池通常表现出更好的温度系数。

3.2.5　Pluto 电池

Pluto 电池是由我国尚德电力控股有限公司基于 PERL 和 PESC 电池结构，通过制备工艺改进而形成的高效太阳能电池。

3.2.5.1　Pluto 单晶硅电池

尽管 PERL 电池创造并保持着世界纪录，但是复杂和昂贵的制造工艺、对制造设备的特殊要求以及昂贵的材料需求，阻碍其产业化的可行性。在此基础上，采用如下技术进行改进，形成 Pluto 电池。

① 由标准的 p 型太阳能级 CZ 硅片取代 FZ 硅片。区熔（FZ）单晶硅的质量虽高，但是价格也非常昂贵。采用太阳能级 CZ 硅片去取代 FZ 硅片会造成电池转换效率下降。它将使开路电压下降至 665mV（降低 6.9%），短路电流密度下降至 39.5mA/cm^2（降低 6%），相应的电池转换效率下降为 13.3%，这一损失主要是因为 CZ 硅片的少数载流子寿命较低造成的。

② 以单层 Si$_3$N$_4$ 减反射膜取代双层减反射层。当单层 Si$_3$N$_4$ 减反射膜应用于具有"金字塔"绒面时，其减反效果与双层减反膜相差无几，所造成的电池损失仅为 1%。

③ 取消光刻法倒"金字塔"绒面。图 3.23 显示了在 Pluto 电池中采用由 NaOH 溶液各相异性化学腐蚀所形成的随机正"金字塔"绒面结构。因为随机正"金字塔"绒面不存在光刻法绒面在相邻"金字塔"处的小平面区域，其表面有效复合速率高于倒"金字塔"绒面的表面复合速率。这一表面复合速率的差异对 FZ 硅片的开路电压（约 714mV）会造成几毫伏的差异。但对 CZ 硅片开路电压（665mV）造成的差异几乎可忽略不计。

图 3.23　NaOH 溶液各相异性腐蚀所形成的随机正"金字塔"绒面结构

④ 取消热氧化和光刻工艺。Pluto 电池采用在 Si_3N_4 表面形成选择性扩散图案（图 3.24），从而避免采用高温氧化和光刻方法的复杂工艺。新的方法所形成的选择性图案的尺寸与 PERL 电池相似，即在 $20\sim25\mu m$ 宽，金属栅线的高度也在 $10\sim12\mu m$ 高。这一工艺使得栅线之间的间距减小到 0.9mm 宽，跟 PERL 电池的一样，而不会增加电池表面的金属遮光面积。因此 Pluto 电池具有与 PERL 电池类似的短波光谱响应，取消热氧化和光刻工艺，没有对 Pluto 电池的转换效率带来很明显的影响。

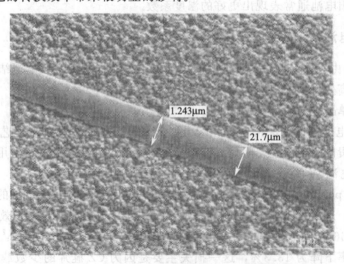

图 3.24　Si_3N_4 表面形成的选择性扩散图案

⑤ 取代热蒸发 Ti/Pd/Ag 电极金属化。相对于复杂而昂贵的热蒸发 Ti/Pd/Ag 多层金属电极工艺，Pluto 电池采用了简单、低成本和高产出的自对准金属化工艺所取代。这一工艺

几乎没有造成任何转换效率的损失。

⑥ 取代长时间高温气体管式扩散。在 Pluto 电池生产工艺中，传统的长时间高温气体管式扩散工艺已成功地由高产出、低成本、链式（即 in-line）扩散炉所取代。这种转化在 FZ 硅片上造成了较小的损失。但在 CZ 硅片所造成的损失可忽略不计。

⑦ 电池面积由 2cm×2cm 增加到 12.5cm×12.5cm。在 Pluto 电池的生产过程中，由于面积的增加所造成的转换效率的损失大约为 5%，其中 2% 是由于表面金属遮掩（主栅线）而导致的短路电池损失，另外 3.4% 是由于串联电阻的增加而造成的填充因子的损失。

跟实验室的小面积 FZ 硅片 PERL 电池相比，综合以上所有的因素所造成的大面积 CZ 硅片 Pluto 电池的转换效率损失大约为 17.3%，这相当于电池的转换效率从 25% 下降到 20.5%。

3.2.5.2　Pluto 电池的性能

Pluto 电池的工艺流程如下：表面制绒与清洗；链式（in-line）扩散；边缘湿法刻蚀；表面减反膜/表面钝化；减反膜选择性图案形成；选择性扩散；背面 Al 浆印刷及形成 BSF；自对准金属化。

最佳 Pluto 太阳能电池的技术参数为 V_{oc} 为 642mV；I_{sc} 为 5.54mA/cm^2；FF 为 79.5%；η 为 19%。

3.2.5.3　Pluto 多晶硅电池

Pluto 多晶硅电池是基于 PESC 电池技术的产业化技术。

高效多晶硅太阳能电池制造工艺应注意的事项：

① 避免采用长时间的高温处理工艺，因为大部分多晶硅片，如铸造多晶硅和硅带在长时间的高温处理过程中都会造成其质量的衰减；

② 采用低成本的工艺和材料；

③ 良好的晶界钝化；

④ 实现细窄的金属栅线（20～25μm），减小金属栅线之间的距离，在提高发射结的扩散方块电阻的情况下，可以保持较低的串联电池和金属遮光面积；

⑤ 金属栅线下的区域选择性重扩散，以降低金属电极接触电阻和电极区复合而造成的暗饱和电流；

⑥ 较好的前表面钝化；

⑦ 采用传统的丝网印刷工艺在多晶电池的背面印刷 Al 浆和形成 BSF。

Pluto 多晶硅电池的制造工艺与单晶硅电池的制造工艺相似，由于多晶硅片不具备一致的（100）晶体取向，因此，多晶硅表面的绒面是由各相同性湿法而形成的。

在 Pluto 大面积（12.5cm×12.5cm）多晶硅电池的生产过程中，单体电池和批次电池的最高转换效率分别达到 17.5% 和 17%，这比传统丝网印刷多晶硅电池的转换效率高出 12%～13%。重要的是，Pluto 多晶硅电池的单位面积的制造成本低于丝网印刷的多晶硅电池。

思考题及习题

3.1　对比紫电池、黑体电池和"蓝电池"的结构和性能。

3.2　简述"绒面"结构和背反射结构对电池的光吸收的影响。

3.3　简述 HIT 电池的结构特点及其对电池性能的影响。

3.4　Pluto 电池的技术改进体现在哪些方面？

第4章

高效Ⅲ-Ⅴ族化合物太阳电池

周期表中Ⅲ族元素与Ⅴ族元素形成的化合物简称为Ⅲ-Ⅴ族化合物Ⅲ-Ⅴ族化合物是继锗（Ge）和硅（Si）材料以后发展起来的半导体材料。由于Ⅲ族元素与Ⅴ族元素有许多种组合可能，因而Ⅲ-Ⅴ族化合物材料的种类繁多。其中最主要的是砷化镓（GaAs）及其相关化合物，称为 GaAs 基系Ⅲ-Ⅴ族化合物，其次是以磷化铟（InP）和相关化合物组成的 InP 基系Ⅲ-Ⅴ族化合物。但近年来在高效叠层电池的研制中，人们普遍采用 3 元和 4 元的Ⅲ-Ⅴ族化合物作为各个子电池材料，如 GaInP、AlGaInP、InGaAs，GaInAs 等材料，这就把 GaAs 和 InP 两个基系的材料结合在一起了。

以 GaAs 为代表的Ⅲ-Ⅴ族化合物材料有许多优点，例如，它们大多具有直接带隙的能带结构，光吸收系数大，还具有良好的抗辐射性能和较小的温度系数，因而 GaAs 材料特别适合于制备高效率、空间用太阳电池。GaAs 太阳电池，无论是单结电池还是多结叠层电池所获得的转换效率都是至今所有种类太阳电池中最高的，例如 GaInP/GaInAs/Ge 叠层太阳电池的效率高达 41.1%。

尽管 GaAs 太阳电池及其他Ⅲ-Ⅴ族化合物太阳电池具有上述诸多优点，但由于其材料价格昂贵、制备技术复杂，导致太阳电池的成本远高于 Si 太阳电池，因而除了空间应用之外，GaAs 太阳电池的地面应用很少。但近几年来，叠层电池效率的迅速提高以及聚光太阳电池技术的发展和设备的不断改进，使聚光Ⅲ-Ⅴ族化合物太阳电池系统的成本已大大降低，因而Ⅲ-Ⅴ族化合物太阳电池的地面应用已成为现实可能。本章将介绍Ⅲ-Ⅴ族化合物太阳电池的特点、制备技术、发展历史和研究及其应用现状。

4.1 Ⅲ-Ⅴ族化合物材料及太阳电池的特点

Ⅲ-Ⅴ族化合物半导体材料中最具代表性的是 GaAs 材料。GaAs 材料的研究始于 20 世纪 50 年代。60 年代初，发现其他 GaAs 具有独特的发光特性，并研制出了 GaAs 红外激光器。60 年代末，国外开始了 GaAs 太阳电池的研究。由于 GaAs 材料具有许多优良的性质，GaAs 太阳电池的效率提高很快，迅速超过了其他各种材料制备的太阳电池的效率。

GaAs 是一种典型的Ⅲ-Ⅴ族化合物半导体材料。GaAs 的晶格结构与硅相似，属于闪锌矿晶体结构；与硅不同的是，Ga 原子和 As 原子交替地占位于沿体对角线位移 1/4（111）的各个面心立方的格点上。与 Si 材料相比较，GaAs 材料具有以下优点。

① GaAs 具有直接带隙能带结构，其带隙宽度 $E_g = 1.42\mathrm{eV}$（300K），处于太阳电池材料所要求的最佳带隙宽度范围。目前 GaAs 单结太阳电池以及与其他相关材料组成的叠层电池所获得的效率是所有类型太阳电池中最高的。

② 由于 GaAs 材料具有直接带隙结构，因而它的光吸收系数大。GaAs 的光吸收系数，在光子能量超过其带隙宽度后，剧升到 $10^4\mathrm{cm}^{-1}$ 以上，如图 4.1 所示。经计算，当光子能量大于其 E_g 的太阳光进入 GaAs 后，仅经过 $1\mu\mathrm{m}$ 左右的厚度，其光强因本征吸收激发光生电子-空穴对便衰减到原值的 $1/e$ 左右，这里 e 为自然对数的底，经过 $3\mu\mathrm{m}$ 以后，95％以上的这一光谱段的阳光已被 GaAs 吸收。所以，GaAs 太阳电池的有源区厚度多选取在 $3\mu\mathrm{m}$ 左右。这一点与具有间接能带隙的 Si 材料不同。Si 的光吸收系数在光子能量大于其带隙宽度（$E_g = 1.12\mathrm{eV}$）后是缓慢上升的，在太阳光谱很强的可见光区域，它的吸收系数都比 GaAs 的小一个数量级以上。因此，Si 材料需要厚达数十甚至上百微米才能充分吸收太阳光，而 GaAs 太阳电池的有源层厚度只有 $3\sim5\mu\mathrm{m}$。

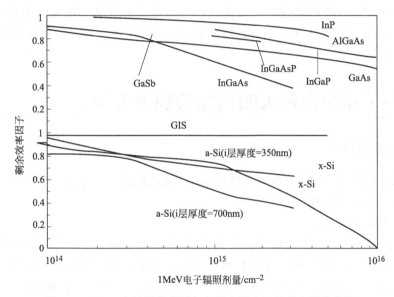

图 4.1　1MeV 电子辐照剂量与各类太阳电池效率衰退的关系

③ GaAs 基系太阳电池具有较强的抗辐照性能。辐照实验结果表明。经过 1MeV 高能电子辐照，即使其剂量达到 $1\times10^{15}\mathrm{cm}^{-2}$ 之后，GaAs 基系太阳电池的能量转换效率仍能保持原值的 75％以上，而先进的高效空间 Si 太阳电池在经受同样辐照的条件下，其转换效率只能保持其原值的 66％。对于高能质子辐照的情形，两者的差异尤为明显。图 4.5 示出了各类太阳电池在 $1\times10^{15}\mathrm{cm}^{-2}$ 电子辐照后效率衰退与光吸收系数的关系曲线。从图中可看出，大多数Ⅲ-Ⅴ族化合物太阳电池的抗辐照性能都好于 Si 太阳电池，抗辐照性能最好的是 InP 太阳电池。但Ⅱ-Ⅵ族化合物太阳电池，如 CuInSe 太阳电池的抗辐照性能超过了 InP 太阳电池，是抗辐射性能最好的太阳电池。

④ GaAs 太阳电池的温度系数较小，能在较高的温度下正常工作。太阳电池的效率随温度的升高而下降，这主要是由于电池的开路电压 V_{oc} 随温度升高而下降的缘故；而电池的短路电流 I_{sc} 随温度升高还略有增加。在较宽的温度范围内。电池效率随温度的变化近似是线性关系，GaAs 电池效率的温度系数约为 $-0.23\%/℃$，而 Si 电池效率的温度系数约为 $-0.48\%/℃$。GaAs 电池效率随温度升高的降低比较缓慢，因而可以工作在更高的温度范

围。例如，当温度升高到 200℃，GaAs 电池效率下降近 50%，而硅电池效率下降近 75%。这是因为 GaAs 的带隙较宽。要在较高的温度下才会产生明显的载流子的本征激发，因而 GaAs 材料的暗电流随温度的提高增长较慢，这就使与暗电流有关的 GaAs 太阳电池的开路压 V_{oc} 减小较慢。因而效率降低较慢。

但是，GaAs 基系太阳电池也有其固有的缺点，主要有以下几方面：GaAs 材料的密度较大（$5.32g/cm^3$），为 Si 材料密度（$2.33g/cm^3$）的 2 倍多；GaAs 材料的机械强度较弱，易碎；GaAs 材料价格昂贵，约为 Si 材料价格的 10 倍。所以，GaAs 基系太阳电池的效率尽管很高，但因有这些缺点，多年来一直得不到广泛应用，特别是在地面领域的应用微乎其微。

InP 基系太阳电池的抗辐照性能比 GaAs 基系太阳电池还好，但转换效率略低，而且 InP 材料的价格比 GaAs 材料更贵。所以，长期以来对单结 InP 太阳电池的研究和应用较少。但在叠层电池的研究开展以后，InP 基系材料得到了广泛的应用。用 InGaP 三元化合物制备的电池与 GaAs 电池相结合，作为两结和三结叠层电池的顶电池具有特殊的优越性。GaInP/GaInAs/Ge 三结叠层聚光电池已获得了高达 40.7% 的效率，并在空间能源领域获得了日益广泛的应用。

4.2 Ⅲ-Ⅴ族化合物太阳电池的制备方法

4.2.1 液相外延技术

通常采用液相外延（LPE）技术来制备 GaAs 及其他相关化合物太阳电池，获得了效率高于 20% 的 GaAs 太阳电池。

LPE 技术的原理如下。

金属 Ga 与高纯 GaAs 多晶或单晶材料在高温下（约 800℃）形成饱和溶液（称为母液），然后缓慢降温，在降温过程中母液与 GaAs 单晶衬底接触；由于温度降低，母液变为过饱和溶液，多余的 GaAs 溶质在 GaAs 单晶衬底上析出。沿着衬底晶格取向外延生长出新的 GaAs 单晶层。LPE 是一种近似热平衡条件下的外延生长技术，因而生长出的外延层的晶格完整性很好，另外，由于在外延生长过程中杂质在固/液界面存在分凝效应，所以生长出的 GaAs 外延层的纯度很高。选择适当的掺杂剂，很容易在 LPE-GaAs 外延生长中实现 n 型或 p 型掺杂。n 型掺杂剂通常采用 Sn、Te、Si 等Ⅳ族或Ⅵ族元素；而 p 型掺杂剂通常采用 Zn、Mg 等Ⅱ族元素。外延层的掺杂浓度的控制通过调节掺杂剂与母液的物质的量比和生长温度来实现。外延层的厚度由生长温度和生长的降温范围决定。液相外延生长系统的结构如图 4.2 所示。系统由外延炉、石英反应管、石墨生长舟、氢气发生器以及真空机组组成。

LFE 技术的优点是设备简单，价格便宜，生长工艺也相对简单、安全，毒性较小。LPE 技术的缺点主要是难以实现多层复杂结构的生长。因为液相外延生长受相图和溶解度等因素的限制，有许多异质结构不能用 LPE 技术生长出来。其次，LPE 生长的外延层的厚度不能精确控制，厚度均匀性较差，小于 $1\mu m$ 的薄外延层生长困难；另外，LPE 外延片的表面形貌不够平整。由于 LPE 技术的上述缺点，近 10 年来已逐渐被 MOCVD 技术和 MBE 技术所取代。

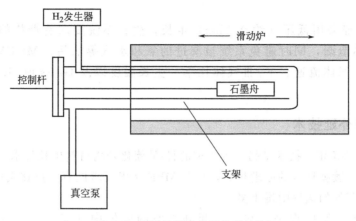

图 4.2 液相外延生长系统的结构

4.2.2 金属有机化学气相沉积技术

金属有机化学气相沉积（MOCVD）技术，也称金属有机气相外延（MOVPE）技术，是目前研究和生产Ⅲ-Ⅴ族化合物太阳电池的主要技术手段。它的工作原理是在真空腔体中用携带气体 H_2 通入三甲基镓（TMGa），三甲基铝（TMAl）、三甲基铟（TMin）等金属有机化合物气体和砷烷（AsH_3）、磷烷（PH_3）等氢化物，在适当的温度条件下，这些气体进行多种化学反应，生成 GaAs、GaInP、AlInP 等Ⅲ-Ⅴ族化合物，并在 GaAs 衬底或 Ge 衬底上沉积，实现外延生长。n 型掺杂剂为硅烷（SiH_4）、H_2Se，p 型掺杂采用二乙基锌（DEZn）或 CCl_4。MOCVD 生长系统的结构示意图如图 4.3 所示。

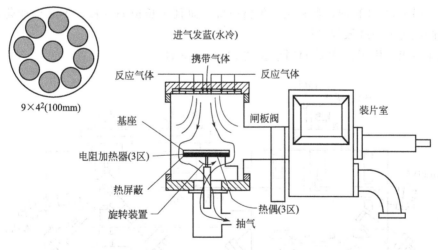

图 4.3 立式 MOCVD 设备示意

同 LPE 技术相比较，MOCVD 技术的设备和气源材料的价格昂贵，技术复杂，而且这种气相外延生长使用的各种气源，包括各种金属有机化合物以及砷烷（AsH_3）、磷烷（PH_3）等氢化物都是剧毒气体，因而 MOCVD 技术具有一定的危险性。但是 MOCVD 技术在材料生长方面有一些突出的优点。例如。用 MOCVD 技术生长出的外延片表面光亮，各层的厚度均匀，浓度可控，因而研制出的太阳电池效率高，成品率也高。用 MOCVD 技术容易实现异质外延生长，可生长出各种复杂的太阳电池结构，因而有潜力获得更高的太阳电池转换效率。

MOCVD 一般采用低压（约 0.1bar）生长，生长系统要求有严格的气密性，以防止这些剧毒气体泄漏，同时避免系统被漏进的氧和水汽等沾污。MOCVD 的生长参数包括气体压力、气体流速、Ⅴ/Ⅲ气体比率、生长温度以及 GaAs 或 Ge 衬底的晶体取向等。

4.2.3　分子束外延技术

分子束外延（MBE）技术是另一种先进的Ⅲ-Ⅴ族化合物材料生长技术。MBE 技术的工作原理与真空蒸发镀膜技术的原理相似，只是 MBE 技术要求的真空度比真空蒸发镀膜技术要高得多，但其蒸发的速率则慢得多。

MBE 技术的工作原理是，在一个超高真空的腔体中（$<10^{-10}$ Torr），用适当的温度分别加热各个源材料，如 Ga 和 As，使其中的分子蒸发出来，这些蒸发出来的分子在它们的平均自由程的范围内到达 GaAs 或 Ge 衬底并进行沉积，生长出 GaAs 外延层。

MBE 技术的特点是：

① 生长温度低，生长速度慢，可以生长出极薄的单晶层，甚至可以实现单原子层生长；

② MBE 技术很容易在异质衬底上生长外延层，实现异质结构的生长；

③ MBE 技术可严格控制外延层的层厚，组分和掺杂浓度；

④ MBE 生长出的外延片的表面形貌好，平整光洁。

MBE 技术在太阳电池研究领域它的应用比 MOCVD 技术要少得多。MBE 制备的太阳电池的效率也不如 MOCVD 制备的太阳电池的效率高，这可能与 MBE 的生长机制是非平衡过程有关。另外，MBE 的设备复杂，价格昂贵，而且生长速率太慢、不易产业化，也影响了它在太阳电池研究领域的发展。

图 4.4 给出了用于Ⅲ-Ⅴ族材料生长的 MBE 设备的示意。

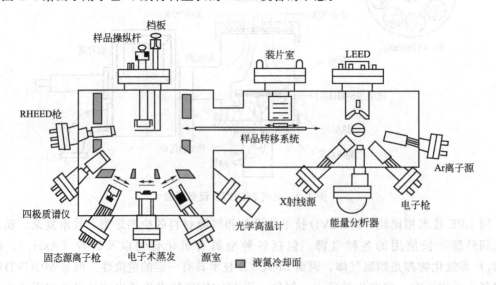

图 4.4　用于Ⅲ-Ⅴ族材料生长的 MBE 设备的示意

4.3　Ⅲ-Ⅴ族化合物太阳电池

4.3.1　GaAs 基系单结太阳电池

4.3.1.1　GaAs/GaAs 同质结大阳电池

GaAs 太阳电池的研究始于 20 世纪 60 年代。人们用研究 Si 太阳电池的方法来研究 GaAs 太阳电池未获得成功。这是因为 GaAs 体单晶材料的质量远比 Si 体单晶材料的质量差。无论是纯度还是完整性都远不如 Si 体单晶材料好。用简单的扩散技术制成的 GaAs 的 p/n 结性能很差，不能满足器件的要求。

采用液相外延（LPE）技术来研制 GaAs 太阳电池。衬底采用 GaAs 单晶片，生长出的电池为 GaAs/GaAs 同质结太阳电池。LPE 技术的设备简单，价格便宜，生长工艺也相对简单、安全，毒性较小，是生长 GaAs 太阳电池材料的简便易行的技术。用 LPE 技术研制 GaAs 太阳电池时遇到的主要问题是 GaAs 材料的表面复合速率高。因为 GaAs 是直接带隙材料，对短波长光子的吸收系数高达 $10^5\,\text{cm}^{-1}$ 以上，高能量光子基本上被数百 Å 厚的表面层吸收。在表面层附近产生了大量的光生载流子，但许多光生载流子被表面复合中心复合掉了，不能被收集成为太阳电池的电流。因而，高的表面复合速率大大降低了 GaAs 太阳电池的短路电流 I_{sc}；加之，GaAs 没有像 SiO_2/Si 那样好的表面钝化层，不能用简单的钝化技术来降低 GaAs 表面复合速率。因而，在 GaAs 太阳电池研究的初期，电池效率长时间未能超过 10%。直到 1973 年，在 GaAs 表面生长一薄层 $Al_xGa_{1-x}As$ 窗口层后，这一困难才得以克服。当 $x=0.8$ 时，$Al_xGa_{1-x}As$ 是间接带隙材料，E_g 约为 2.1eV，对光的吸收很弱，大部分光将透过 $Al_xGa_{1-x}As$ 层进入到 GaAs 层中，$Al_xGa_{1-x}As$ 层起到了窗口层的作用。由于 $Al_xGa_{1-x}As$/GaAs 界面晶格失配小，界面态的密度低，对光生载流子的复合较少；而且 $Al_xGa_{1-x}As$ 与 GaAs 的能带带阶主要发生在导带边，即 $\Delta E_c \gg \Delta E_v$，如果 $Al_xGa_{1-x}As$ 为 p 型层，那么 ΔE_c 可以构成少子（电子）的扩散势垒，从而减小了光生电子的反向扩散，降低了表面复合。同时 ΔE_v 不高，基本上不会妨碍光生空穴向 p 边的输运和收集。采用 $Al_xGa_{1-x}As$/GaAs 异质界面结构使 LPE-GaAs 电池的效率迅速提高，最高效率超过了 20%。

图 4.5 示出了 $LPE-Al_xGa_{1-x}As$/GaAs 异质结构太阳电池的结构。

1990 年以后，MOCVD 技术逐渐被应用到 GaAs 太阳电池的研究和生产中。MOCVD 技术生长的外延片表面平整，各层的厚度和浓度均匀并可准确控制因而用 MOCVD 技术制备的 GaAs 太阳电池的性能明显改进，效率进一步提高，最高效率已超过 25%。

GaAs 太阳电池的器件工艺主要包括光刻、蒸发、合金、退火、选择腐蚀等。器件工艺的优化对电池效率的提高十分重要。

4.3.1.2　GaAs/Ge 异质结太阳电池

如前面所述，GaAs 材料存在密度大、机械强度差、价格贵等缺点，人们想寻找一种廉价材料来替代 GaAs 衬底，形成 GaAs 异质结太阳电池，以克服上述缺点。首先用 Si 衬底来代替 GaAs 衬底，试图生长出 GaAs/Si 异质结太阳电池。采用先进的 MBE 技术和 MOCVD 技术，可以在 Si 衬底生长出 GaAs 外延层。但由于 GaAs 与 Si 两者的晶格常数相差太大（4%），热膨胀系数相差 2 倍，很难生长出晶格完整性好的 GaAs 外延；而且，即便在 Si 衬

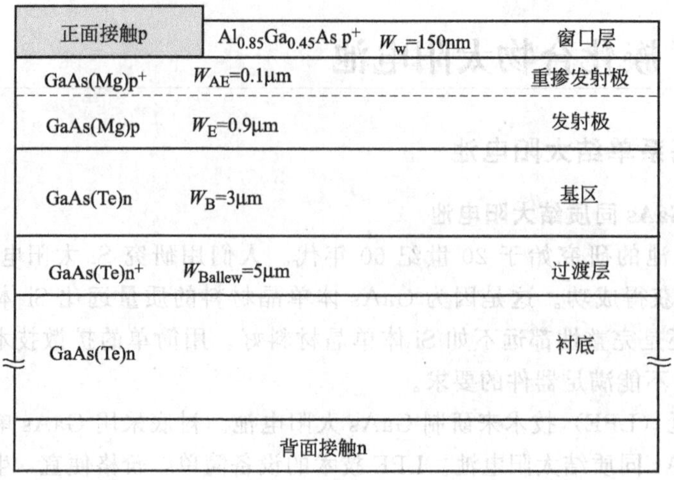

正面接触p	Al$_{0.85}$Ga$_{0.45}$As p$^+$	W_W=150nm	窗口层
GaAs(Mg)p$^+$	W_{AE}=0.1μm		重掺发射极
GaAs(Mg)p	W_E=0.9μm		发射极
GaAs(Te)n	W_B=3μm		基区
GaAs(Te)n$^+$	W_{Ballew}=5μm		过渡层
GaAs(Te)n			衬底
背面接触n			

图 4.5 LPE-Al$_x$Ga$_{1-x}$As/GaAs 异质结构太阳电池的结构

底上生长出了 GaAs 外延层，但当生长出的 GaAs 外延层的厚度约大于 4μm 时，便会出现龟裂。而且位错密度很高（大于 10^5 cm^{-2}），因而制备出的 GaAs/Si 太阳电池的效率受到限制。

由于在 Si 上生长 GaAs 存在诸多困难，注意力转向了 Ge 衬底。Ge 的晶格常数（5.646Å）与 GaAs 的晶格常数（5.653Å）相近，热膨胀系数两者也比较接近，所以容易在 Ge 衬底上实现 GaAs 单晶外延生长。Ge 衬底不仅比 GaAs 衬底便宜，而且机械牢度是 GaAs 的 2 倍，不易破碎。从而提高了电池的成品率。

用 MOCVD 技术和 MBE 技术则容易实现 GaAs/Ge 异质结构的生长。用 MOCVD 技术在 Ge 衬底上生长 GaAs 外延层的技术关键是避免在 GaAs/Ge 界面形成寄生的 p/n 结，而将此界面变为有源界面。因为这一寄生的 Gep/n 结的极性可能与 GaAs p/n 结的极性相反，这使太阳电池的开路电压 V_{oc} 下降；即使寄生的 Gep/n 结的极性与 GaAs-p/n 结的极性相同，但 Gep/n 结的电流同 GaAs p/n 结的电流不相匹配将导致太阳电池的短路电流 I_{sc} 下降，因而使得太阳电池的效率下降；同时，Ge 的温度系数较大，寄生的 Gep/n 结的存在也降低了电池的耐温性能。

寄生结的形成可能同 Ga 原子在 Ge 中扩散较快，在 Ge 中形成了 p 型掺杂有关。解决这一问题的途径是采用两步生长法，首先在 600～630℃ 下用慢速（0.2μm/h）在 Ge 衬底上生长一薄层（1000Å）GaAs 层，然后在 680℃ 或 730℃ 下快速（4μm/h）生长较厚（3.2μm）的 GaAs 基区。

为了消除界面缺陷，MBE 关键的工艺步骤是首先在 Ge 衬底上外延生长一薄层 Ge（厚度约 100nm），以形成平整的、化学上清洁的 Ge 表面。如果没有这一外延 Ge 层，直接让 GaAs 在 Ge 衬底表面成核，由于表面状态不清洁和失去控制，将导致很高的位错密度。而且，外延 Ge 层必须在 640℃ 退火大约 20min，加之采用（001）衬底沿 [110] 方向偏 6°，将会形成双台阶 Ge 表面，大大抑制了反向畴的形成。如果退火处理不充分，就会有反向畴出现。而在继后的 GaAs 生长过程中，无论先生长 Ga 面还是先生长 As 面都可以获得无缺陷的界面。然而，由于 Ga 面在 Ge 上的生长不是自终止的，而 As 面在 Ge 上的生长超过 350℃ 是自终止的，所以，如果先生长 Ga 面，其淀积的速率需要校正。以确保生长一个完整的 Ga 单层。

图 4.6 显示了在多晶 Ge 衬底上生长的 p^+/n-GaAs 太阳电池结构图，其效率达到 20%（AM1.5，4cm²）。在 p^+-GaAs 发射区与 n-GaAs 基区之间插入一层未掺杂的 GaAs 过渡层，可以阻止 p^+ 区与在 n 区晶粒间界上形成的 n^+ 子区之间载流子的隧道穿透，减小了暗电流，从而改善了电池的性能。多晶 GaAs/Ge 电池的研制成功，为进一步在玻璃或 Mo 衬底上研制 GaAs 电池打下了基础，这将为廉价 GaAs 多晶太阳电池的发展开辟一条新路。

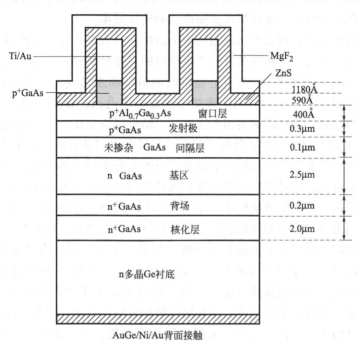

图 4.6　在多晶 Ge 衬底上生长的 p^+/n-GaAs 太阳电池结构

4.3.2　GaAs 基系多结叠层太阳电池

4.3.2.1　叠层电池的工作原理

用单一材料成分制备的单结太阳电池效率的提高受到限制。这是因为太阳光谱的能量范围很宽，分布在 0.4～4eV，而材料的禁带宽度是一个固定值 E_g，太阳光谱中能量小于 E_g 的光子不能被太阳电池吸收；能量远大于 E_g 的光子虽被太阳电池吸收，激发出高能光生载流子，但这些高能光生载流子会很快弛豫到能带边，将能量大于 E_g 的部分传递给晶格，变成热能浪费掉了。解决这一问题的途径是寻找能充分吸收太阳光谱的太阳电池结构，其中最有效的方法便是采用叠层电池。

叠层电池的原理是用具有不同带隙 E_g 的材料作成多个子太阳电池，然后把它们按 E_g 的大小从宽至窄顺序摞叠起来，组成一个串接式多结太阳电池。其中第 i 个子电池只吸收和转换太阳光谱中与其带隙宽度 E_g 相匹配的波段的光子，也就是说，每个子电池吸收和转换太阳光谱中不同波段的光，而叠层电池对太阳光谱的吸收和转换等于各个子电池的吸收和转换的总和。因此，叠层电池比单结电池能更充分地吸收和转换太阳光，从而提高太阳电池的转换效率。以三结叠层电池为例来说明叠层电池的工作原理，选取 3 种半导体材料，它们的带隙分别为 E_{g_1}、E_{g_2} 和 E_{g_3}，其中 $E_{g_1}>E_{g_2}>E_{g_3}$ 按顺序、以串联的方式将这 3 种材料连续制备出 3 个子电池，于是形成由 3 个子电池构成的叠层电池。带隙为 E_{g_1} 的子电池在最上面（称为顶电池），带隙为 E_{g_2} 的子电池在中间（称为中电池），带隙为 E_{g_3} 的子电池在最下面（称为底电池）；顶电池吸收和转换太阳光谱中 $h\nu \geqslant E_{g_1}$ 部分的光子，中电池吸收和转换太阳光谱中 $E_{g_1} \geqslant h\nu \geqslant E_{g_2}$ 部分的光子，而底电池吸收和转换太阳光谱中 $E_{g_2} \geqslant h\nu \geqslant E_{g_3}$ 部分的光子，也就是说，太阳光谱被分成 3 段，分别被 3 个子电池吸收并转换成电能。很显然，这种三结叠层电池对太阳光的吸收和转换比任何一个带隙为 E_{g_1} 或 E_{g_2} 或 E_{g_3} 的单结电池有效得多，因而它可大幅度地提高太阳电池的转换效率。

根据叠层电池的原理，构成叠层电池的子电池的数目愈多，叠层电池可望达到的效率愈高。对叠层电池的效率与子电池的数目的关系进行的理论计算表明，在地面光谱，1 个光强的条件下，1 个、2 个、3 个和 36 个子电池组成的单结和多结叠层电池的极限效率分别为37%、50%、56% 和 72%。显然，两结叠层电池比单结电池的极限效率要高很多。而当子电池的数目继续增加时，效率提高的幅度变缓，三结叠层电池比两结叠层电池的极限效率只提高了 6%，而 36 结叠层电池的极限效率比三结叠层电池的极限效率只提高了 12%。另外，从实验的角度考虑，制备四结、五结以上的叠层电池十分困难，各子电池材料的选择和生长工艺都将变得非常复杂，这势必影响到材料和器件的质量，因而给太阳电池的性能造成不利影响，这样反而降低了太阳电池的转换效率。实际上，目前三结叠层电池获得的效率最高。

叠层电池按输出方式可分为两端器件、三端器件和四端器件。两端器件是指叠层电池只有上、下两个输出端，即只有上电极和下电极。与单结电池的输出方式相同，如图 4.7(a) 所示。三端器件除了上、下两个电极外，在两个子电池之间还有一个中间电极，如图 4.7(b) 所示，中间电极既是顶电池的下电极，也是底电池的上电极，顶电池通过上电极和中电极向外输出电能，而底电池通过中电极和底电极向外输出电能。四端器件的意思是顶电池和底电池各有自己的上、下两个电极。分别向外输出电能。互不影响，如图 4.7(c) 所示。两端器件中的两个子电池在光学和电学意义上都是串联的，而三端器件和四端器件中的两个子电池在光学意义上是串联的，而在电学意义上是相互独立的。三端器件和四端器件中的两个子电池的极性不要求一致，可以不同（如顶电池为 p/n 结构，而底电池可以为 p/n 结构，也可以是 n/p 结构）；此外，三端器件和四端器件对两个子电池的电流和电压没有限制，计算叠层电池的效率时，先分别计算两个子电池的效率，然后把两个效率相加，便得到了叠层电池的总效率。

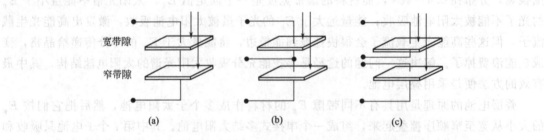

图 4.7 二端 (a)，三端 (b)，四端 (c) 器件叠层电池原理

两端器件中的两个子电池属于串联连接，对其有许多限制。首先要求两个子电池的极性相同。即都是 p/n 结构或都是 n/p 结构。此外，要求两个子电池的短路电流 I_{sci} 尽可能接近，这样整个叠层电池才能获得最大的短路电流 I_{sc}；否则，短路电流 I_{sc} 将受子电池中最小的 I_{sci} 的限制，这就将影响叠层电池效率的提高。因为在串联的两端器件结构中，叠层电池的开路电压等于各子电池的开路电压 V_{oci} 之和。而叠层电池的短路电流 I_{sc} 必须满足电流

连续性原理，受最小的光生电流 I_{sci} 的限制，可近似认为等于最小的 $I_{sc} = I_{min}$。

两端叠层电池器件，即单片多结叠层电池，虽然存在上述的一些限制，使其制备工艺过程比单结电池复杂得多，但因为它能大幅度地提高太阳电池效率，而且它组成太阳电池组件的工艺过程简单，与单结太阳电池组成太阳电池组件的工艺过程几乎相同，因而受到广泛重视，近十年来获得了飞速的发展，成为Ⅲ-Ⅴ族太阳电池研究和应用的主流。三端和四端的叠层电池器件，虽然对子电池的限制较少，也能获得高效率，但因器件工艺复杂，而且在实际应用中需要复杂的外电路，通过各种串，并联实现电压和电流的匹配，因此实用价值较差。

4.3.2.2　AlGaAs/GaAs 叠层电池

$Al_x Ga_{1-x} As$ 作为与 GaAs 太阳电池相匹配的顶电池材料，是最早用于 AlGaAs/GaAs 系列叠层电池结构的研究。采用 MOCVD 技术生长的电池面积为 $0.5 cm^2$ 的 AlGaAs/GaAs 双结叠层电池，其 AM0 和 AM1.5 效率分别达到 22.3% 和 23.9%。但存在如何生长高质量的 AlGaAs 层和如何实现上下电池之间的电学串联连接的问题，后续没有新的进展。

直到 2001 年，利用 MOCVD 技术制备出 $Al_{0.36} Ga_{0.64} As$/GaAs 叠层电池，其结构为 $pp^- n^- n$ 结构的 $Al_{0.36} Ga_{0.64} As$ 顶电池，n^+-$Al_{0.15} Ga_{0.85} As$/p^+-GaAs 隧道结和 p-n 结构的 GaAs 底电池，电池的效率高达 27.6%（AM1.5，25℃，$0.25 cm^2$）。图 4.8 显示了 $Al_{0.36} Ga_{0.64} As$/GaAs 叠层电池结构。

正面接触		
p^+-GaAs	MgF$_2$/ZnS	ARC
p-$Al_{0.85} Ga_{0.15}$As	$1 \times 10^{18} cm^{-3}$	0.04μm
p-$Al_{0.36} Ga_{0.64}$As	$1 \times 10^{18} cm^{-3}$	0.07μm
p^--$Al_{0.36} Ga_{0.64}$As	$6 \times 10^{15} cm^{-3}$	0.3μm
n^--$Al_{0.36} Ga_{0.64}$As	$4 \times 10^{15} cm^{-3}$	0.6μm
n-$Al_{0.6} Ga_{0.4}$As	$2 \times 10^{17} cm^{-3}$	0.1μm
n^+-$Al_{0.15} Ga_{0.85}$As	$5 \times 10^{18} cm^{-3}$	0.02μm
p^+-GaAs	$4 \times 10^{19} cm^{-3}$	0.008μm
p-$Al_{0.85} Ga_{0.15}$As	$1 \times 10^{18} cm^{-3}$	0.1μm
p-GaAs	$1 \times 10^{18} cm^{-3}$	0.5μm
n-GaAs	$8 \times 10^{18} cm^{-3}$	3.5μm
n-$Al_{0.2} Ga_{0.8}$As	$5 \times 10^{17} cm^{-3}$	0.1μm
n-GaAs	$5 \times 10^{17} cm^{-3}$	1μm
n-GaAs 衬底		
背面接触		

右侧括号标注：AlGaAs电池、隧道结、GaAs电池

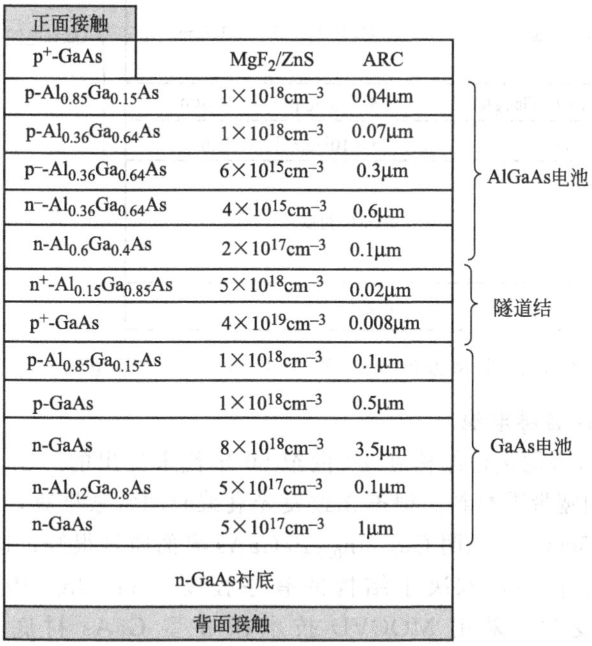

图 4.8　效率为 27.6% 的 AlGaAs/GaAs 叠层电池结构

为进一步改进电池性能，在 $Al_x Ga_{1-x} As$ 顶电池的生长过程中采用 Se 代替 Si 作为 n 型掺杂剂，提高了 $Al_x Ga_{1-x} As$ 层的少子寿命，因而提高了 $Al_x Ga_{1-x} As$ 顶电池的短路电流密度 I_{sc}。采用 GaAs 隧道结连接顶电池和底电池，只是用 C 代替 Zn 作为 p 型掺杂剂，减少了隧道结内部 p 型杂质的扩散，提高了隧道结的峰值电流密度，因而减小了隧道结的电学损失。经过这些改进，$Al_{0.36} Ga_{0.64} As$/GaAs 叠层电池的效率提高到 28.85%（AM1.5，25℃，

$0.25cm^2$），这是迄今为止 AlGaAs/GaAs 叠层电池的最高效率。图 4.9 示出了这种 AlGaAs/GaAs 叠层电池结构。但是，与 InGaAs/GaAs 叠层电池结构相比较而言，Al-GaAs/GaAs 的界面复合速率要高许多，这导致 AlGaAs/GaAs 叠层电池的短路电流密度 I_{sc}（$13.34mA/cm^2$）比 InGaP/GaAs \$ 层电池的 I_{sc}（$14mA/cm^2$）小。这一缺点是影响 AlGaAs/GaAs 叠层电池效率提高的主要障碍。

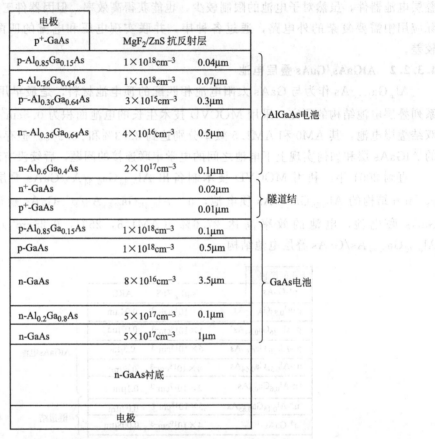

图 4.9 效率为 28.85% 的 AlGaAs/GaAs 叠层电池结构

4.3.2.3 GaInP/GaAs 叠层电池

$Ga_{1-x}In_xP$/GaAs 叠层电池结构在 20 世纪 80 年代末提出的。$Ga_{0.5}In_{0.5}P$ 是另一种与 GaAs 材料晶格匹配的宽带隙材料。根据光致发光衰减时间常数推算，$Ga_{0.5}In_{0.5}P$/GaAs 界面的复合速率约为 $1.5cm/s$，说明 $Ga_{0.5}In_{0.5}P$/GaAs 界面质量很好，这可能是由于 GaInP/GsAs 界面比较清洁。同时，取决于结构的有序程度，$Ga_{0.5}In_{0.5}P$/GaAs 的 E_g 可以在 $1.82\sim1.89eV$ 之间变化。采用 MOCVD 技术在 p 型 GaAs 衬底上生长出了小面积（$0.25cm^2$）的高效 $Ga_{0.5}In_{0.5}P$/GaAs 双结叠层电池，上下电池之间实现了高电导的 GaAs 隧道结连接，其 AM1.5 效率达 27.3%。发现少子扩散长度对生长温度和 V/III 比不敏感，但密切依赖于 $Ga_{0.5}In_{0.5}P$/GaAs 晶格失配度，尤其是其伸张应力，使光电流值明显下降。上电池用 AlInP 层作为窗口层，改善了电池的蓝光响应和短路电流。

对上述电池结构进行改进，首先是采用了背场结构（BSF）。对于 GaAs 底电池，背场为 $0.07\mu m$ 薄层 GaInP，p 型掺杂浓度为 $3\times10^{17}cm^{-3}$，并且指出，如果降低此浓度将影响开路电压。对于 GaInP 顶电池，其背场也采用 $0.05\mu m$ 的薄层 GaInP，但该薄层具有较宽的

带隙 $E_g = 1.88\text{eV}$，其组分为 $\text{Ga}_{0.5}\text{In}_{0.5}\text{P}$，以保持晶格与 GaAs 匹配。实际过程中，通过控制生长速率或生长温度来控制带宽的增加。第二点改进，将栅线所占面积从 5% 降为 1.9%，而不影响电池的填充因子。这是由于叠层电池的光电流密度近乎减半，同时发射极的薄层电阻又减小到 $420\Omega/\square$ 的缘故。第三点改进是降低了窗口层 AlInP 中的氧含量，将磷烷纯化或用乙硅烷取代硒化氢作掺杂剂。第四点改进是在隧道结生长过程中减少了掺杂记忆效应，用 Se-C 取代 Se-Zn，同时调整降低了砷烷分压。经过上述改进，0.25cm^2 的 $\text{Ga}_{0.5}\text{In}_{0.5}\text{P}$/GaAs 双结叠层电池，其 AM1.5 和 AM0 效率分别达到 29.5% 和 25.7%（图 4.10）。

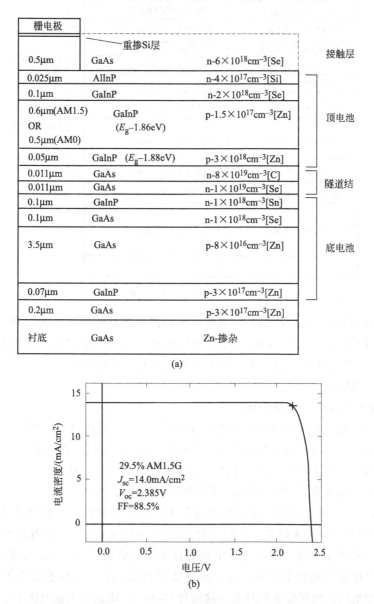

图 4.10　效率为 29.5% 的 InGaP/GaAs 叠层电池的结构（a）和光照 *I-V* 曲线（b）

在上述电池结构的基础上，用 InGaP 隧道结取代 GaAs 隧道结；并且隧道结处于在高掺杂的 AlInP 层之间，对下电池起窗口层作用，对上电池起背场作用，其结果是提高了开路电压和短路电流，填充因子虽略有下降。而总的效率却有所提高，AM1.5 效率达到

30.28%（图4.11）。

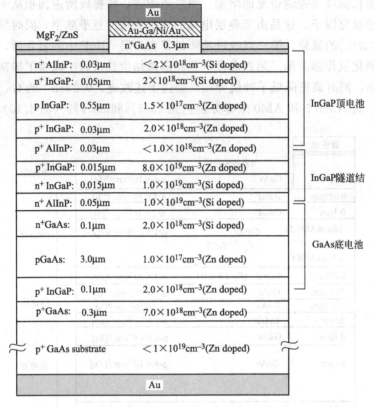

图4.11 效率达到30.28%的 $In_{0.49}Ga_{0.51}P/GaAs$ 叠层电池结构

GaIaP/GaAs 叠层具有较高的太阳电池效率，同时还具有很好的抗辐照性能，适合于用作空间能源。效率为25.7%（AM0）的高效 GaInP/GaAs 叠层太阳，在经过能量为1MeV，剂量为 $10^{15}cm^{-2}$ 的电子辐照后，太阳电池仍然具有很高的效率，$\eta=19.6\%$（AM0），这个效率值高于 Si 太阳电池未经辐照的初始效率。

4.3.2.4　GaInP/GaAs/Ge 三结叠层电池

GaInP/GaAs 叠层太阳电池在产业化的过程中，GaAs 衬底被 Ge 衬底取代。Ge 衬底不仅比 GaAs 衬底便宜，而且因为 Ge 衬底的机械强度比 GaAs 衬底强许多，因而 Ge 衬底的厚度可以大大减薄。生产上使用的 Ge 衬底的厚度通常为 $140\mu m$。从此以后，GaInP/GaAs/Ge 叠层太阳电池结构成为Ⅲ-Ⅴ族太阳电池领域研究和应用的主流。

GaInP/GaAs/Ge 叠层太阳电池在生产过程中分为两种结构：一种是采用 pn/pn/n(Ge) 双结叠层电池结构，Ge 为无源衬底；第二种采用 np/np/np(Ge) 三结叠层电池结构，Ge 衬底中包含第三个有源 p-n 结。双结叠层电池的批量平均效率为22.4%，最高效率为24.1%；三结叠层电池的批量平均效率为24.2%，最高效率为25.5%。双结叠层电池的 $Ga_{0.5}In_{0.5}P/GaAs/Ge$ 叠层电池的抗辐照性能和温度系数均与 GaAs/Ge 电池相当或略优于后者。

在 GaAs 中引入1%的 In 后，形成 GaInP/InGaAs/Ge 叠层太阳电池，可使 GaAs 的晶格与 Ge 衬底更好地匹配。利用无序 GaInP 提高顶电池的带隙到1.89eV，将 GaInP/InGaAs/Ge 三结叠层电池 AM1.5 效率提高到32%。计算表明，如果利用更宽带隙的 AlInGaP（1.95eV）作为顶电池，可望将 AlInGaP/InGaAs/Ge 三结叠层电池的效率提高到33%。

4.3.2.5　GaAs/GaSb 机械叠层电池

GaAs/GaSb 机械叠层电池是另一类叠层电池。这种电池是由 GaAs 电池和 GaSb 电池用机械的方法相叠合而成。GaAs 顶电池和 GaSb 底电池在光学上是串联的，而在电学上是相互独立的，用外电路的串并联实现子电池的电压匹配。这类机械叠层电池是四端器件。它们对于子电池的极性不要求相同，也不要求子电池材料的晶格常数匹配。叠层电池的效率简单地等于 GaAs 顶电池的效率和 GaSb 底电池的效率之和，因而容易获得高效率。GaAs 顶电池是用 MOCVD 技术生长的，而 GaSb 底电池是用扩散方法制备的。图 4.12 给出 InGaP/GaAs/GaSb 机械叠层电池的原理（a）和器件结构（b）。图中 GaSb 底电池之间串联连接，InGaP/GaAs 叠层顶电池并联连接，以便两组电池的电压相近，可以进行并联输出。这类电池根据测试条件不同（AM0，15～100 倍太阳光强），电池效率在 31％～34％之间。

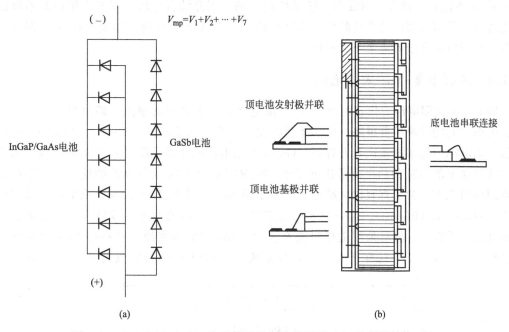

图 4.12　InGaP/GaAs/GeSb 机械叠层电池的原理（a）和器件结构（b）

但是这类机械叠层电池的器件工艺复杂，顶电池的下电极需做成梳状电极，而且必须与底电池的上电极的图形相同，并严格对准，才能让未被顶电池吸收的红外光透过顶电池，进入底电池。在实际应用时，需通过复杂的电路进行串并联，实现电压匹配。机械叠层电池存在上述的缺点使它们不太适宜于空间应用，也许将来可应用于地面聚光电池领域。

4.3.3　Ⅲ-Ⅴ族聚光太阳电池

太阳能具有分散性，在地面单位面积上可接收到的太阳能密度不是很大。在标准的 AM1.5 条件下，每平方米地面接收到的最大的太阳能量为 1000W/m²。但由于天空中总是存在云、雾等物质，太阳光在到达地面之前已被吸收了一部分。实际上在最好的天气条件下，地面上每平方米面积上接收到的太阳能只有约 850W/m²。太阳能的这一特点为太阳电池的大规模应用造成了困难。为解决电量与 Si 片和太阳电池之间的矛盾，可采取的途径有两条：一是采用薄膜太阳电池，二是采用聚光太阳电池。

聚光太阳电池的原理是，用凸透镜或抛物面镜把太阳光的光强聚焦到几倍、几十倍，甚

至上千倍太阳光强，然后投射到太阳电池上。已知在理想情况下，太阳电池的短路电流 I_{sc}
与入射光强成正比，而开路电压 V_{oc} 随光强的对数而增加，因此与在一个太阳光强下工作的
普通平板型太阳电池相比较。聚光型太阳电池不仅能产生出高达数十倍，甚至数百倍的电
能，而且，聚光太阳电池的效率也比普通平板型太阳电池的效率有所提高。然而，实际的太
阳电池器件具有一定的等效串联电阻和热效应，因此对可容许的最大聚光倍数存在着一定的
限制。超过这一聚光限度，太阳电池的输出功率将不再增加，而且会过度发热，导致效率
下降。

与普通平板型太阳电池相比较而言，聚光电池的优势是在产出相同电能情况下，聚光太
阳电池所需要的半导体材料大大减少，这就使太阳电池的成本大大降低；虽然增加了聚光系
统，但是采用成熟的费涅尔透镜聚光系统或抛物面镜聚光系统，其成本相对半导体材料（尤
其是Ⅲ-Ⅴ族化合物材料）的成本，还是比较低的，因此综合比较，聚光太阳电池系统的成
本比普通平板型太阳电池系统的成本要降低许多。Ⅲ-Ⅴ族化合物太阳电池比 Si 太阳电池耐
高温，因而更适合于做成聚光太阳电池。

4.3.4　薄膜型Ⅲ-Ⅴ族太阳电池

以 GaAs 太阳电池为代表的Ⅲ-Ⅴ族太阳电池有一个共同的缺点，即材料密度大、重量
重。因而它们的效率尽管很高，但功率质量比并不高，比非晶硅（a-Si）、CdTe、CuInSe 等
薄膜太阳电池的功率质量比要低许多。GaAs 太阳电池的功率质量比大于 300W/kg，而生长
在柔性衬底上的 a-Si 的功率质量比可高于 1000W/kg。GaAs 太阳电池的这一缺点限制了它
的空间应用范围。为了克服这一缺点，研制了薄膜型（超薄型）GaAs 太阳电池。采用的技
术多为剥离技术（lift-off）。这一技术的特点是，在太阳电池制备完成后，把它的正面粘贴
到玻璃或塑料膜上，然后采用选择腐蚀方法把 GaAs 衬底剥离掉，只将约 $3\mu m$ 厚的电池有
源层转移到金属膜上。这样便获得了柔性薄膜型（超薄型）GaAs 太阳电池，剥离下来的

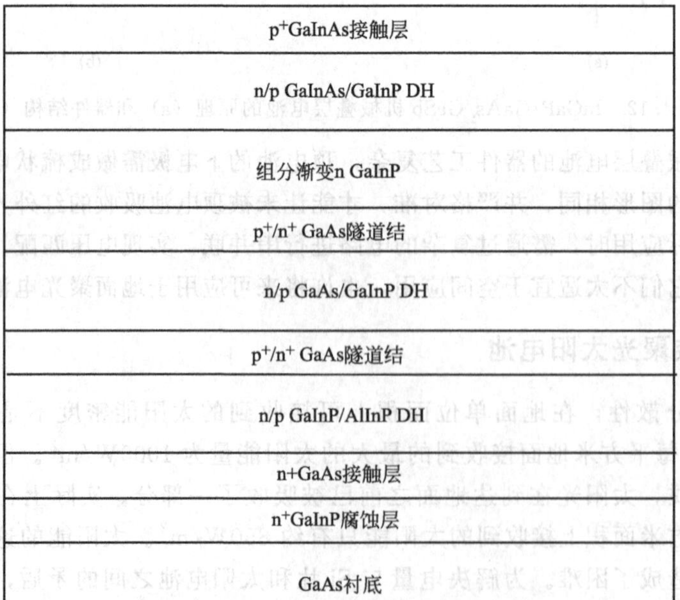

p⁺GaInAs接触层
n/p GaInAs/GaInP DH
组分渐变n GaInP
p⁺/n⁺ GaAs隧道结
n/p GaAs/GaInP DH
p⁺/n⁺ GaAs隧道结
n/p GaInP/AlInP DH
n+GaAs接触层
n⁺GaInP腐蚀层
GaAs衬底

图 4.13　超薄型 GaInP/GaAs/GaInAs 三结叠层电池（剥离前）的结构

GaAs 衬底可重复使用。

采用上述方法，柔性薄膜型（超薄型）GaInP/GaAs 两结叠层电池，电池效率为 28.5%，其功率质量比为 2631W/kg。而且，这种超薄型太阳电池的抗辐照性能好，背面金属膜可增加光反射，使电池有源层可减薄到 1μm。这将扩大Ⅲ-Ⅴ族太阳能电池的应用范围和减低成本开辟有效途径。

在 GaAs 衬底上用反向生长和剥离技术制备出超薄型 GaInP/GaAs/GaInAs 三结叠层电池。其中，上、中、下三个子电池的带隙宽度近似于理想值，分别为 1.9eV、1.4eV 和 1.0eV，其子电池窗口层分别为 n 型的 AlInP、GaInP 和 GaInP。为解决 GaAs 与 1.0eV GaInAs 之间的晶格失配问题，采用 GaInP 组分渐变缓冲层结构。在 AM1.5 光谱，10.1 倍太阳光强下，该电池获得了 37.9% 的高效率。图 4.13 和图 4.14 分别示出了这个三结叠层电池的结构图和光照 *I-V* 特性曲线。

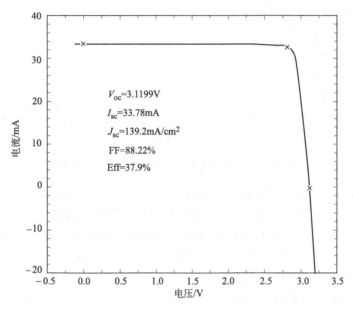

图 4.14　超薄型 GaInP/GaAs/GaInAs 三结叠层电池的 *I-V* 曲线

4.4　Ⅲ-Ⅴ族化合物太阳电池的研究热点

当前Ⅲ-Ⅴ族化合物太阳电池的研究热点大致包括以下几个方面：

① 更多结（三结以上）叠层电池；

② 聚光型Ⅲ-Ⅴ族太阳电池；

③ 超薄型（薄膜型）Ⅲ-Ⅴ族太阳电池；

④ 量子阱、量子点太阳电池；

⑤ 热光伏（TPV）太阳电池；

⑥ 分光谱叠层太阳电池等。

4.4.1　更多结（三结以上）叠层电池的研究

根据叠层电池的工作原理，如果太阳光谱被拆分为子波段的数目愈多。也就是组成叠层电池的子电池的数目（结数）愈多。叠层电池可获得的理论效率愈高。图4.15示出了叠层电池的理论效率随带隙数目（子电池数目）的增加而增加的关系曲线，从图中可清楚地看出，叠层电池的理论效率确实随子电池的数目（结数）增加而增加，但当结数超过4以后，效率增长的趋势变缓。

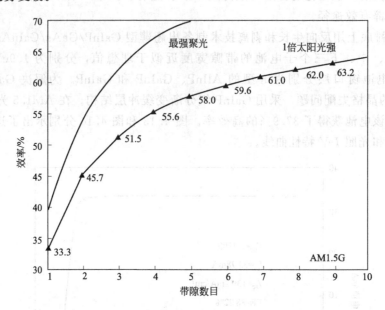

图4.15 叠层电池效率随子电池数目变化关系曲线

GaInP/InGaAs/Ge系列三结叠层电池的研究已获得了巨大成功，在1个太阳常数下的转换效率已达到32%（AM1.5），在聚光条件下的转换效率已达到41.1%（AM1.5D，454倍太阳常数）。但是，GaInP/InGaAs/Ge叠层结构的能带匹配并不理想，它们的带宽分别约为1.8eV/1.4eV/0.65eV。很显然，第二结的带宽1.4eV与第三结的带宽0.65eV相差太大，与太阳光谱的匹配不理想，为匹配更佳，它们之间还缺少一个带宽约为1eV过渡的中间结；也就是说，如果能形成1.8eV/1.4eV/1eV/0.65eV的四结叠层结构，能带匹配将会理想得多，这种4结叠层太阳电池对太阳光谱的吸收将会更加充分。

符合这种要求的材料包括以下两种。①$Ga_{1-x}In_xN_{1-y}As_y$四元系材料，通过调节x和y的值，$Ga_{1-x}In_xN_{1-y}As_y$可以获得1eV的带隙。但是，带隙为1eV的窄带隙$Ga_{1-x}In_xN_{1-y}As_y$材料的材料质量很差，缺陷很多，载流子迁移率很低，因而研制出的$Ga_{1-x}In_xN_{1-y}As_y$太阳电池的短路电流I_{sc}很小，不能与GaInP/InGaAs/GaInNAs/Ge四结叠层电池中的其他三结的电流相匹配，限制了四结叠层电池的短路电流I_{sc}。②硅，Si的带隙宽度接近1eV，为1.12eV，而且Si材料的纯度很高，完整性很好。但是存在GaAs/Si异质结生长的老问题。由于GaAs和Ge与Si的晶格常数和热膨胀系数都相差很大，所以要想生长出GaAs/Si/Ge异质结构是十分困难的。

为了避免寻找带隙约为1eV的第三结材料的困难，提出绕过四结叠层电池的研究，直接由三结电池的基础去研究五结、六结叠层电池。三结叠层电池的结构为GaInP/GaInAs/Ge。五结叠层电池的结构是在GaInP子电池的上面增加一结AlGaInP顶电池，在GaInAs子电池的上面增加一结AlGaInAs子电池，形成AlGaInP/GaInP/AlGaInAs/GaInAs/Ge五结叠层电池结构。而六结叠层电池的结构是在GaInAs结和Ge结之间增加一个带隙为0.9

～1eV 的 GaInNAs 第五结，形成 AlGaInP/GaInP/AlGaInAs/GaInAs/GaInNAs/Ge 六结叠层电池结构。

五结叠层电池的实验研究已获得了显著进展。开路电压已达到 5.2V，其测量的外量子效率（QE）曲线示于图 4.16。从图中可看出，前面四结的 QE 曲线互相之间有较大的重叠，这是因为五结叠层电池中每一个子电池的厚度很薄，不能完全吸收相应波段的光子所致，而 Ge 底电池的 QE 曲线很宽，表明 Ge 电池中的光生电流很大。

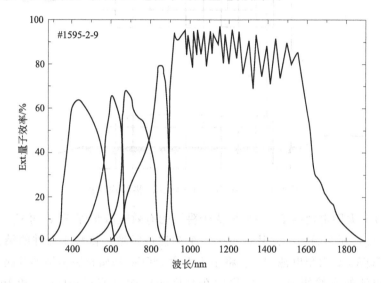

图 4.16　典型的 AlGaInP/GaInP/AlGaInAs/GaInAs/Ge 五结叠层电池 QE 曲线

未来六结叠层电池的开路电压 V_{oc} 将会更高，而短路电流密度 I_{sc} 将会更小，这样一来对材料质量的要求便降低了，因而 GaInNAs 材料迁移率低。光电流小的缺点在六结叠层电池的情况下将变得不再显著。随着材料质量的提高，E_g 约 1eV 的 GaInNAs 子电池有可能成功地用作六结叠层电池的第五结电池。但目前还未见有关六结叠层电池的实验结果报道。

叠层电池的效率随组成叠层电池的子电池的数目（结数）的增加而增加，但在结数超过 4 以后，效率增长的趋势变缓。在实际工作中，结的数目的增加带来的了许多设计及工艺烦琐的问题。由于叠层电池的结构愈来愈复杂，各子结材料的选择，子结之间的隧道结材料的选择都变得很困难，生长工艺也将十分复杂，这势必影响叠层电池结构材料的质量，大大增加成本，这就抵消了由于结数的增加带来的效率提高的好处。

4.4.2　Ⅲ-Ⅴ族量子阱、量子点太阳电池

Ⅲ-Ⅴ族多结叠层电池的发展取得了巨大成功，大大提高了太阳电池的效率。但由于多结叠层电池的结构复杂，各子结材料之间要求晶格常数匹配和热膨胀系数匹配，因而对各个子电池材料的选择和连接各个子电池的隧道结材料的选择都十分严格，而且制备工艺也十分复杂，因而Ⅲ-Ⅴ族多结叠层电池的成本较高，这一缺点限制了它的应用范围。人们企图寻找其他途径来提高太阳电池的效率，目的是希望能采用相对较为简单的工艺实现高效率。

4.4.2.1　Ⅲ-Ⅴ族量子阱太阳电池

在 p-i-n 型太阳电池的本征层中植入多量子阱（MQW）或超晶格低维结构，可以提高太阳电池的能量转换效率。含多量子阱的 p-i(MQW)-n 型太阳电池的能带结构如图 4.17 所

示。电池的基质材料和垒层材料具有较宽的带隙 E_b，阱层材料具有较窄的有效带隙 E_a，E_a 值的大小由阱层量子限制能级的基态决定。所以，p-i(MQW)-n 型电池的吸收带隙可以通过阱层材料的选择和量子阱宽度（垒宽 L_b、阱宽 L_z）来剪裁，以扩展对太阳光潜长波范围的吸收。从而提高光电流。

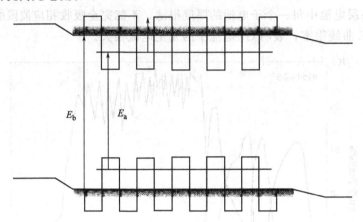

图 4.17　p-i-n 型多量子阱超晶格结构示意

p-i(MQW)-n 太阳电池的 I_{sc} 主要取决于阱层的有效吸收带隙 E_a，而 V_{oc} 不仅决定于基质材料的带隙 E_b，还与 A/I_{sc} 之比值有关，A 为比例常数，依赖于器件的结构。所以，一般来讲，p-i(MQW)-n 太阳电池的 V_{oc} 将小于不含 MQW 基质材料电池的开路电压。

多量子阱电池的实验研究，主要集中在晶格匹配的 AlGaAs/GaAs 和 InP/InGaAS 系统，以及晶格不匹配的应变超晶格 GaAs/InGaAs 和 InP/InAsP 系统。

从总体来看。量子阱太阳电池还处于探索试验阶段。量子阱太阳电池的优点是，扩展了长波响应，能在很薄的有源层（约 $0.6\mu m$）中获得较高的短路电流密度。另外，它可以形成应变结构，因而扩充了晶格匹配的容限选择。但是器件的暗电流密度较大，降低了电池的开路电压。量子阱太阳电池性能的提高有赖于结构设计与工艺冗余度的进一步优化。

4.4.2.2　Ⅲ-Ⅴ族量子点太阳电池

Ⅲ-Ⅴ族量子点太阳电池的原理与Ⅲ-Ⅴ族量子阱太阳电池的原理是相似的。量子阱太阳电池是在 p-i-n 型太阳电池的 i 层（本征层）中植入多量子阱（MQW）结构，而量子点太阳电池是在 p-i-n 型太阳电池的 i 层（本征层）中植入多个量子点层，形成基质材料/量子点材料的周期结构。由于量子点的量子尺寸限制效应，可通过改变量子点的尺寸和密度对量子点材料层的带隙进行调整。有效带隙 E_{eff} 由量子限制效应的量子化能级的基态决定。量子点太阳电池的结构图和能带图示于图 4.18。相临量子点层的量子点之间存在很强的耦合，使得光生电子和空穴可通过共振隧穿效应穿过垒层，这就提高了光生载流子的收集效率，也就是提高了太阳电池的内量子效率 QE，因而提高了太阳电池的短路电流密度 I_{sc}。另外，量子点太阳电池的开路电压 V_{oc} 有所降低，但不明显，因而量子点太阳电池的理论效率比普通 p-i-n 型太阳电池的效率要高。理论计算表明，InAs/GaAs 量子点太阳电池的效率可高达 25%，而没有量子点层的 p-i-n 型 InAs/GaAs 太阳电池的效率只有 19%。

量子点太阳电池的实验研究目前主要进行的是材料制备和有关材料性能的研究，还未见太阳电池的器件性能报道。

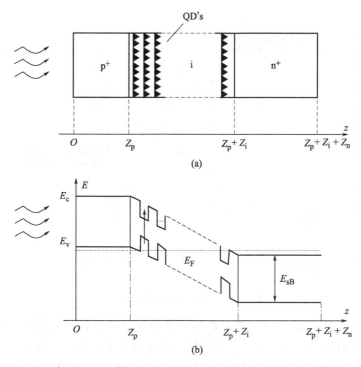

图 4.18　p^+-i(QDs)-n^+ 型量子点太阳电池的结构图（a）和能带图（b）

4.4.3　热光伏电池

热光伏（TPV）电池是太阳电池在红外条件下的一种特殊应用类型。在无电的边远地区，白天可采用太阳电池来发电。而在没有太阳光的夜间，人们可通过 TPV，利用燃气燃煤等取暖炉发出的红外线来发电。也可把 TPV 安置在锅炉或发动机的周围，利用锅炉或发动机散发出的热能来发电，属于第三代电池的范畴。

TPV 由 Ge 或 GaSb 等窄禁带半导体材料形成，电池结构与单结Ⅳ-Ⅴ族电池类似。制备方法可采用扩散技术，也可采用液相外延技术。图 4.19 示出了 GaSb-TPV 电池的结构图。该电池是用液相外延技术和扩散技术相结合制备的，其中的 n-GaSb 层是

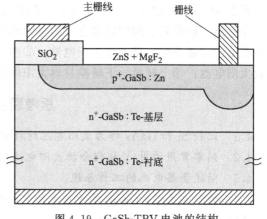

图 4.19　GaSb-TPV 电池的结构

用液相外延技术制备的，而 p^+-GaSb 层是用 Zn 扩散技术制备的。这是因为 GaSb 的带隙太窄（E_g=0.726eV，300K），普通的扩散技术容易造成的边缘短路，所以必须采用选择扩散方法。

4.4.4　分光谱太阳电池

分光谱太阳电池的原理于图 4.20 所示。入射的太阳光经聚光镜聚光后，投射到一个

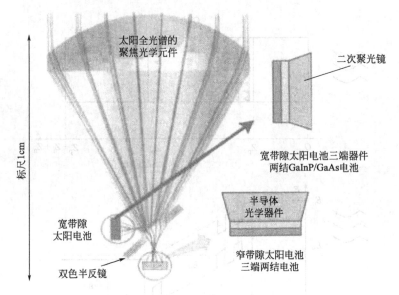

图 4.20 分光谱太阳电池的原理

双色半反镜（dichroic mirror）上，波长较短的光被半反镜反射，入射到一个带隙较宽的两结叠层电池（如 GaInP/GaAs）上；而波长较长的光透过半反镜，入射到一个带隙较窄的两结叠层电池（如 Si/GeSi）上，这两个电池分别吸收太阳光谱中不同波段的光，产生电能。这两个叠层电池都是三端器件，计算叠层电池的效率时，只是简单地将顶电池的效率和底电池的效率相加。

4.4.5　其他类型新概念太阳电池

根据 M. Green 的分类，半导体晶片太阳电池为第一代太阳电池，薄膜太阳电池为第二代太阳电池。而高效、薄膜新概念太阳电池称为第三代太阳电池。新概念太阳电池包括以下几种类型：①量子阱、量子点太阳电池；②多带隙太阳电池；③热载流子太阳电池；④碰撞离化太阳电池；⑤上转换、下转换材料太阳电池等。

思考题及习题

4.1　比较 Si 和 GaAs 作为太阳电池材料的优缺点。

4.2　列举常用的Ⅲ-Ⅴ族化合物太阳电池的制备技术，并比较其技术的优缺点。

4.3　简述叠层电池的工作原理。

4.4　为什么 InAs/GaAs 量子点太阳电池的效率可高达 25%，而没有量子点层的 p-i-n 型 InAs/GaAs 太阳电池的效率只有 19%？

第5章

硅基薄膜太阳电池

光子、电子和声子都是能量的载体。太阳电池作为光电能量转换器件，主要研究光子和电子之间的相互作用，以及声子对过程的参与。这种相互作用一般主要发生在太阳电池材料表面数微米的范围内，这就为制造薄膜太阳电池提供了物理基础。

由于太阳光具有弥散性，为了获得数百瓦的电功率，往往需要数平方米的太阳电池器件。为了降低成本。有必要发展大面积薄膜（微米量级）太阳电池。大面积薄膜太阳电池半导体材料，一般是在低温下沉积在廉价的异质衬底上的，如玻璃、不锈钢带、塑料薄膜等都是常用的薄膜太阳电池衬底材料。薄膜太阳电池固有的优势是用料省、工艺温度低、工艺过程相对简单、从而成本低。但是，这样制备的薄膜材料具有多晶、微晶、纳米晶或非晶态结构，具有较低的迁移率和少子寿命。所以，这种薄膜材料是不适合用以制备高速度、高密度的微电子器件的。而对于大面积太阳电池而言，由于它对光电转换的速度没有高的要求，器件结构又相对简单，仅由一个或数个"巨型"p-n结构成，薄膜材料是可以胜任的。

薄膜太阳电池主要包括硅基薄膜电池、铜铟镓硒薄膜电池、碲化镉薄膜电池和染料敏化电池。本章介绍硅基薄膜太阳电池，包括非晶硅、纳米硅薄膜太阳电池。

5.1 硅基薄膜物理基础及其材料特性

5.1.1 硅基薄膜材料的研究历史和发展现状

硅基薄膜材料是包括硅与其他元素构成合金的各种晶态（如纳米晶、微晶、多晶）和非晶态薄膜的统称。硅基薄膜材料作为一种极具潜力的光电能量转换材料的研究历史，可追溯到 20 世纪 60 年代末，英国标准通讯实验室用辉光放电法制取了氢化非晶硅（a-Si：H）薄膜，发现有一定的掺杂效应。1975 年，W. E. Spear 等在 a-Si：H 材料中实现了替位式掺杂，做出了 p-n 结。发现氢有饱和硅悬键的作用，a-Si：H 材料具有较低的缺陷态密度（约 $10^{16}\,cm^{-3}$）和优越的光敏性能。1976 年，美国人 D. E. Carlson 等研制出了 p-i-n 结构非晶硅太阳电池，光电能量转换效率达到 2.4%。1980 年，Carlson 将非晶硅电池效率提高到 8%，具有产业化标志意义。随后日本三洋公司推动了非晶硅电池在消费产品的批量生产。

在理论研究方面，1958 年，P. W. Anderson 发表了开创性的论文《扩散在一定的无规网络中消失》，首先提出在无序体系中电子态定域化概念。其后在 Anderson 定域化理论基础上，N. F. Mott 在非晶态材料能带中引入了迁移率边和定域化带尾态概念。1977 年，P. W. Anderson 和 N. F. Mott 一道因对非晶态理论方面的贡献而获得诺贝尔物理学奖。与此同时，N. F. Mott 和 M. H. Cohen 等提出了非晶态半导体的 Mott-CFO 能带模型，为非晶硅基薄膜材料和器件研究打下良好的理论基础。

1977 年 D. L. Staehler 等观察到 a-Si：H 薄膜经长时间光照后其光电导率和暗电导率下降。而经过 150℃以上温度退火后又可以恢复。他们指出产生这种可逆光致变化效应（后来称为 StaeblerWronski 效应，简称 S-W 效应）的原因可能是光照在 a-Si：H 带隙中引起了亚稳缺陷态。此后，研究光致变化效应的微观机理及其抑制途径一直是非晶硅领域的焦点课题。

经过多年的努力，在改进非晶硅基薄膜材料和太阳电池器件性能，以及产达生太阳能电池基础与应用化技术方面取得了重大的进展。例如，发现在等离子增强化学气相沉积（PECVD）a-Si：H 材料过程中，用氢气稀释硅烷可以显著改善 a-Si：H 材料的稳定性。这种氢稀释技术已广泛应用于改善 a-Si：H 材料和太阳电池的微结构和稳定性。大量氢稀释甚至可以促进氢化钠米硅（nc-Si：H）和氢化微晶硅（μc-Si：H）的形成。并发现 p-i-n 型或 n-i-p 型 a-Si：H 电池最佳本征层可以在增加氢稀释以临近非晶到微晶相变阈的模式下获得。

另一项重要进展是发现非晶硅基材料的带隙宽度可以通过形成合金进行调节。例如，发现非晶硅碳（a-SiC：H）合金薄膜具有较宽的带隙，用作 p-i-n 型 a-Si：H 电池的 p 型窗口层可以显著提高电池的开路电压和短路电流。而非晶硅锗（a-SiGe：H）合金薄膜具有较窄的带隙，可用以与 a-Si：H 材料构成叠层电池，以显著扩展电池的长波吸收光谱范围。在此基础上，发展了 a-Si：H/a-SiGe：H 两结叠层电池和 a-Si：H/a-SiGe：H/a-SiGe：H 三结电池，不仅显著改善了电池的长波吸收，还降低了各子电池的本征层厚度，从而提高了电池的光照稳定性，使 a-Si：H/a-SiGe：H/a-SiGe：H 三结叠层电池小面积初始效率达到 14.6%，光照后稳定效率达到 13.0%。

近几年的重要进展是发现利用甚高频（VHF）电源激发等离子体，在较高气压和较大功率激发下，可以高速沉积（约 3nm/s）高质量的窄带隙微晶硅膜，用以取代 a-SiGe：H 合金膜，与 a-SiC：H 构成 a-Si：H/μc-Si：H 两结亚层电池和 a-Si：H/a-SiGe：H/μc-Si：H 或，a-Si：H/μc-Si：H/μc-Si：H 三结叠层电池，其小面积（1cm^2）电池效率达到了 15.0%。而大面积（4140.5cm^2）电池效率达到 13.4%。

此外，在非晶硅固相晶化以制备微晶硅或多晶硅薄膜材料和电池器件方面也取得了重要进展。

5.1.2　非晶硅基薄膜材料的结构和电子态

5.1.2.1　非晶硅基薄膜材料的结构

晶体硅中硅原子的键合为 sp^3 共价键，原子排列为正四面体结构，具有严格的晶格周期性和长程有序性。而非晶硅中原子的键合也为共价键，原子的排列基本上保持 sp^3 键结构，只是键长和键角略有变化，这使非晶硅中原子的排列只能保持短程有序性，而丧失了严格的周期性和长程有序性。

这种差异性也表现在 X 射线衍射谱和电子衍射谱方面，晶体硅的 X 射线衍射谱和电子衍射谱呈现明亮的点状（单晶）或环状（多晶）。而非晶硅的 X 射线衍射谱和电子衍射谱呈现两圈模糊的晕环，表明非晶硅中短程有序的保持范围大体在最近邻和次近邻原子之间。

从晶体结构上看，在晶体硅中硅原子是成六环结构排列，只有在非晶硅中才有五环或七环结构生成。晶体硅和非晶硅的结构特征可以用其原子排列的径向分布函数 $g(r)$ 来说明。原子分布的径向分布函数的定义式：在许多原子组成的系统中，任取一个原子为球心，求半径为 r 到 $r+dr$ 的球壳的平均原子数；再将分别以系统中每个原子取作球形时所得的结果进行平均，用函数 $4\pi r^2 \rho(r) \, dr$ 表示，则 $4\pi r^2 \rho(r)$ 称为原子分布的径向分布函数。径向分布函数可以给出非晶态固体中原子紧邻分布的状况和原子平均的近邻数。图 5.1 示出由 X 射线衍射（XRD）得到的非晶硅与晶体硅原子排列的径向分布函数。晶体硅的径向分布函数具有一系列的峰值，相应于一系列的原子配位壳层，显示出晶体硅中所存在的短程有序和长程有序。而非晶硅的径向分布函数只显示出第一个和第二个峰值，表明非晶硅中只存在最近邻和次近邻的短程有序。

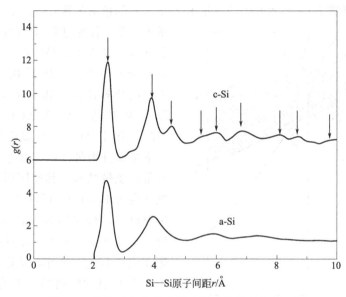

图 5.1　晶体硅与非晶硅原子排列的径向分布函数

图中非晶硅 $g(r)$ 第一峰的位置、强度和宽度与晶体硅都很相近。此峰位相应于 Si 原子与最近邻原子的间距。与晶体硅比较，非晶硅的键长的相对偏差在 2%～3%。由此峰的积分面积得到最近邻硅原子数或配位数，与晶体硅一样都为 4。

非晶硅 $g(r)$ 第二峰的位置与晶体硅也相近，相应于 Si 原子与次近邻 Si 原子的间距，但峰的强度降低，宽度增加，表明非晶硅中次近邻原子间距的偏差有较宽的分布范围，这主要是由键角的偏差引起的。这一结果表明，非晶硅的短程有序性已有所降低。

非晶硅与晶体硅径向分布函数的主要差别在于，非晶硅 $g(r)$ 的第三峰已不复存在，表明非晶硅中 Si 原子与第 3 近邻 Si 原子的间距而已不再有序。

氢化使非晶硅的结构发生变化。但 a-Si：H 的 $g(r)$ 与不含氢的 a-Si 相似，只是随着 H 含量的增加，a-Si：H 的密度和表观配位数降低，其网络结构得到弛豫。从拉曼散射谱的结果推知，a-Si：H 的键角偏差下降，表明 H 的键入导致短程有序的改善。

在 a-Si：H 网络中，无序结构的应变还导致多种结构缺陷和微空洞的形成。除正常 4 配位键外，主要结构缺陷包括 Si-Si 弱键（WS），三配位 Si 悬键及其原生共轭对缺陷——五配位 Si 浮键，以及 Si-H-Si 三中心键（TCB）等。此外还有多种结构缺陷与杂质形成的络合物。

从非晶硅的短程有序到晶体硅的长程有序之间，还存在着一个过渡尺寸范围，即中程有序。这大体上相应于 4～20Å。相比较而言，非晶硅短程有序保持为大体上到次近邻原子排列 3.82Å。而从热力学观点来看，纳米硅颗粒得以稳定存在的最小尺寸大致是 1～2nm。中程序对于非晶硅的光电性质和相变过程有重要影响，H 的键入也有助于中程有序的改善，但至今研究还很不充分。

5.1.2.2 非晶硅基薄膜材料的电子态

晶体硅中的电子态可以用能带来表征。每个硅原子与最邻近 4 个硅原子之间形成了 8 个 sp^3 杂化轨道，它们分为成键态和反键态两组，分别构成价带和导带。价带充满电子。导带没有电子，其间隔为禁带。无论成键态和反键态都是一种周期函数（Bloch 函数）的线性组合，所以这些电子态是共有化的态或扩展态。晶体硅中电子的价带和导带的特征可以用电子的能态密度分布函数 $N(E)$ 和电子的能量 E 与波矢 κ 的色散关系 $E=E(\kappa)$ 来描述。图 5.2

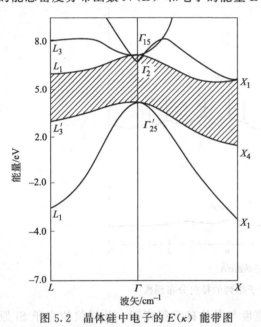

图 5.2 晶体硅中电子的 $E(\kappa)$ 能带图

示出用第一性原理计算得到的晶体硅中电子的 $E(\kappa)$ 能带图。晶体硅电子的能带结构比较复杂，图中只给出了沿 ［100］ 和 ［111］ 方向的计算结果。其中横坐标为波矢 κ 轴，原点为 Γ 点，而 X 点和 L 点分别为沿 ［100］ 和 ［111］ 方向布里渊区的边界。图中下半部分为价带的能带结构，上半部分为导带的能带结构，其间阴影部分为带隙，带隙宽度约 1.10eV。可以看出，晶体硅为间接带隙材料，价带顶与导带底的值不相吻合，价带顶位于 $\kappa=0$ 处，为四重简并，而导带底在沿 ［100］ 方向，靠近布里渊区边界，距中心 Γ 点的距离约为 Γ 点到 X 点距离的 0.82，导带底或导带谷为六重简并。晶体硅的第一直接带隙宽度约为 3eV。

由于非晶硅的原子排列基本上保持了 sp^3 键结构和短程有序，非晶硅中的电子态保持了晶体硅能带结构的基本特征，同样具有价带和导带，其间隔为禁带。无序结构对非晶硅电子态的影响主要表现在以下几方面：非晶硅中原子排列的周期性和长程有序的丧失，使电子波失 κ 不再是一个描述电子态的好量子数，E 与 κ 的色散关系不确定，所以只能用电子的能态密度分布函数 $N(E)$ 来描述非晶硅能带的特征。因此，非晶硅是间接带隙还是直接带隙材料的问题也就无从谈起。

无序结构的另一影响是使价带和导带的明锐的能带边向带隙延伸出定域化的带尾态。而且，在带隙中部形成了由结构缺陷如悬键等引起的呈连续分布的缺陷态。图 5.3 给出非晶硅的能带模型，显示了能带边和带隙的电子态密度随能量的分布。在能带扩展态与定域化带尾态之间存在一条明显的分界线，即导带迁移率边 E_c 和价带迁移率边 E_v。而在带隙中部存在由于悬键等缺陷造成的定域态密度分布 E_x 和 E_y，它们分别相当于硅悬键的双占据态（类受主态）和单占据态（类施主态）。这里假定悬键获得第二个电子时比获得第一个电子需要更多的能量，即相关能是正的（约 0.4eV）。但在 a-Si：H 中，一些局部网络的结构弛豫也可能导致负相关能的出现。

在 a-Si：H 中氢的键入引起的能带结构变化主要使带隙态密度降低和使价带顶下移，从而使其带隙加宽，因为 Si-H 键的键合能要大于 Si-Si 键。这些 Si-H$_x$（$x=1$, 2）键在价带中形成了一些特征结构。而同时导带底的上移要小得多。a-Si：H 薄膜的光学带隙 E_g（eV）与其氢含量 C_H 之间存在近似线性比例关系：$E_g = 1.48 + 0.019C_H$。

5.1.3　非晶硅基薄膜材料的电学特性

5.1.3.1　本征非晶硅基薄膜材料的电学特性

本征 a-Si：H 的直流暗电导率主要由电子的输运特性决定，表现出弱 n 型电导特征，这主要是因为电子的漂移迁移率［约 1cm^2/（V·s）］远大于空穴的漂移迁

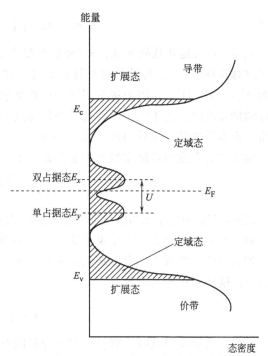

图 5.3　非晶硅 Mott-CFO 能带模型

移率［约 0.01cm^2/（V·s）］。本征 a-Si：H 的直流暗电导率 σ_d 随温度 T 的变化关系大约可区分为 4 段：迁移率边上的扩展态电导，带尾态跳跃电导，费米能级 E_F 附近的近程和变程跳跃（variable-range hopping）电导，如图 5.4 所示。在室温和较高温度下，电子电导表现为由激发到迁移率边 E_c 以上的扩展态电子的输运。

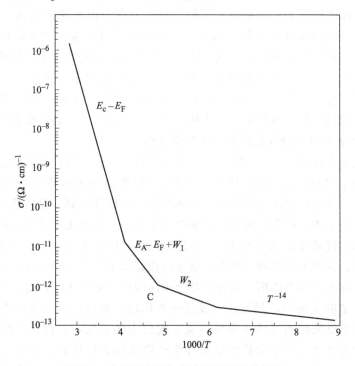

图 5.4　非晶硅直流电导率的温度依赖关系

$$\sigma_d = \sigma_0 \exp\left(-\frac{E_c - E_F}{kT}\right) \tag{5.1}$$

式中，k 为玻耳兹曼常量；σ_0 为指数前因子，$\sigma_0 = q\mu_e N_c$，其中 q 为电子电荷；μ_e 为电子漂移迁移率；N_c 为导带的有效态密度，它与导带迁移率边的态密度 $N(E_c)$ 的关系近似为 $N_c = kTN(E_c)$，因为激发到导带迁移率边的扩展态电子大约只占据迁移率边以上 kT 宽度的能量范围。由于电子漂移迁移率随温度变化不大，$\ln(\sigma_d)$ 与 $1/T$ 近似呈热激活线性关系，由直线的斜率可导出激活能 $E_a = E_c - E_F$。

第二段为激发到带尾定域态中去的载流子的跳跃电导：

$$\sigma_d = \sigma_1 \exp\left(-\frac{E_A - E_F + W_1}{kT}\right) \tag{5.2}$$

式中，E_A 为导带尾特征能量；W_1 为带尾定域态上跳跃激活能，随温度的降低而减小。但是温度关系主要由载流子激发项决定，σ_1 可能为 σ_0 的几十分之一。

如果在费米能级 E_F 附近缺陷态密度不为 0，则在 E_F 附近的载流子也将通过在这些缺陷态上的跳跃对电导有贡献：

$$\sigma_d = \sigma_2 \exp\left(-\frac{W_2}{kT}\right) \tag{5.3}$$

最后，当温度很低时，就会出现变程跳跃电导：

$$\sigma_d = \sigma_2 \exp\left(-\frac{B}{T^{\frac{1}{4}}}\right) \tag{5.4}$$

莫特（Mott）首先指出，当温度很低时，由于声子总数下降，在费米能级附近的定域态电子可能在能量间隔较小，但距离较远的本征态之间跳跃，并且，跳跃的距离虽温度的降低而增加，这就是变程跳跃电导。这种电导是在费米能级附近定域态的热激发型电导。

对于 a-Si：H 太阳电池应用而言，我们主要关心在室温或更高温度下激发到迁移率边 E_c 以上和 E_v 以下的载流子的扩展态输运。带尾定域态对于这种输运的影响主要是起一定的陷阱作用，使在扩展态中漂移的载流子陷落，停留一段时间后再加以释放，因而使载流子的漂移迁移率比其扩展态迁移率低很多。常温下，电子的漂移迁移率约为 $1 \sim 10 \mathrm{cm}^2/(\mathrm{V} \cdot \mathrm{s})$；空穴的漂移迁移率则为 $10^{-2} \mathrm{cm}^2/(\mathrm{V} \cdot \mathrm{s})$ 量级。同时，这种陷阱效应还使得载流子输运表现出弥散输运的特征，特别是对低迁移率的空穴，其弥散输运特征表现得更为明显。

5.1.3.2　n 型和 p 型非晶硅基薄膜材料的电学特性

与没有氢化的非晶硅（a-Si）相比，氢化非晶硅（a-Si：H）具有较低的带隙态密度，可以进行 n 型和 p 型掺杂以控制电导率，使室温电导率的变化达到约 10 个数量级。像晶体硅一样，加入 V 族元素磷得到 n 型掺杂，加入 III 族元素硼就得到 p 型掺杂。

然而，在非晶硅中，磷和硼的替位式掺杂效率很低。因为无序结构，原子排列没有严格的拓扑结构限制，使磷或硼原子可以处于 4 配位，也可以处于 3 配位的状态。而且，3 配位状态的能量更低，化学上更有利，所以大部分磷或硼原子处于 3 配位态，它的能级位置处于硅的价带之中，起不了掺杂作用。只有小部分磷或硼原子处于 4 配位态，它的能量位置处于非晶硅带尾的一定的范围内，起浅施主或浅受主作用。而且，掺杂会在带隙中部引入缺陷态，因为伴生硅悬键缺陷的形成可降低生成 4 配位态的总能量，促进 4 配位态的生成。这样，大多数施主电子和受主空穴将被这些伴生悬键缺陷态所浮获，降低了自由载流子的密度。所以，n 型和 p 型 a-Si：H 层具有高的缺陷态密度，光生载流子复合速率较高，它们只能在非晶硅电池中用来建立内建电势和欧姆接触，而不能用作光吸收层。这就是为什么非晶硅太阳电池要依靠本征层（i 层）吸收阳光，采用 p-i-n 结构，而不能像晶体硅太阳电池那样采用 p-n 结构。同时，p-i-p 结构还有助于光生载流子的场助收集。

此外，重掺硼所形成的杂质带与价带边相连接，使有效带隙宽度降低，p 型 a-Si：H 的光吸收增加，不利于用作太阳电池窗口层材料。

5.1.4　非晶硅基薄膜材料的光学特性

5.1.4.1　非晶硅基薄膜材料的光吸收

本征非晶硅的光吸收谱可分为 3 个区域，即本征吸收、带尾吸收和次带吸收区，如图 5.5 所示。

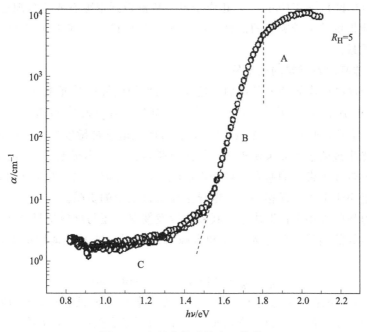

图 5.5　本征非晶硅的光吸收谱

本征吸收（A 区）是由电子吸收能量大于光学带隙的光子从价带跃迁到导带而引起的吸收。本征吸收的长波限，也称吸收边，就是光学带隙 E_g，器件质量 a-Si：H 的 E_g 为 1.7～1.8eV，它比由电导激活能确定的迁移率带隙稍小些，这是因为迁移率边位于更高态密度的能量位置。两者的差值约为 0.16eV。

本征 a-Si：H 的光吸收系数 α，在其吸收边处为 $10^3 \sim 10^4 \mathrm{cm}^{-1}$，以后随光子能量增大而增加。在可见光谱范围，非晶硅的本征光吸收系数要比晶体硅的大得多（高 1～2 个数量级），所以有时称非晶硅为准直接带隙材料。因为晶体硅的本征光吸收存在严格的选择定则，除能量守恒外，还必须遵守准动量守恒，而且，晶体硅是间接带隙（约 1.1eV）材料，本征光吸收过程必须有声子参与，直到光子能量达到晶体硅的第一直接带隙（约 3eV）。而在非晶硅中由于结构无序，电子态已没有确定的波矢，电子在吸收光子从价带跃迁到导带的过程中，也就不受准动量守恒的限制，或者也可以理解为，在非晶硅中，由于电子的运动在晶格长度范围就会散射，按照测不准原理，其准动量的测不准量将有较大范围的延伸，从而准动量守恒限制被大大放宽。

然而，a-Si：H 的光吸收系数 α 随光子能量 $h\nu$ 的变化关系在吸收边附近遵循 Tauc 规律：

$$(\alpha h\nu)^2 = B(h\nu - E_g) \tag{5.5}$$

式中，B 是一个与带尾态密度相关的参数。这是一个典型的间接带隙半导体材料的本征吸收关系式，所以从这种意义上说，a-Si：H 仍然保持着间接带隙半导体材料的特征实验上。常利用光透射谱来导出 a-Si：H 的复折射率。由式(5.5)计算出 Tauc 光学带隙 E_g。

带尾吸收（B 区）相应于电子从价带扩展态到导带尾态或从价带尾态到导带扩展态的跃迁。在这一区域，$1\mathrm{cm}^{-1} < \alpha < 10^3\mathrm{cm}^{-1}$，$\alpha$ 与 $h\nu$ 呈指数关系，$\alpha \propto \exp(h\nu/E_{t0})$，所以也称指数吸收区。这一指数关系来源于带尾态的指数分布，特征能量 E_{t0} 与带尾结构有关，它标志着带尾的宽度和结构无序的程度，E_{t0} 越大，带尾越宽，结构越无序。

次带吸收（C 区）：$\alpha < 10\mathrm{cm}^{-1}$，相应于电子从价带到带隙态或从带隙态到导带的跃迁。这部分光吸收能提供关于带隙态的信息。在 C 区，若材料的 α 在 $1\mathrm{cm}^{-1}$ 以下，则表征该材料具有很高的质量。

5.1.4.2 非晶硅基薄膜材料的光电导

在光照下非晶硅的电导会显著增加，这部分增加的电导就是光电导。在室温下 a-Si：H 的暗电导率 σ_d 很小〔小于 10^{-10}（$\Omega\cdot\mathrm{cm}$）$^{-1}$〕，而在太阳光照下（AM1.5，$1000\mathrm{mW/cm}^2$）a-Si：H 的光电导率大于 10^{-5}（$\Omega\cdot\mathrm{cm}$）$^{-1}$，相应的光电导灵敏度达 $10^5 \sim 10^6$。依赖照射光波长的不同，光生载流子可以来源于从价带到导带的激发（本征激发），也可以来源于从隙态到扩展态（导带或价带）的激发。对于本征激发，同时产生电子和空穴对，但由于非晶硅的空穴迁移率远小于电子的迁移率，光电导主要来自电子的贡献。

非晶硅光电导的大小不仅取决于光吸收和激发情况，还与材料中复合和陷阱有关，因而可以通过对光电导的测量，确定光吸收和带隙态的情况。非晶硅薄膜的定态光电导 σ_{ph} 可写为：

$$\sigma_{ph} = q\eta\mu\tau F(1-R)[1-\exp(-\alpha d)] \tag{5.6}$$

式中，q 为电子电荷；η 为量子产额；μ 为光生载流子的迁移率；τ 为寿命；F 为入射到薄膜表面单位面积上的光子数（或光通量）；R 为薄膜表面的反射系数；α 为吸收系数。

在高吸收区（本征吸收区），$\alpha d \gg 1$，式(5.6)变为：

$$\sigma_{ph}(H) = e\eta\mu\tau F(H)[1-R] \tag{5.7}$$

式中，$\sigma_{ph}(H)$ 表示 σ_{ph} 在高吸收区的值。

而在低吸收区。即 $\alpha d \ll 0.4$ 的区域，有：

$$\sigma_{ph} = e\eta\mu\tau F[1-R]\alpha d \tag{5.8}$$

如果 R 和 $\eta\mu\tau$ 不随入射光子能量 $h\nu$ 而变化，则在低吸收区的光电导正比于吸收系数 α，比较式(5.7)和式(5.8)，得到：

$$\alpha = \frac{\sigma_{ph}}{\sigma_{ph}(H)d} \times \frac{F(H)}{F} \tag{5.9}$$

可以在强吸收区选定一点，比如光子能量为 2.0eV 处，测定 $F(2.0)$ 和 $\sigma_{ph}(2.0)$，这两个量与样品厚度 d 对光子能量 $h\nu$ 而言都是常量，因而有：

$$\alpha(h\nu) \propto \frac{\sigma_{ph}(h\nu)}{F(h\nu)} \tag{5.10}$$

只要测出光电导谱 $\sigma_{ph}(h\nu)$ 和入射光通量 $F(h\nu)$，就可以得到光吸收谱 $\alpha(h\nu)$。

5.1.5　非晶硅基薄膜材料的光致变化

5.1.5.1　非晶硅基薄膜材料光电性质的光致退化

1977 年 D. L Staehler 等首先发现，用辉光放电法制备的 a-Si：H 薄膜经光照后（光强为 200mW/cm^2，波长为 $0.6\sim0.9\mu\text{m}$），其暗电导率和光电导率随时间而逐渐减小，并趋向于饱和。但经 150℃以上温度退火处理 $1\sim3\text{h}$ 后，光暗电导又可恢复到原来的状态，如图 5.6 所示。

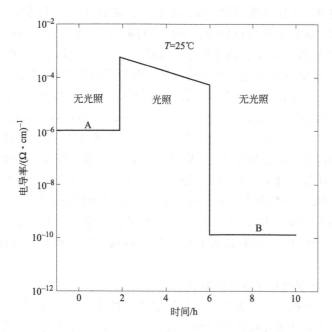

图 5.6　a-Si：H 暗电导率和光电导率的光致变化

这种非晶硅光致亚稳变化后来称为光致变化效应，亦称 Staehler-Wronaki 效应（SWE）。SWE 是 a-Si：H 膜的一种本征的体效应，并非由杂质引起或表面能带弯曲所致。光照在 a-Si：H 材料中产生了亚稳悬键缺陷态，其饱和缺陷浓度约为 10^{17}cm^{-3}，这些缺陷态的能量位置靠近带隙中部，主要起复合中心的作用，导致 a-Si：H 薄膜材料光电性质和太阳电池性能的退化，限制了 a-Si：H 电池可达到的最高稳定效率。

光照除导致 a-Si：H 的光电导和暗电导下降，亚稳悬挂键密度增加外，还引起 a-Si：H 物理性质的一系列变化，如费米能级向带隙中心移动，载流子寿命降低、扩散长度减小，带尾态密度增加，光致发光主峰强度下降，缺陷发光峰强度增加，光致发光的疲劳效应等。

5.1.5.2　非晶硅基薄膜材料光致亚稳态的产生机制

对于光照导致 a-Si：H 亚稳悬挂键产生的微观机制，提出过很多模型，迄今没有一致的看法，这里介绍 3 个主要的模型。

（1）Si-Si 弱键断裂模型　在 a-Si：H 中存在着 $10^{18}\sim10^{19}\text{cm}^{-3}$ 弱 Si-Si 键，这些弱键就是带尾态的来源。光照时，产生了电子空穴对，电子空穴的直接无辐射复合提供的能量会使 Si-Si 弱链断裂。但是，这样产生的两个彼此相对的悬键很容易重构而消失，是不稳定的。在氢含量约为 10％的 a-Si：H 中，会有 1/5 的弱键与氢相邻，邻近的 Si-H 键有可能同新生的悬挂键交换位置（转换方向）而使两个悬挂键分离。

（2）电荷转移模型（负相关能模型）　悬挂键获得第二个电子比获得第一个电子需要更多的能量，这个能量差就是电子的相关能。这时，图 5.3 中的 E_x 在 E_y 之上，相关能是正的。但是，由于 a-Si：H 网络的不均匀性和无序性，有些区域可能比较松弛，当悬键捕获第二个电子时，伴随发生的晶格弛豫，会使总能量降低。E_x 降到了 E_y 之下，电子的有效相关能是负值。在这些区域，带有两个电子的悬键态比带有一个电子的悬键态能量要低，因而，稳定存在的将不是带有一个电子的中性悬键，而是带正电的空悬键态和带负电的双占据悬键态。当光照激发载流子时，这些带电的悬键可能捕获电子或空穴而转变为亚稳的中性悬键。

（3）氢碰撞模型　光生载流子的非辐射复合释放能量打断 Si-H 弱键，形成一个 Si 悬键和一个可运动的氢。氢在运动的过程中，不断地打断 Si-Si 键形成 Si-H 键和 Si 悬键，氢跳走时每个被打断的 Si-Si 键又恢复到打断之前的状态，因此运动的氢可以看成是一个运动的 Si-H 键伴随着一个运动的 Si 悬键，运动的氢最后会形成稳定的 Si-H 键。这有两种方式，一种方式是运动的氢又重新陷落在一个不动的 Si 悬键缺陷中，形成 Si-H 键，这个过程不产生亚稳变化，大部分运动的 H 都属于这种方式。第二种方式是，两个运动的 H 在运动的过程中相遇或发生碰撞，最后形成一个亚稳的复合体，用 $M(Si-H)_2$ 表示。这个过程发生的概率要远远小于前一种过程，但它却是产生 SW 效应关键的一步。综合这两种过程，光照最后的结果是产生了一个亚稳复合体 $M(Si-H)_2$ 和在氢开始激发的位置留下一个悬键。

前面 Si-Si 弱键断裂模型和电荷转移模型基本上都具有局域的性质，都只考虑了个别键构型的变化，而对硅网络结构本身有否变化尚未引起注意。而在氢碰撞（hydrogen collision）模型中，硅悬键的产生不只是孤立地由某种键构型转化而来，还伴随着 H 和结构缺陷的长程输运。

5.1.5.3　非晶硅基薄膜材料光致结构变化

将 a-Si：H 光致亚稳悬键密度的产生与其他物理性质（如 $\mu\tau$ 乘积）的光致亚稳变化相联系时，发现它们之间并不存在确切的对应关系。而且，许多物理性质的光致亚稳变化幅度太大，不可能仅用所观测到的亚稳悬键密度的产生来解释。这预示着，a-Si：H 在光照下不仅产生了亚稳悬键密度的变化，而且整个无序网络结构可能都发生了光致亚稳变化。a-Si：H 作为一种无序固体材料是处于非平衡态的，在外界条件的扰动下易会发生结构的亚稳变化，是其固有的特征。

a-Si：H 光致亚稳悬键的产生机制表明，亚稳悬键的产生总是与光生电子-空穴对通过带尾态无辐射复合所释放的能量有关。每对光生电子-空穴通过带尾态复合所释放的能量大约为 1.3eV，这一能量将传递给周围的硅原子，可将它们加热到很高的温度。例如，传递给周围 10 个硅原子。可将它们加热到大约 1600K。这样高的温度范围足以使它们的原子结构发生改变。偏离其退火的平衡态。并将其热量扩散到更远的晶格范围。光照条件下（光强为 $200mW/cm^2$，波长为 $0.6\sim0.9\mu m$），非晶硅光致变化效应所涉及的光生电子-空穴对复合事件大约可达 $10^{25}cm^{-3}$，这么多光生电子-空穴对复合事件的总和，很可能使 a-Si：H 的整个网络结构发生光致变化。而相应所产生的亚稳悬键密度，在饱和情况下，仅大约 $10^{17}cm^{-3}$，因此，光致亚稳悬键的产生是一个与光致结构变化相伴生的效率很低的过程。

在非晶硅的光致退化过程中，不仅有亚稳悬键的产生，还有 Si-H 键和非晶硅网络结构的光致变化，而前者正是后者的后续效应。

5.1.5.4　非晶硅基薄膜材料光致变化的抑制途径

总体上说，非晶硅的光致亚稳变化与非晶硅的无序网络结构和氢的运动有关。因此，a-

Si：H 膜稳定性的改进应当从无序网络结构的改善和降低 H 含量入手。

为此，发展了氢稀释（hydrogen dilution）技术。在 PECVD 制备 a-Si：H 过程中，增加硅烷（SiH_4）或乙硅烷（Si_2H_6）的氢稀释度可以增强原子态氢与生长表面的反应，选择腐蚀掉一些能量较高的缺陷结构；或者使反应基团在生长表面的迁移率增加，从而容易找到低能量的生长位置，甚至一些原子态氢可扩散到薄膜体内，增强钝化效果。总之，其结果是改善了 a-Si：H 的网络结构，降低了缺陷密度和光致退化幅度，从而氢稀释技术在制备 a-Si：H 薄膜材料和电池器件方面得到了广泛应用。

热丝分解硅烷化学气相沉积（HW-CVD）a-Si：H 薄膜的技术，可将薄膜的 H 含量降低到 1% 以下，并且可获得更有序的硅网络结构。不过，这种技术至今仍处于实验研究阶段。

从热力学的观点看，无序网络结构的改善最终将导致结构的微晶化，所以应在非晶到微晶的相变区去寻求稳定优质的非晶硅薄膜。非晶到微晶的相变不是突变的，不仅存在非晶相与微晶相共存的复相区，而且在微晶晶粒出现于非晶硅基质之前，非晶硅网络虽仍是长程无序的，但其短程有序和中程序均逐渐有所改善。可以说，这时的材料是一种邻近非晶到微晶相变阈、而处于非晶一侧的材料，即所谓初晶态硅（protocrystalline silicon，或 proto-S）。随着网络结构的进一步改善，在其非晶网络中开始形成一些微晶晶粒，这种含晶粒的非晶硅（polymorphaus silicon），具有复相结构，其晶相比低于逾渗阈值（percolation threshold），非晶相的电导输运仍占支配地位。

氢稀释虽是改善非晶硅的微结构和形成微晶硅的有效手段，但并不是唯一途径。除氢稀释外，反应室的几何结构，沉积的诸多参数，如功率密度、激发频率、沉积温度、气体压力、气体流量等都对 a-Si：H 膜的微结构有直接影响。近年来发现，在反应气体为纯硅烷的条件下，也可以通过调节其他沉积参数，制备出器件质量微晶硅膜。这一发现不仅带来观念上的变革，对降低生产设备和源气体的成本也有重要作用。

5.2　非晶硅基薄膜材料制备方法和沉积动力学

5.2.1　非晶硅基薄膜材料制备方法

硅基薄膜材料的制备方法。主要包括化学气相沉积法（chemical vapor deposition，CVD）和物理气相沉积法（physical vapor deposition，PVD），其中化学气相沉积法成功地应用在硅基薄膜太阳电池制备过程中。

通常而言，化学气相沉积是在反应室中将含有硅的气体分解，分解出来的硅原子或含硅的基团沉积在衬底上。常用的气体有硅烷（SiH_4）和乙硅烷（Si_2H_6）。在制备 n 型掺杂材料过程中需要加入磷烷（PH_3），而 p 型掺杂材料需要加入乙硼烷（B_2H_6）、三甲基硼烷 [$B(CH_3)_3$]，或三氟化硼（BF_3）。为了提高材料的质量，人们通常用氢气（H_2）或惰性气体 [如氦气（He）和氩气（Ar）] 稀释硅烷。在常规半导体工艺中所采用的热分解化学气相沉积法。这种方法是将反应气体加热到很高的温度（大于 1000℃），在高温下反应气体被分解而沉积在衬底表面。但是热分解化学气相沉积法不适合用来制备氢化硅基薄膜材料。这是因为由于反应温度太高，氢原子很难与硅键合存在于薄膜中。没有氢原子的存在，材料中缺陷态密度很高。

为了降低沉积温度，需要额外的激发源来分解气体。常用的技术有等离子体辉光放电法

（glow discharge），热丝催化化学气相沉积法（hotwire CVD）和光诱导化学气相沉积法（photo-CVD）。根据激发源的不同，等离子体辉光放电法又可分成直流（DC）、射频（RF）、超高频（VHF）和微波等离子体辉光放电。

5.2.1.1 直流等离子体化学气相沉积法

图 5.7 展示了直流等离子体辉光放电电极结构示意，在真空室内的两个平行板电极上加上直流电压，在一定的真空度下，被电场加速的电子与气体分子碰撞使气体分子离解。在这个过程中有新的电子释放出来，当电场足够强时，电子与气体分子碰撞所产生的新电子以及从阴极、阳极和其他部位发射的二次电子数等同于所损失掉的电子，一个稳定的等离子体就形成了，其中的平均电子浓度和正离子浓度相等。由于在电子与气体分子碰撞和分解过程中有光子释放出来，所以这个过程叫做等离子体辉光放电。

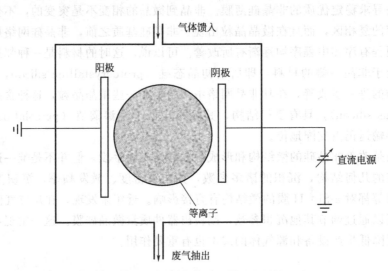

图 5.7　直流辉光放电等离子体反应系统示意

通常情况下两电极间的距离比较小，其中一个电极接地（和反应室的壁相接），另一个电极接直流电源的负极，即阴极。维持一个稳定的等离子体需要维特电子和离子的产生率等于消失率。电子和离子的产生率取决于外加电场的强度，电子在电场的加速下获得足够的能量，电子和中性分子碰撞使中性分子分解而产生新电子和离子。所以在一定的范围内，电场越强，分子的离化程度越高。电子和离子的消失过程包括电子与离子的碰撞复合、阴极和阳极以及其他表面对电子和离子的吸收等。所以在一定的条件下，维持稳定的等离子体所加的直流电压要高于一个阈值电压。影响这个阈值电压的因素有反应室的结构，特别是两电极间的距离、工艺参数（如气压、衬底温度）和气体的种类（如氢气稀释度）。其中最为重要的参数是两电极的间距和气压的乘积（pd），阈值电压与 pd 之间遵循"巴邢"曲线关系。

在稳定的等离子体辉光条件下，等离子体内部的平均电子浓度和平均正离子的浓度相等。通常条件下，高浓度等离子体是高速沉积的重要方法。虽然等离子体的平均电荷为零，但是在特定的时刻，特定位置可能有局部电荷浓度的起伏。由于电子的速度比离子的速度大得多，电子的移动会引起电荷分布的振动。振荡的频率叫等离子体频率。对于等离子体频率为 900MHz，远远大于常用的 13.56MHz。因此直流等离子体的许多概念可以用到射频或超高频等离子体中。

为了保证等离子体的电中性，从等离子体流出带负电荷的粒子（包括电子）数应和流出的带正电荷的粒子（包括正离子）数相等，由于电子的扩散速度比离子的扩散速度大很多，所以等离子体电势要高于周围任何部位的电势。通常情况下。衬底接地，直流电源的负电极接到阴极上。图 5.8 所示为等离子区内两电极间电势分布示意图，其中分为 3 个区：阳极鞘层区（anode sheath）、等离子体区（plasma）和阴极鞘层区（cathode sheath）。由于鞘区没有辉光，所以也叫暗区（dark space）。阴极鞘层区的电势差是外加电压和等离子体电势之和，大于阳极鞘层区的电势差。阳极鞘层区的电势差等于等离子体电势。阳极鞘层区和阴极鞘层区的这种电势差的不同使得更多的正离子流到阴极，而相对多的电子流到阳极。在这种条件下净电流从正电极流到负电极。这种电极设计减少正离子对衬底表面的轰击，有利于提高材料的质量。

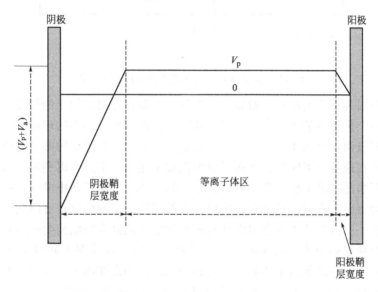

图 5.8　直流等离子体中电极间电势分布示意

　　直流等离子体辉光放电法确实有它的技术弱点。由于要保持电流的连续性，衬底必须具有良好的导电性。绝缘衬底很难用在直流等离子体辉光系统中。射频等离子体克服这一缺点，所以在非晶硅太阳电池的生产中得到了更广泛的应用。

5.2.1.2　射频等离子体化学气相沉积法

　　由于射频信号可能从沉积系统中辐射出来，干扰无线电通信系统，所以国际上统一规定工业用射频等离子体辉光放电的射频频率为 13.56MHz。图 5.9 所示是射频等离子体辉光放电反应系统示意。常用的射频等离子体辉光放电系统包括平行板电极，射频电源通过耦合器接到其中的一个电极上，而另一电极接地。通常地电极是接在系统的反应室的壁上，所以地电极的有效面积比射频电极面积大。由于所用的射频频率比等离子体频率小得多，所以直流等离子体的许多概念在射频等离子体中也是适用的。在稳定的等离子体条件下，射频等离子体也可以分成 3 个区等离子体辉光区、阳极鞘层区（暗区）和阴极鞘层区（暗区）。除了中性的粒子外，电子和带正电的离子也可以从等离子体扩散出来，达到射频电极、地电极和其他部件的表面。在等离子体稳定的瞬间，很多的电子就到达射频电极，从而使射频电极产生负电压。这个负电压降低电子的速度，增加正离子的速度。经过短暂的瞬间，达到射频电极的正电荷和负电荷达到平衡。这是一个稳定的直流负电压在射频电极上建立起来。这个直流负电压叫做等离子体自偏压（self-bale）。通常自偏压为负电压。所以射频电极也叫做阴极。

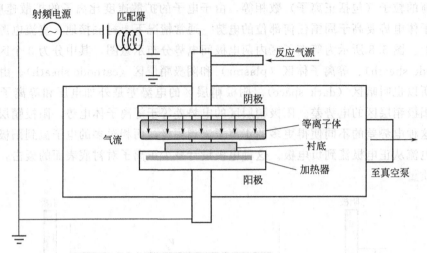

图 5.9 射频辉光放电等离子体反应系统示意

自偏压的幅度随射频功率的增加而增加。通常可以监测和控制自偏压的幅度来监测和控制射频的功率。另一个影响自偏压的参数是阳极和阴极的面积比。早期的理论分析给出自偏压的幅度与阴极与阳极面积比的 4 次方成正比。而实际情况中，自偏压的幅度与理论计算的并不相符。首先离子在通过电屏区时会和离子及中性粒子碰撞。不过可以利用经验得出的自偏参数来监测和控制非晶硅的沉积过程。另外自偏压的大小与等离子体中的气体的种类、衬底温度、反应室压力等因素有关，任何自偏压的偏离都可能预示反应过程有问题。例如，反应室漏气，压力失控。所以监测阴极自偏压是监测和控制非晶硅太阳电池生产过程的重要手段。

用通常的射频等离子体，高速沉积需要高功率密度。高功率引起以下几个副作用。首先，高功率对应于较高的等离子体电势，从而产生较强的高能离子对生长表面的轰击，使得材料中含有较高的缺陷态。其次，高功率产生高能量的电子，使等离子体中含有高浓度的 SiH_2 和 SiH 粒子和离子，导致材料中双氢硅（SH_2）结构密度增加。从而使材料的稳定性变坏。最后，高功率还增加等离子体二次及多次反应的频率，在等离子体中产生大颗粒粒子和离子（或称多硅烷）。一方面大颗粒沉积到材料中产生微空洞，增加材料的缺陷态，降低材料的稳定性；另一方面等离子体中的大颗粒在反应室中产生大量粉尘。从而增加设备的维护和清理的时间。通常情况下用射频等离子体，高质量的非晶硅薄膜的沉积速率在 1Å/s 左右，为了兼顾生产效率和产品质量。非晶硅太阳电池的沉积速率一般在 2～3Å/s。

5.2.1.3 超高频等离子体化学气相沉积（VHF-PECVD）法

超高频等离子体辉光放电法与常规的射频等离子体辉光放电法基本原理相同。在一般小面积沉积系统中，常用的也是平行板电极结构，所不同的是激发源的频率在超高频区。目前常用的超高频在 40～130MHz，广泛应用的频率是 60～75MHz。超高频等离子体辉光放电法制备非晶硅的主要优点是在相同的功率密度条件下可以提高生长速率。

超高频等离子体辉光放电在相同的功率密度条件下，生长速率随着激发频率的增加而增加。图 5.10 所示是非晶硅生长速率和激发频率的关系。其中不同的符号是不同反应系统所得到的结果。从图中可以看出对于每个系统都有一个峰值频率。在相同的功率条件下，频率低于峰值频率时，生长速率随着频率的增加明显增加，在峰值频率时沉积速率达到最大。在更高的频率条件下，随着频率的增加，生长速率反而降低。这是由于在高于峰值频率后，超高频功率很难耦合到等离子体中，进入等离子体中的有效功率随频率的增加而降低。在综合

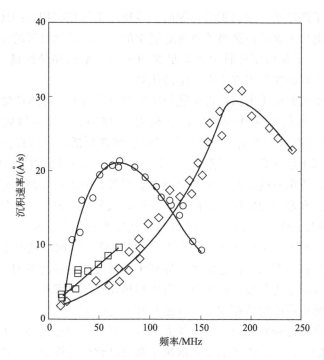

图 5.10　非晶硅生长速率和激发频率的关系

考虑生长速率，材料均匀性，以及设备的复杂程度情况下，广泛被采用的频率是 40～75MHz。

　　超高频等离子体沉积非晶硅不仅沉积速率高，而且更重要的是高速沉积的材料可以保持良好的性能。超高频等离子体沉积的非晶硅太阳电池的初始效率和稳定效率跟生长速率没有明显的依赖关系。在相同的功率、压力、温度和气体流量条件下，超高频辉光等离子体中到达衬底表面的离子能量比射频等离子体中的离子能量小得多。超高频等离子体的离子电流是射频等离子体的 5 倍。这就预示着超高频等离子体中正离子的浓度高，即等离子体密度高。等离子体密度决定了沉积速率，所以在相同的激发功率条件下，超高频等离子体沉积速率比射频等离子体高。总之，超高频等离子体中离子能量低而离子束流浓度高。这种低能量高束流的离子对于高速沉积尤为重要。一方面低能量的离子对生长材料表面的轰击比较轻，不会造成材料中的高缺陷态浓度；另一方面大量的低能量离子可以增加离子和中性粒子在生长表面的扩散速度，从而找到低能位置。在此种条件下沉积的材料具有较高的质量。

5.2.1.4　微波等离子体化学气相沉积法

　　通常的微波等离子体沉积方法是将微波通过与波导管相连的微波窗口输入到微波腔中。常用的微波窗口材料是 Al_2O_3 陶瓷。在一定的压力条件下，反应气体被微波能量所分解，形成等离子体。微波等离子体的特点是沉积速率非常高，可达 100Å/s。由于微波等离子体的沉积速率过快，材料的特性始终没有射频或超高频等离子体沉积的材料的质量好，所以到目前为止还没有用微波等离子体为主要沉积方法的硅基薄膜太阳电池生产线。

5.2.1.5　热丝化学气相沉积法

　　热丝化学气相沉积法（hot wire-CVD）是在真空反应室中安装加热丝。常用的加热丝是钨丝（W）和钽丝（Ta）。热丝通常被加热到 1800～2000℃，当气体分子碰到热丝时被热分解，所以这种方法也叫热丝催化法。热分解产生的粒子通过扩散而沉积到衬底表面。热丝化学气相沉积法会集了热化学气相沉积法和等离子体热化学气相沉积法的优点。首先气体分子是热分解，不存在电场加速的高速离子对衬底表面的轰击。其次衬底的温度可以控制在较低的范围（150～400℃），从而使材料中含有足够的氢原子来饱和悬挂键。由于这两个特点，热丝化学气相沉积法在高速沉积方面有一定的优势。

从 20 世纪 90 年代初期美国国家再生能源实验室（NREL）对热丝化学气相沉积法进行了系统深入地研究。他们将热丝的温度提高到大于 1900℃，并将衬底温度固定在 360～380℃，他们得到了高质量的非晶硅材料。其特点是氢含量低，只有百分之一。而通常用辉光等离子体沉积的高质量非晶硅含有至少 10％～15％的氢。在通常的等离子体辉光反应中，如果衬底温度很高，所沉积的材料中氢的含量也会很低，但伴随着高缺陷态密度和较宽的带尾态分布，原因是没有足够的氢原子来饱和悬挂键。大量的氢原子是产生光诱导亚稳缺陷态的一个根源。而 NREL 的热丝化学气相沉积的非晶硅不仅氢含量低，而且其他材料质量参数并没有受到影响，比如光暗电导比仍然在 10^5。由于这一特性，热丝化学气相沉积法制备的低氢含量的非晶硅确实在稳定性方面优于等离子体辉光放电法制备的非晶硅材料。

热丝化学气相沉积法也存在一些缺点。首先加热丝可能对沉积的材料产生污染，二次粒子测量确实发现薄膜中有残留钨存在。其含量可能高于 10^{18} 原子$/cm^3$。另一个问题是热丝的寿命。当热丝温度不是特别高时，在热丝表面容易形成金属硅化物，如 W_5Si_2。由于金属硅化物容易使热丝断裂，所以钨丝的寿命取决于金属硅化物的形成。一般来讲金属硅化物容易在热丝的两端形成，因为那里的温度低于热丝中间的温度。

大面积材料的均匀性也是热丝化学气相沉积法所面临的一个技术问题。这一问题可以通过合理地设计热丝的分布和气体分布来解决。

与辉光等离子体制备的太阳电池相比，热丝化学气相沉积法制备的非晶硅太阳电池的效率还比较低。理论上讲热丝化学气相沉积过程中没有高能离子对沉积表面的轰击，所制备非晶硅材料中缺陷态密度应当相对低。但在实际器件制备过程中还包含许多关于器件设计和界面控制等许多技术环节，还没有得到广泛的应用，特别是没有在生产上得到应用。其主要原因是电池的性能还不如辉光放电等离子体制备的太阳电池好。

5.2.2 硅基薄膜材料制备过程中的反应动力学

5.2.2.1 硅基薄膜沉积的气相化学反应

本征非晶硅的沉积通常是用硅烷（SiH_4）或乙硅烷（Si_2H_6）。由于等离子体中存在各种离子，气相化学反应过程是一个相当复杂的过程。以硅烷分解为例，其分解过程是多种多样的。图 5.11 所示是硅烷在等离子体中分解所产生的粒子和离子，以及产生各种粒子和离子所需的能量。

在通常情况下中性 SiH_3 粒子被认为是生长高质量非晶硅的前驱物。原子氢在非晶硅的沉积过程中也有很重要的作用。首先在沉积过程中硅表面的化学键需要氢来饱和。其次原子氢还有刻蚀的作用。在沉积过程中氢原子刻蚀那些结构松散的部分，使沉积的材料结构密集，降低微空洞的密度，从而得到高质量的材料。与中性粒子相比，带电离子虽然浓度很低，但是在材料的沉积过程中也有不可忽视的作用。其负面作用是带正电的离子扩散出等离子区，进入暗区，在电场的加速下得到能量。这些具有一定能量的离子一方面对生长表面产生轰击作用，导致生长的材料有高浓度的缺陷态；另一方面，带电离子对沉积表面的轰击也有正面作用，带电离子的轰击有助于提高粒子在生长表面的扩散系数，使粒子容易找到低能

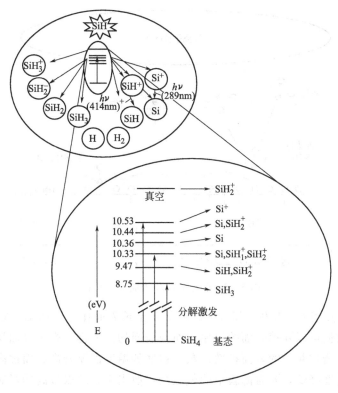

图 5.11　硅烷等离子体中分解所产生的粒子和离子，
以及产生各种粒子和离子所需的能量

量的区域，从而改进材料的质量。薄膜的表面生长是一个非常复杂的过程。一个简单的图像可以理解为许多中性粒子和带电离子在变成固体薄膜之前要在生长表面移动从而找到能量较低的位置。带电离子的轰击一方面可以将能量传递给其他粒子；另一方面可以使生长表面局部温度升高，从而提高粒子和离子的表面扩散系数。这一作用在高速沉积过程中尤为重要。所以适当控制高能量带电离子的轰击是优化高速沉积薄膜硅材料的重要手段。由于等离子体为正电势，带负电的离子被束缚在等离子体内。这些被束缚在等离子体内的负电离子与中性粒子相互结合形成大颗粒，又会对沉积材料的质量造成负面影响。

　　一般认为 SiH_2 对材料的稳定性有不利的影响。SiH_2 的产生需要高能量的电子，所以高功率条件下沉积的材料一般稳定性都不好。二级或高级化学反应过程中易于产生高硅烷或大质量颗粒，高硅烷对材料的质量和稳定性也有负面的影响。高硅烷导致材料中含有 $Si-H_2$ 和多氢集团，使材料在光照条件下容易产生缺陷态。大质量颗粒一方面导致材料中含有微空洞和高缺陷态密度；另一方面导致反应室内粉尘的累积，增加反应系统的维护费用。所以反应腔室内产生的无论是 SiH_2 还是高硅烷，都对材料的质量产生负面影响。在材料的优化过程中要考虑这两方面的影响。

5.2.2.2　硅基薄膜沉积的表面化学反应

　　表面化学反应是非晶硅沉积过程中的一个重要部分。从等离子体中出来的中性粒子和带电离子到达生长表面后，部分与表面的化学键结合形成固体材料。部分从表面返回到气体中。图 5.12 所示是非晶硅沉积表面反应示意，其中包括多种可能的表面反应过程。在生长过程中，硅材料表面的硅原子大部分被氢原子所饱和，而部分表面硅原子形成悬挂键。到达

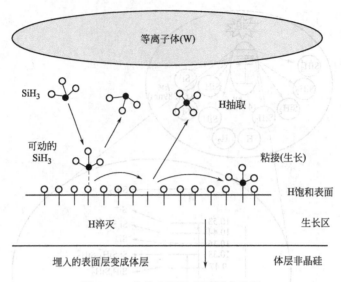

图 5.12　非晶硅沉积表面反应示意

表面的中性粒子（以 SiH$_3$ 为例）和带电的离子在生长表面作扩散运动。它们可以与表面悬挂键成键，另外它们可以除掉表面的氢原子而与表面的硅成键。影响表面反应的主要因素是衬底的温度。为了增加粒子的表面扩散系数。衬底的温度需要升高。而过高的衬底温度会使生长表面氢的覆盖度降低，同时薄膜中的氢也会扩散出来，所以过高的衬底温度下生长的非晶硅中氢含量相对较低，因此存在过高的缺陷态。相反在低温下，虽然非晶硅中含有足够高的氢含量，但是由于粒子的表面扩散系数太低，材料中的无序度太高，并且缺陷态也会升高，所以优化衬底温度是优化非晶硅材料质量的一个重要环节。一般情况下，根据其他沉积参数，非晶硅的衬底温度在 150～350℃。在低速沉积过程，优化的衬底温度可以相对低一些。例如，在小于 1Å/s 沉积速度下，衬底温度可以小于 200℃。在高速沉积条件下，到达沉积表面的粒子需要更快的表面扩散速度，因此优化的衬底温度相对较高。例如，在大于 10Å/s 沉积速度下，衬底温度需要大于 300℃。另外，生长表面氢覆盖率与反应室中氢稀释度有关。高氢稀释度条件下，生长表面氢覆盖率相对较高，所以衬底温度可以相对较低。

　　非晶硅中的氢含量与衬底温度有直接的关系，在一定的条件下。氢含量随着衬底温度的增加而减少。由于氢含量直接影响非晶硅的禁带宽度，所以通过优化衬底温度可以调整材料的禁带宽度。

5.2.3　氢稀释的作用以及对薄膜硅材料微结构的影响

　　氢稀释在非晶硅、非晶锗硅和微晶硅的沉积和优化过程中起到重要的作用。随着氢稀释度的提高，非晶硅材料的结构发生变化。在氢稀释到达一定程度时，非晶硅中会含有特定的微结构，或叫中程有序结构（medium range order），链状结构（chain-like structure）。通过透射电镜（TEM）可以观测到在高氢稀释条件下制备的非晶硅材料中含有纳米大小的结构。这些微结构被确认为由不同晶相组成的晶粒。具有微结构的非晶硅表现出许多独特的性能。

　　当氢稀释增加到一定的程度，导致材料中晶粒的含量增加到一定程度，相应的太阳电池的特性发生急剧的变化。图 5.13 所示是非晶硅太阳电池的开路电压和氢稀释度（H$_2$/SiH$_4$）

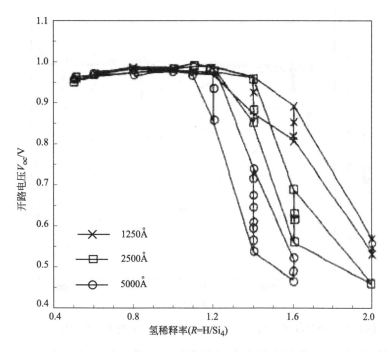

图 5.13　非晶硅太阳电池的开路电压和氢稀释度的关系

的关系。其中 R 是制备非晶硅电池的最佳氢稀释度。图中给出了三组数据。在氢稀释度小于 R 时，电池的开路电压随氢稀释度的增加而有微小的增压。这是由于材料的禁带宽度增加、尾态宽度变窄以及缺陷态密度降低的结果。当氢稀释度超过一定的阈值，电池的开路电压随氢稀释度的增加而急剧下降，并且其开路电压的大小有较宽的分布。简单的理解是：在一定的氢稀释条件下，材料中的微晶晶粒达到一定的阈值，从而形成纵向的微晶连续结构。电子可以通过连续的晶相流过整个电池。由于晶相的禁带较窄，所以电池的开路电压急剧下降。当材料中的晶相成分达到一定的程度，电池的开路电压由微晶晶相所决定，此时的电池叫微晶硅电池。在从非晶到微晶的相变过程中，电池的开路电压介于非晶和微晶硅电池的开路电压之间，并且在同一衬底上开路电压值的分布很宽，这是由于在过渡区材料的特性对等离子体的特性非常敏感。另外，从非晶到微晶硅的转变还与样品的厚度有关。由于微晶晶粒的浓度（即材料中的结晶度）随材料的厚度而增加，所以具有较厚的本征层的电池需要较低的氢稀释度来达到从非晶到微晶的过渡。图 5.14 所示是过渡区条件下制备的太阳电池的开路电压与厚度的关系。这种电池表现出许多有趣的特性，如光诱导的开路电压的增加。

　　对于非晶硅和非晶锗硅电池而言，在氢稀释达到从非晶到微晶硅的相变之前，材料的性能最好。在此条件下电池的开路电压和填充因子都有明显的改进。然而当氢稀释超过一定的程度时，材料中微晶晶粒导致开路电压和填充因子明显降低，这是由于大部分材料仍然处于非晶结构，小部分的微晶硅形成的局部电流通道，相应地降低了电池的并联电阻，从而降低器件的开路电压和填充因子。

　　人们发现随着氢稀释度的增加，材料中晶粒的大小随之增加，材料中的晶相体积比也相应增加。根据这一结果，提出了氢稀释与非晶硅到微晶硅的相变模型。图 5.15 所示为氢稀释度与晶相结构的关系模型。在氢稀释度较低时，材料中只含有孤立的小晶粒，这时的材料

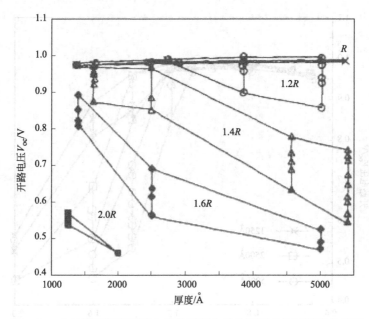

图 5.14 在过渡区沉积的混合相硅薄膜电池的开路电压和厚度的关系

基本上呈现非晶的特征。但是材料的性能具有明显的改进，如稳定性得到提高。增加氢稀释度材料中的晶相比和晶粒的尺寸都会随之增加。在氢稀释度到达一定程度时，锥形结构的微晶硅形成。过高的氢稀释条件时，材料中形成较大的柱型晶相结构。

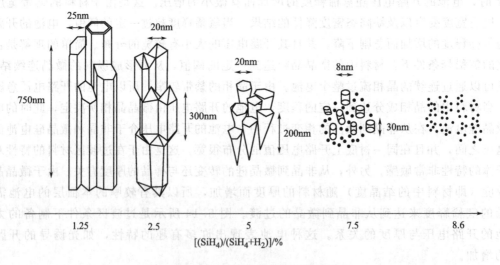

图 5.15 材料结构与氢稀释度关系示意

　　如前所述，氢稀释是导致从非晶硅到微晶硅转变的主要参数。在低氢稀释条件下沉积的硅薄膜呈现典型的非晶特性，随着氢稀释度的增加，材料中出现孤立的微晶晶粒，进一步增加氢稀释度，非晶硅和微晶硅混合相材料形成，最后当氢稀释到达一定的阈值时，沉积的材料含有大量的微晶晶粒。

　　关于氢稀释导致从非晶到微晶的转变有以下 3 种模型进行解释。第一个模型是表面扩散模型。图 5.16 所示是表面扩散模型示意，从高氢稀释的等离子体中流向衬底表面的氢原子饱和薄膜硅表面的硅悬挂键，同时释放一定的能量，这两个作用使得从等离子体中到达生长

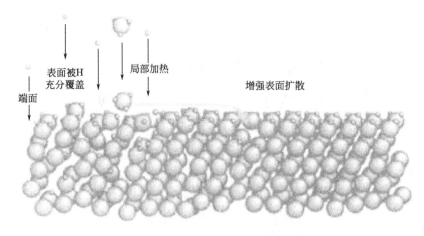

图 5.16　微晶硅形成的表面扩散模型示意

表面的粒子的扩散系数增加。具有较高扩散系数的粒子和离子容易在沉积表面找到能及较低的位置，这些低能量的位置通常是在晶粒表面，所以在氢稀释条件下容易形成微晶硅。

第二个模型是刻蚀模型。这个模型是根据在氢稀释条件下非晶硅的生长速率比没有氢稀释时低。另外，氢气等离子体对非晶硅的刻蚀速率比对晶态硅的刻蚀速率高。图 5.17 所示是刻蚀模型示意图，到达生长表面的原子氢将 Si-Si 弱键打断，而将此硅原子从生长表面刻蚀掉。因为氢原子易于将 Si-Si 弱键打断，而 Si-Si 弱键通常是在非晶相，所有氢原子将非晶相刻蚀掉，同时新到达生长表面的含硅粒子和离子在生长表面形成稳定的晶相结构。由于晶相结构稳定，表面 Si-Si 键多为较强的键结构，所以晶相的生长比非晶相易于形成。

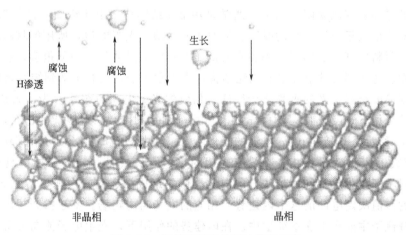

图 5.17　微晶硅形成的刻蚀模型示意

第三个模型是化学退火模型。这个模型是利用一层一层的沉积，在每一层沉积后用氢等离子体将沉积的材料进行处理。通过调整氢等离子体处理时间和每层的沉积时间可以沉积出微晶硅材料。在氢等离子体处理过程中没有明显的厚度降低。根据这些实验结果，人们提出了化学退火模型。图 5.18 所示是化学退火模型示意，在氢等离子体过程中，原子氢进入材料的次原子层，进入薄膜次原子层的氢原子使非晶结构转化为晶体结构。

在这三个模型中，刻蚀模型不能解释微晶硅的沉积机理。在氢气等离子体处理时，实际的过程是原子氢将阴极上的非晶硅刻蚀后，沉积到衬底上。由于氢气等离子体处理相当于很

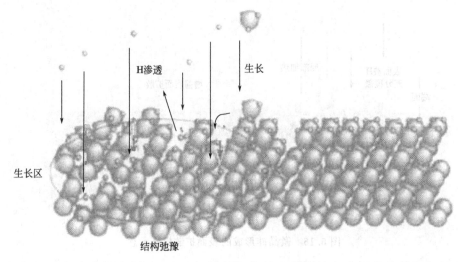

图 5.18 微晶硅形成的化学退火模型示意

高的氢稀释等离子体，所以沉积的材料具有明显的微晶晶粒结构。实验证明表面扩散模型可以合理地解释在高氢稀释条件下微晶薄膜的沉积机理。

5.3 硅基薄膜太阳电池

5.3.1 单结硅基薄膜太阳电池

在常规的单晶和多晶太阳电池中。通常是用 p-n 结结构。由于载流子的扩散长度很高，所以电池的厚度取决于所用硅片的厚度。但对于硅基薄膜太阳电池，所用的材料通常是非晶和微晶材料，材料中载流子的迁移率和寿命都比在相应的晶体材料中低很多，载流子的扩散长度也比较短。选用通常的 p-n 结的电池结构，光生载流子在没有扩散到结区之前就会被复合。如果用很薄的材料，光的吸收率会很低，相应的光生电流也很小。为了解决这一问题，硅基薄膜电池采用 p-i-n 结构。其中，p 层和 n 层分别是硼掺杂和磷掺杂的材料，i 层是本征材料。图 5.19 所示是非晶硅 p-i-n 电池的能带示意，其中 E_c 和 E_v 分别是导带底和价带顶；E_F 是费米能级。对于 p-i-n 结构，在没有光照的热平衡状态下，p-i-n 三层中具有相同的费米能级，这时本征层中导带和价带从 p 层向 n 层倾斜形成内建势。在理想情况下，p 层和 n 层费米能级的差值决定电池的这个内建势。相应的电场叫内建场。鉴于掺杂层内缺陷态浓度很高，光生载流子主要产生在本征层中。在内建势的作用下，光生电子流向 n 层，而光生空穴流向 p 层。在开路条件下，光生电子积累在 n 层中，而光生空穴积累在 p 层中。这时在 p 层和 n 层中的光生电荷在本征层中所产生的电场抵消部分内建场。如果 n 层中积累的光生电子和 p 层中的光生空穴具有向相反的方向扩散的趋向，以抵消光生载流子的收集电流。当扩散电流与内建场作用下的收集电流这两个方向相反的电流之间达到动态。平衡时。本征层中没有净电流。此时在 p 层和 n 层中累积的电荷产生的电压叫开路电压，用 V_{oc} 表示。开路电压是太阳电池的重要参数之一，其大小与许多材料特性有关。首先它取决于本征层的带隙宽度，宽带隙的本征材料可以产生较大的开路电压，而窄带隙的材料产生较小的开路电压，比如非晶锗硅电池的开路电压比非晶硅电池的开路电压小。开路电压的大小还取决于掺杂层的

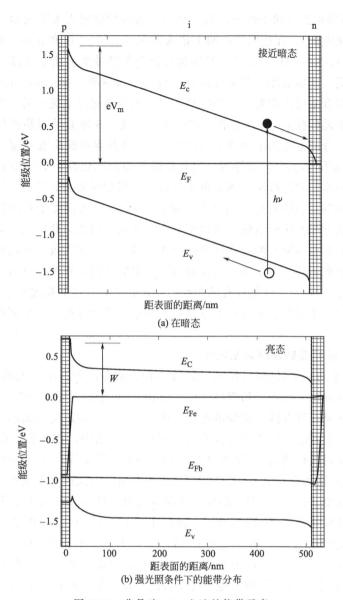

图 5.19　非晶硅 p-i-n 电池的能带示意

特性，特别是掺杂浓度。n 层和 p 层的费米能级的差值决定开路电压的上限，所以掺杂层的优化也是相当关键的，特别是 p 层。为了增加开路电压，通常采用非晶碳化硅合金（a-SiC：H）或微晶硅（μc-Si：H）作为 p 层材料。虽然非晶碳化硅合金通常有较高的缺陷态，但其较宽的带隙，使其费米能级可以较低。另外其宽带隙可以减少 p 层中的吸收。而微晶硅的带尾态宽度较小，掺杂效率高，费米能级可以接近价带顶，所以微晶硅也可以增加开路电压的幅度。最后，开路电压的幅度还取决于本征层的质量，即带尾态的宽度和缺陷态密度所决定的反向漏电电流的大小。

5.3.1.1　p-i-n 单结非晶硅薄膜太阳电池

非晶硅基薄膜电池通常分为两种结构，即 p-i-n 和 n-i-p 结构。所谓 p-i-n 结构的电池一般沉积在玻璃衬底上，以 p、i、n 的顺序连续沉积各层而得。此时由于光是透过玻璃入射到太阳电池的，所以玻璃也被叫做衬顶（superstrate），在玻璃衬底上先要沉积一层透明导电膜（TCO）。透明导电膜有两个作用，其一是让光通过衬底进入太阳电池，其二是提供收集电流的电极（称顶电极）。在透明导电膜上依次沉积的 p 层、i 层和 n 层，其中 p 层通常采用非晶碳化硅合金（a-SiC：H）。由于非晶碳化硅合金的禁带宽度比非晶硅宽，其透过率比通常的 p 型非晶硅高，所以 p 型非晶碳化硅合金也叫窗口材料（window material）。一方面使用 p 型非晶碳化硅合金可以有效地提高电池的开路电压和短路电流；另一方面由于 p 型非晶硅碳合金和本征非晶硅在 p/i 界面存在带隙的不连续性，在界面处容易产生界面缺陷态，从而产生界面复合，降低电池的填充因子（FF）。为了降低界面缺陷态密度，一般采用一个缓变的碳过渡层（buffer layer），这样可以有效地降低界面态密度，提高填充因子。在过渡层上面可以直接沉积本征非晶硅层，然后沉积 n 层。在沉积完非晶硅层后，背电极可以直接沉积在 n 层上。常用的背电极是蒸发铝（Al）和银（Ag）。一方面由于银的反射率比铝高，使用银电极可以提高电池的短路电流，所以实验室中常采用银作为背电极；另一方面由于银的成本比铝高，而且在电池的长期可靠性方面存在一些问题，在大批量非晶硅太阳电池的生产中铝背电极仍然是常用的。为了提高光在背电极的有效散射，在沉积背电极之前可以在 n 层上沉积一层氧化锌（ZnO）。氧化锌有两个作用。首先它有一定的粗糙度，可以增加光散射。其次它可以起到阻挡金属离子扩散到半导体中的作用，从而降低由于金属离子扩散所引起的电池短路。

5.3.1.2　n-i-p 单结非晶硅薄膜太阳电池

与 p-i-n 结构相对应的是 n-i-p 结构。这种结构通常是沉积在不透明的衬底（substrate）上，如不锈钢（stainless steel）和塑料（polyimide）。由于硅基薄膜中空穴的迁移率比电子的要小近两个数量级，所以硅基薄膜电池的 p 区应该生长在靠近受光面的一侧。以不透光的不锈钢衬底为例，制备电池结构的最佳方式应该是 n-i-p 结构，亦即首先在衬底上沉积背反射膜。常用的背反射膜包括银/氧化锌（Ag/ZnO）和铝/氧化锌（Ag/ZnO）。同样考虑到成本因素，银/氧化锌常用在实验室中，而铝/氧化锌多用在大批量太阳电池的生产中。在背反射膜上依次沉积 n 型、i 型和 p 型非晶硅或微晶硅材料，然后在 p 层上沉积透明导电膜。常用的透明导电膜是氧化铟锡（indium-tin-oxide，ITO）。由于 ITO 膜的表面电导率不如通常在玻璃衬底上的透明导电膜的表面电导率高，加上为达到起减反作用，其厚度一般仅为 70nm，厚度很薄，所以要在 ITO 面上添加金属栅线，以增加光电流的收集率。

与 p-i-n 结构相比，n-i-p 结构有以下几个特点：首先是先在背反射膜上沉积 n 层，由于通常的背反射膜是金属/氧化锌，氧化锌相对稳定，不易被等离子体中的氢离子刻蚀，所以 n 层可以是非晶硅或微晶硅。另外，电子的迁移率比空穴的迁移率高得多，所以 n 层的沉积参数范围比较宽。其次，p 层是沉积在本征层上，所以 p 可以用微晶硅。使用微晶硅 p 层有许多优点。微晶硅对短波吸收系数比非晶硅小，所以电池的短波响应好。微晶硅 p 层的掺杂效率比非晶硅高，相应的电导率高，所以使用微晶硅 p 层可以有效地提高电池的开路电压。

n-i-p 结构也有一些缺点。首先，由于要在顶电极 ITO 上加金属栅电极来增加其电流的收集率，所以电池的有效受光面积会减小。其次，由于 ITO 的厚度很薄，ITO 本身很难具有粗糙的绒面结构，所以这种电池的光散射效应主要取决于背反射膜的绒面结构，因此对背反射膜的要求比较高。

5.3.1.3　单结非晶锗硅合金薄膜太阳电池

由于非晶硅的禁带宽度在 1.7～1.8eV，相应的长波吸收比较少。为了提高电池的长波响应，非晶锗硅（a-SiGe：H）合金成为本征窄带隙材料的首选。通过调整材料中的锗硅比，材料的禁带宽度可以得到相应的调整。随着锗含量的增加，材料的禁带宽度相应降低。电池的长波响应随之得到提高，相应的短路电流会增加。然而作为代价，电池的开路电压会降低。随着锗含量的增加，在增加短路电流和降低开路电压的同时，电池的填充因子也随之降低。这是由于随着材料中锗含量的增加，非晶锗硅合金中锗氢键的强度比硅氢键的强度低，相应地，缺陷态密度也相应地增加。

5.3.1.4　单结非晶和微晶混合相薄膜太阳电池

氢稀释在非晶硅和非晶锗硅的优化过程中起到了重要的作用。当氢稀释度达到一定程度时，材料的结构从非晶转变出现原子排列有序的纳米尺度小晶粒。当材料中的这种小晶粒含量较小时，可称为纳米晶。我们把这种含有少量纳米晶的材料叫做混合相材料。相应的电池叫混合相他。混合相电池的典型特点是电池的特性参数对沉积参数非常敏感，比如辉光等离子体中很小的变化都会引起材料特性及电池性能的明显变化。其次是电池的开路电压介于非晶硅电池和微晶硅电池之间。通常较好的非晶硅电池的开路电压在 $1.0V$ 左右，而微晶硅电池的开路电压在 $0.5V$ 左右。混合相硅薄膜电池的开路电压介于 $0.5\sim1.0V$ 之间，并随材料中纳米晶成分的多少而有明显的变化。

由于混合相材料的结构对辉光等离子体的特性非常敏感，所以通常在一块衬底上可以得到不同特性的电池分布。在衬底的中间，电池表现出常规的非晶硅电池的特征，其开路电压在 $0.9\sim1.0V$，在边缘区域电池的开路电压在 $0.7\sim0.8V$，而衬底的 4 个角，电池的开路电压在 $0.4\sim0.6V$。由此可见，在衬底的边缘区，电池中材料的结构具有明显的混合相特征。

混合相电池具有一些独特的特性。首先是光诱导使开路电压增加。对于通常的非晶硅电池而言，由于 StaeblerWmnsk 效应，经过长时间的光照非晶硅和非晶锗硅电池的开路电压都有明显的降低，这是由于材料中的缺陷态的增加。而混合相电池表现出相反的结果。当电池具有非晶结构时（高 V_{oc} 区）光诱导开路电压的变化为负值；而当电池具有混合相特性时（中间区），光诱导开路电压的变化为正值；随着材料中微晶硅成分的增加，电池表现出明显的微晶硅特性（低 V_{oc} 区），此时的光诱导开路电压的变化又变成负值。

对于混合相硅薄膜电池的光诱导开路电压的增加的早期解释为光诱导的结构变化。但是到目前为止还没有可靠的证据来证明光诱导的晶相结构变化。最近提出了两个二极管并联的模型来解释。对于一个混合相的电池，可以将其看成是由两个并联的电池构成。其一具有非晶硅电池的特性，开路电压为 $1.0V$ 左右；其二是具有微晶硅电池的特性，开路电压为 $0.5V$ 左右。当外加电压介于两个开路电压之间时，含微晶硅的电池处于正电流状态（其电流主要是二极管的正向注入电流），而非晶硅电池处于负电流状态（其电流主要是光电流）。当含微晶硅的电池的正电流和非晶硅电池的负电流相等时，混合相电池处于开路电压状态。由于微晶硅电池的正向电流与含纳米晶的多少成正比，所以混合相电池的开路电压与纳米晶相结构的多少成正比。在长时间光照的条件下，不仅非晶硅电池在衰退，微晶硅电池也有一定的衰退。如果长时间光照使微晶硅的正向电流降低，测量开路电压时，为了达到相同的微晶硅电池正向注入电流和非晶硅电池的负向光电流相抵，所需外加的正偏压就要增加，由此导致混合相电池具有光诱导的开路电压增加。

5.3.2　多结硅基薄膜太阳电池

多结电池结构最先在高效Ⅲ-Ⅴ族化合物半导体太阳电池中得到了广泛的应用。在以非晶硅，非晶锗硅合金，和微晶硅为吸收材料的太阳电池中，多采用双结或三结的电池结构。

利用多结电池，除可以提高对不同光谱区光子的有效利用外，还可以提高太阳电池的稳定性。如前所述，非晶硅及非晶锗硅在长时间光照条件下产生光诱导缺陷。相同密度的光诱导缺陷态对具有薄本征层的太阳电池效率的影响比对厚本征层电池的影响要小。而在多结电池中每结的厚度都可以相对较薄，故而有利提高内建场（假定各子电池的 p、n 掺杂层与单结电池的相同），因此多结硅基薄膜电池不仅效率比单结电池高，而且稳定性也比单结电池好。

图 5.20 所示是单结、双结和三结电池结构示意。通常顶电池的本征层选择禁带宽度较宽的非晶硅。理论上讲底层电池的本征层应选用禁带宽度小的材料，如早期使用的窄带隙材料为非晶锗硅合金以及目前实验室研究较多的微晶硅。

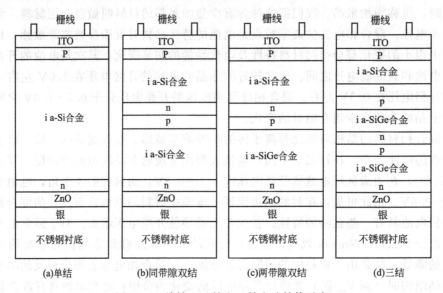

图 5.20 单结、双结和三结电池结构示意

以双结电池为例说明多结电池的工作原理。双结电池的结构是由两个 n-i-p 结串联而成。所以在理想情况下整体器件的光电压等于两个子电池光电压之和，光电流等于两个子电池光电流中较小的一个。而整体器件的填充因子由两个子电池的填充因子和两个子电池光电流的差值来决定。在两个电池的连接处是顶电池的 n 层和底电池的 p 层相连，这是一个反向 p-n 结，在此，光电流是以隧道复合的方式流过的。顶电池的 n 层中的电子通过隧道效应进入底电池 p 层中，并与其中的空穴复合，或者是底电池 p 层中的空穴通过隧道效应进入顶电池的 n 层中与那里的电子复合。为了提高隧道效应，提高载流子的迁移率是最为有效的方法。在实际器件中通常采用微晶硅 p 层或微晶硅 n 层。

5.3.2.1　a-Si：H/a-Si：H 双结太阳电池

非晶硅/非晶硅（a-Si：H/a-Si：H）双结电池不仅是最简单的多结电池，而且是目前在大规模生产中被广泛采用的一种器件结构。虽然其顶电池和底电池都是非晶硅，但是通过调整顶电池和底电池中本征层的沉积参数可以使其禁带宽度有所不同。一般顶电池的本征层在较低的衬底温度下沉积。在低温下材料中氢的含量较高，所以禁带较宽。而底电池的本征层可以在相对较高的衬底温度下沉积。高温材料中氢的含量相对较低，材料的禁带宽度较小。但是无论如何非晶硅的禁带宽度的可调整的范围都很小。为了使其底电池有足够的电流，底电池的本征层要比顶电池的本征层厚得多。例如，在以镀有银/氧化锌的不锈钢（SS/Ag/ZnO）为衬底的 a-Si：Hn-i-p/a-Si：Hn-i-p 双结电池，其顶电池和底电池本征层的厚度分别为 100nm 和 300nm 左右。表 5.1 列出了两个 a-Si：H/a-Si：H 双结电池的特性参数。其中第一个电池是采用通常的隧道复合结，而第二电池是采用优化的隧道复合结。从这些数据可以看出，通过优化隧道复合结可以有效地提高电池的效率。

表 5.1　a-Si：H/a-Si：H 双结太阳电池特性参数

遂穿结	I_{sc} /(mA/cm²)	V_{oc} /V	FF	Eff/%	QE(顶) /(mA/cm²)	QE(底) /(mA/cm²)	QE(总计) /(mA/cm²)	R_s /Ω·cm²
标准	7.80	1.901	0.752	11.15	7.97	7.80	15.77	15.0
优化	8.06	1.919	0.766	11.85	8.06	8.28	16.34	14.3

5.3.2.2　a-Si：H/a-SiGe：H 双结太阳电池

限制 a-Si：H/a-Si：H 双结电池转换效率的主要参数是短路电流，主要原因是底电池的长波响应不好。为了提高底电池的长波响应，非晶锗硅合金（a-SiGe：H）是理想的底电池本征材料。如前所述，通过调节等离子体中硅烷（或乙硅烷）和锗烷的比率可以调节材料中的锗硅比来调节材料的禁带宽度。对于 a-Si：H/a-SiGe：H 双结电池的底电池，其最佳锗硅比在 15%～20%，相应的禁带宽度在 1.6eV 左右。利用这种材料得到的单结 a-SiGe：H 电池的开路电压在 0.75～0.8V，短路电流可达 21～22mA/cm²。利用这种 a-SiGe：H 底电池和 a-Si：H 顶电池组成双结电池可以得到总电流约为 22～23mA/cm²。最佳 a-Si：H/a-SiGe：H 的初始和稳定转换效率分别为 14.4% 和 12.4%。

5.3.2.3　a-Si：H/a-SiGe：H/a-SiGe：H 三结太阳电池

为了进一步提高太阳电池的效率，发展了 a-Si：H/a-SiGe：H/a-SiGe：H 三结太阳电池。其电池结构是以不锈钢为衬底，在衬底上沉积背反射膜，然后三结 n-i-p 电池依次沉积在衬底上。取得了 14.6% 的初始效率和 13.0% 的稳定转换效率。

图 5.21 所示是 a-Si：H/a-SiGe：H/a-SiGe：H 高效三结，电池的电流-电压曲线（a）以及量子转换效率曲线（b）。首先三结电池可以有效地利用太阳光的光谱。从图 5.21(b)可以看出，其光谱响应覆盖整个 300～950nm 光谱区。其次三结电池的填充因子（FF）比单结电池的填充因子高。a-Si：H/a-SiGe：H/a-SiGe：H 三结电池中三个单结电池的填充因子不同。由于顶电池是很薄的非晶硅电池，其本征层中的缺陷态的密度比非晶锗硅中缺陷态密度低，而底电池的本征层中锗的含量比中间电池本征层的锗含量高，相应的缺陷态密度高，所以底电池的填充因子最低。在 a-Si：H/a-SiGe：H/a-SiGe：H 三结电池的设计中一般是顶电池的电流为三个电池中最小的，由此来限制三结电池的短路电流（也就是顶电池限制模式），提高三结电池的填充因子。

5.3.2.4　a-Si：H/μc-Si：H 双结太阳电池

微晶硅电池（μc-Si：H）在长波响应和稳定性方面比非晶锗硅要好，因此 a-Si：H/μc-Si：H 双结电池成为广泛研究的器件结构。特别是微晶硅的禁带宽度接近于单晶硅的 1.1eV，是理想的底电池的本征层。在具有良好的背反射膜的情况下，单结 μc-Si：H 电池的短路电流可以达到 27～29mA/cm²，甚至超过 30mA/cm²。为了与底电池的电流相匹配，要求顶电池的电流要达到 13～14mA/cm²，如此高的电流对于本征层的厚度控制要求很高。厚的 a-Si：H 本征层有两个问题。首先是顶电池的填充因子会下降，其结果是直接影响双结电池的转换效率。其次是影响双结电池的稳定性。厚的本征层直接导致本征层中内建电场强度的降低，导致载流子的收集困难，这种情况在光照后的电池中尤为明显。

为了解决这一问题，在 a-Si：H 顶电池和 μc-Si：H 底电池之间插入一层起半反射膜作

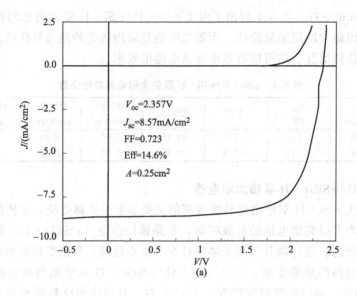

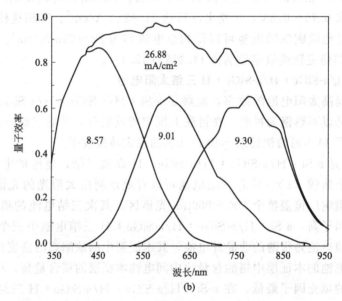

图 5.21 a-Si：H/a-SiGe：H/a-SiGe：H 高效三结太阳电池的
I-V 曲线（a）和量子效率（QE）曲线（b）

用的中间层（interlayer）。利用这层半反射膜将部分光子反射回顶电池，从而增加顶电池的电流。而作为代价，底电池的电流会相应地降低。半发射膜一般为氧化锌（ZnO）或其他电介质材料，其厚度和折射率是影响其作用的两个重要参数。顶电池的电流随半反射层厚度的增加而增加；相反底电池的电流随半反射层厚度的增加而减少。当半反射层超过一定的厚度，理论上讲在光干涉作用下，顶电池和底电池的光电流都会随半反射层的厚度发生周期性变化。但如果电池是沉积在有一定粗糙度的绒面衬底上的话，绒面结构对光的散射作用将部分消除光的干涉效应，这种周期性变化则不很明显。总体而言，虽然半反射膜增加了顶电池的电流，却降低了底电池的电流，并且顶电池电流的增加小于底电池电流的减少。其原因是部分被反射的长波光子不能被顶电池所吸收，所以半反射膜对双结电池的总电流没有正面贡献。不过可以通过对其优化，调节顶、底电池的电流匹配，以获得较大的双结叠层电池的输出电流。另外，在顶电池和底电池间插入半反射膜后，在顶电池厚度不是特别厚的情况下也可以使顶电池和底电池达到电流匹配，从而取得高转换效率和高稳定性的双结电池。

　　a-Si：H/μc-Si：H 双结电池是新一代硅薄膜电池的主要电池结构。首先这种电池结构的转换效率比常规的纯非晶电池的转换效率高。其次是电池的稳定性好。最后是生产过程中不需要锗烷，可以降低生产成本。

5.3.2.5　a-Si：H/a-SiGe：H/μc-Si：H 三结太阳电池

　　a-Si：H/a-SiGe：H/μc-Si：H 三结太阳电池取得了 15.4% 的初始转换效率。图 5.22 所示是高效 a-Si：H/a-SiGe：H/μc-Si：H 三结太阳电池的电流-电压曲线和量子效率（QE）

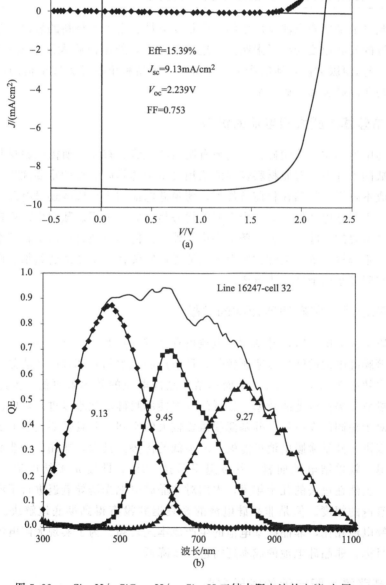

图 5.22　a-Si：H/a-SiGe：H/μc-Si：H 三结太阳电池的电流-电压
曲线（a）和量子效率（QE）曲线（b）

曲线。从图中可以看出，电池的长波响应非常好，其中底电池的光谱响应可延伸到1100nm，这是由于微晶硅电池的长波响应比非晶锗硅好，可以对太阳光谱进行有效的利用。与 a-Si：H/a-SiGe：H/a-SiGe：H 三结太阳电池相比，a-Si：H/a-SiGe：H/μc-Si：H 三结太阳电池有以下几个特点。首先是短路电流比较高。这是由于微晶硅底电池的禁带宽度较小，长波响应好。其次是电池的填充因子比较高，一方面这是由于微晶硅电池的填充因子比非晶锗硅电池的填充因子好，另一方面是由于微晶硅材料禁带宽度的较小，电池的开路电压低。这两方面因素使得在电池的设计中采用底电池限制的短路电流有助于提高电池的填充因子。最后，稳定的微晶硅底电池不仅可以提高电池的填充因子，而且可以提高电池的稳定性。

5.4 硅基薄膜太阳电池的产业化

硅基薄膜电池是薄膜电池家族中的一个重要成员。由于原材料的短缺，常规单晶硅和多晶硅太阳电池的发展速度受到了限制。在这种条件下，新型薄膜太阳电池的发展尤为迅速。在 2007 年，美国薄膜太阳电池的产量已经超过了多晶和单晶硅太阳电池的产量，其中主要的薄膜电池是非晶硅和碲化镉电池。

5.4.1 非晶硅基薄膜太阳电池的优势

与晶体硅电池相比，薄膜硅太阳电池有明显的优势。首先是所需的原材料较少。特别是在晶体硅短缺的条件下，对原材料较弱的依赖关系是薄膜硅电池的重要优势。其次是薄膜硅电池的生产成本较低。虽然在目前条件下，薄膜硅电池的生产成本还没有碲化镉电池低，但是比单晶硅和多晶硅电池低。另一个重要的优势是大面积沉积。随着生产规模的扩大，大面积沉积是非常重要的。除了以上三条主要优势外，硅薄膜电池还可以沉积到柔性衬底上，如塑料、铝箔、不锈钢片等。柔性衬底上的电池可以安装在非平整的建筑物表面上，这种特点对于可利用空间较小的地区尤为重要。

5.4.2 硅基薄膜太阳电池所面临的挑战

在具有以上优势的同时，硅基薄膜电池也有其难以克服的弱点。首先，与单晶和多晶硅电池相比，薄膜硅电池的转换效率还较低。目前产品电池的效率较高的非晶硅电池板是三结电池，其稳定效率在 7.5%～8.5%，而单结非晶硅电池的效率就更低。因此对于硅基薄膜电池的重大挑战是提高电池的效率。较低的效率使薄膜硅电池难以进入对电池效率有严格要求的市场。对于相同的发电量，硅基薄膜需要较大的空间，并且需要较多的支承结构。这样从系统的角度讲，硅基薄膜电池可能失去成本低的优势。其次，非晶硅和非晶锗硅合金电池的光诱导衰退。就单结电池而言，其衰退率可达 30%。即使是多结电池，其衰退率也在10%～15%。虽然在过去的几十年里，人们对非晶硅电池光诱导衰退进行了深入的研究，并试图降低光衰退的幅度。但是非晶硅电池的光衰退并没有得到彻底地解决。在目前的情况下，与碲化镉电池相比，非晶硅基电池的生产成本还较高。为了实现太阳电池的电价与电网电价相同的目标，非晶硅电池的成本还需进一步降低。

5.4.3 硅基薄膜太阳电池的发展方向

目前硅薄膜电池产品有主要的 3 种结构：以玻璃为衬底的单结或双结非晶硅电池，以玻璃为衬底的非晶硅和微晶硅双结电池，和不锈钢为衬底的非晶硅和非晶锗硅合金三结电池。由于各种产品都有其独特的优势，在今后一定的时间里这 3 种电池结构还会同步发展。硅薄膜电池的长远发展方向是很明显的在充分利用其独特的优势外，主要是要克服产品开发，生产和销售方面存在的问题。首先是进一步提高电池的效率。如前所述，利用微晶硅电池作为多结电池的底电池可以进一步提高电池的效率，降低电池的光诱导衰退。目前非晶硅和微晶硅多结电池板的稳定效率在 10％左右。人们预计在不远的将来，多结硅薄膜电池的稳定效率可以达到 12％左右。如果微晶硅大面积高速沉积方面的技术难题可以在较短的时间里得到解决，预计在不远的将来，非晶硅和微晶硅相结合的多结电池将成为硅基薄膜电池的主要产品。非晶硅和微晶硅多结电池可以沉积在玻璃衬底上，也可以沉积在柔性衬底上。因此无论是玻璃衬底还是柔性衬底的硅薄膜电池都可以采用非晶硅和微晶硅多结电池结构。在提高电池转换效率的同时，增加生产的规模是降低生产成本的重要途径。随着生产规模的增加，单位功率的成本会随之降低，相应的原材料的价格也随之降低。另外，开发新型封装材料和优化封装工艺也是降低成本的重要研究和开发方向。

思考题及习题

5.1　为什么非晶硅太阳电池要依靠本征层（i 层）吸收阳光？

5.2　非晶硅薄膜的制备方法有哪些？各自有什么特点？

5.3　对非晶硅薄膜而言，简述氢稀释的作用及其对非晶硅薄膜结构的影响。

5.4　简述多结硅基薄膜电池的工作原理。

第6章

铜铟镓硒薄膜太阳电池

铜铟硒薄膜太阳电池是以多晶 $CuInSe_2$（CIS）半导体薄膜为吸收层的太阳电池。金属镓元素部分取代铟，又称为铜铟镓硒（CIGS）薄膜太阳电池。CIGS 材料属于 I-III-VI 族四元化合物半导体，具有黄铜矿的晶体结构。CIGS 薄膜太阳电池具有以下特点。①三元 CIS 薄膜的禁带宽度是 1.04eV，通过适量的 Ga 取代 In，成为 $CuIn_{1-x}Ga_xSe_2$ 多晶固溶体，其禁带宽度可以在 1.04～1.67eV 范围内连续调整。②CIGS 是一种直接带隙材料，其可见光的吸收系数高达 10^5cm^{-1} 数量级，非常适合于太阳电池的薄膜化。CIGS 吸收层厚度只需 1.5～2.5μm，整个电池的厚度为 3～4μm。③技术成熟后，制造成本和能量偿还时间将远低于晶体硅太阳电池。④抗辐照能力强，用作空间电源有很强的竞争力。⑤转换效率高。小面积 CIGS 太阳电池的转换效率已达到 19.9%，是当前薄膜电池中的最高纪录。⑥电池稳定性好，基本不衰减。⑦弱光特性好。因此 CIGS 薄膜太阳电池有望成为新一代太阳电池的主流产品之一。

本章将介绍 CIGS 薄膜电池的发展历史、CIGS 薄膜的制备方法及材料性能、CIGS 薄膜电池的典型结构和异质结特性等方面。

6.1 CIGS 薄膜太阳电池发展史

20 世纪 60～70 年代。人们开始研究 I-III-VI 族三元黄铜矿半导体材料（Cu，Ag）（In，Ga，Al）（Se，S，Te)$_2$ 的结构、光学和电学等基本物理特性。1974 年首次报道了光电转换效率 5% 的单晶 $CuInSe_2$ 太阳电池。晶体 $CuInSe_2$ 由熔体生长技术制备，经切片、抛光、王水刻蚀，最后在 Se 气氛下 600℃退火 24h 得到 p 型半导体材料。1975 年，通过器件优化，制备了单晶 $CuInSe_2$/CdS 太阳电池，光电转换效率达到了 12%（活性面积 0.79mm^2，入射光强 92mW/cm^2）。

多晶 CIGS 薄膜电池的发展历史如图 6.1 所示，主要可分为以下几个阶段：Maine 大学首先研制了 CIS 薄膜电池；Boeing 公司采用共蒸发工艺制备 CIS 薄膜电池并保持着世界领先水平；ARCO 公司采用溅射后硒化工艺在 1988 年取得世界纪录的效率；1992～1993 年，欧洲的 CIS 研究取得了短暂的领先水平；从 1994 年至今，美国国家可再生能源实验室（NREL）一直保持着小面积电池的世界纪录。

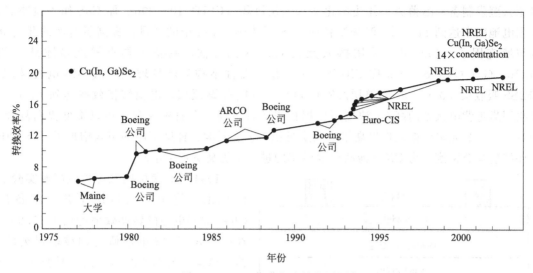

图 6.1　CIGS 薄膜电池的发展历史

1976 年，Maine 大学首次报道了 CIS/CdS 异质结薄膜太阳电池。CIS 薄膜材料由单晶 $CuInSe_2$ 和 Se 二源共蒸发制备。厚度 $5 \sim 6 \mu m$ 的 p-CIS 薄膜沉积在附有金膜的玻璃衬底上，然后蒸发沉积 $6 \mu m$ 的 CdS 作为窗口层形成异质结，电池的效率达到了 4%～5%，开创了 CIS 薄膜电池研究的先例。

1981 年，波音（Boeing）公司制备出转换效率 9.4% 的多晶 CIS 薄膜太阳电池。衬底选用普通玻璃或者氧化铝，溅射沉积 Mo 层作为背电极。$CuInSe_2$ 薄膜采用"两步工艺"制备，又称 Boeing 工艺，即先沉积低电阻率的富 Cu 薄膜，后生长高电阻率的贫 Cu 薄膜。蒸发本征 CdS 和 In 掺杂的低阻 CdS 薄膜作为 n 型窗口层，最后蒸发 Al 电极完成电池的制备，由此奠定了 CIS 薄膜电池的器件结构基础。在此后的六七年，Boeiag 公司一直处于多晶 CIS 薄膜电池研制的领先地位，所制备的 CIS 薄膜电池的转换效率稳步提高。1982 年采用蒸发 $Cd_{1-x}Zn_xS$ 代替 CdS 做缓冲层，提高了器件的开路电压，使多晶 CIS 薄膜太阳电池的转换效率达到了 10.6%；1984 年，达到了 10.98%；1986 年，转换效率达到了 11.9%。

1988 年，ARCO 公司（现美国 Shell 公司前身）采用溅射 Cu、In 预置层薄膜后，用 H_2Se 硒化的工艺制备了转换效率达到 14.1% 的 CIS 电池。ARCO 制备的电池采用玻璃衬底/Mo 层/CIS/CdS/ZnO/顶电极结构，这种器件结构的设计增大了电池的短路电流密度（I_{sc}）和填充因子（FF）。其中缓冲层 CdS 厚度低于 50nm，可以透过大量的光并拓宽吸收层的光谱响应，使电池的短路电流密度达到了 $41mA/cm^2$。另外，织构 ZnO 抑制了光学反射也对 I_{sc} 有贡献。ARCO 公司的成功使溅射预置层后硒化法和多元共蒸发法共同成为制备高效率 CIS 薄膜电池的主流技术。

CIS 薄膜电池经历了连续十几年的发展以后，研究重点变为提高器件的开路电压，需要拓宽吸收层材料的带隙。$CuGaSe_2$ 和 $CuInS_2$ 比 $CuInSe_2$ 带隙宽，分别为 1.67eV 和 1.5eV。元素 Ga 和 S 的掺入可形成 $Cu(In, Ga)Se_2$ 和 $CuIn(S, Se)_2$ 合金，既可增加材料的禁带宽度，又使之与太阳光谱更加匹配，提高器件的性能。1989 年，Boeing 公司通过 Ga 的掺入制备了 $Cu(In_{0.7}, Ga_{0.3})Se_2$/CdZnS 太阳电池，电池的转换效率达到了 12.9%。此电池的开路电压为 555mV，这是不含 Ga 的 $CuInSe_2$ 薄膜电池所达不到的。

进入 20 世纪 90 年代，CIS 薄膜电池得到了快速的发展。1993 年，采用四极质谱仪控制多源共蒸发制备 CIS 薄膜，并使用化学水浴法沉积（CBD）10～20nm 厚 CdS 作为缓冲层，太阳电池效率达到 14.8%。湿法制备的 CdS 层改善了 p-n 结的质量，提高了电池的开路电压与填充因子。1993 年，采用掺入元素 Ga、S 的方法，制备了具有梯度带隙结构的 Cu(In, Ga)(Se, S)$_2$（简称 CIGSS）吸收层，器件结构为苏打玻璃衬底/Mo 电极/梯度 CIGSS 吸收层/50nm CdS 过渡层//ZnO 窗口层/MgF$_2$ 减反层，电池转换效率达到 15.1%。吸收层靠近背电极处的高 Ga 浓度可以提供强的背电场，表面高 S 含量可以降低界面复合。同时，Ga、S 元素的掺入也提高了吸收层沉积工艺容忍度，梯度带隙的引入增加了开路电压而保持着电流密度，为 CIGS 薄膜电池效率的进一步提高奠定了基础。

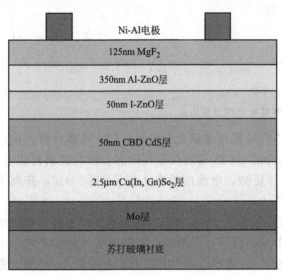

Ni-Al电极

125nm MgF$_2$

350nm Al-ZnO层

50nm I-ZnO层

50nm CBD CdS层

2.5μm Cu(In, Gn)Se$_2$层

Mo层

苏打玻璃衬底

图 6.2　NREL 研制的 CIGS 电池的典型结构

1994 年，美国国家可再生能源实验室（NREL）使用"三步法工艺"制备的 CIGS 太阳电池的转换效率达到了 15.9%，在小面积 CIGS 电池研究领域取得突破，器件结构如图 6.2 所示，这也是至今为止高效率 CIGS 薄膜电池的典型结构。1994 年至今，NREL 研制的小面积 CIGS 电池处于绝对领先地位，电池效率稳步提高，2008 年报道的转换效率达到了 19.9%，是当前世界上转换效率最高的薄膜太阳电池。

小面积 CIGS 薄膜太阳电池性能得以显著提高的主要原因如下。①S 和 Ga 的掺入不仅增加了吸收层材料的带隙，还可控制其在电池吸收层中形成梯度带隙分布，调整吸收层与其他材料界面层的能带匹配，优化整个电池的能带结构。②用 CBD 法沉积 CdS 层和双层 ZnO 薄膜层取代蒸发沉积厚 CdS 窗口层材料，提高了电池异质结的质量，改善了短波区的光谱响应。③用含钠普通玻璃替代无钠玻璃，Na 通过 Mo 的晶界扩散到达 CIGS 薄膜材料中，改善 CIGS 薄膜材料结构特性和电学特性，提高了电池的开路电压和填充因子。

CIGS 薄膜光伏组件发展始于小面积电池效率超过 10% 以后。很多公司一直致力于 CIGS 薄膜电池的产业化发展，如图 6.3。NREL 在小面积电池中绝对领先，瑞典乌勃苏拉大学（ASC）小组件的研制处于最高水平，2003 年 19.59cm^2 的组件效率达到了 16.6%。1987 年，ARCO 公司（2001 年成为美国 ShellSolar 公司）采用溅射金属预制层，用 H$_2$Se 硒化的两步工艺在小面积（3.6cm^2）电池效率 12.5% 的基础上制备大面积组件。在 65cm^2 的面积上制作 14 个子电池串联的组件效率为 9.7%，在 30cm×30cm 上制作 50 个子电池的组件效率达到 9.1%。该公司在溅射后硒化的基础上开发了快速热处理（RTP）技术，使 10cm×10cm 组件的效率达到 14.7%，2004 年制备的 60cm×90cm 的大面积组件效率为 13.1%，单片输出功率可到 65W$_p$，达到产业化水平。

德国氢能和可再生能源研究中心（ZSW）与斯图加特大学合作研究，采用共蒸发工艺制备吸收层 CIGS 薄膜，电池组件效率逐年提高。1995 年，100cm^2 组件效率 10%。到 1998 年，面积 1000cm^2 组件效率达到 12%。2000 年，ZSW 与德国 Würth 公司合作建立了

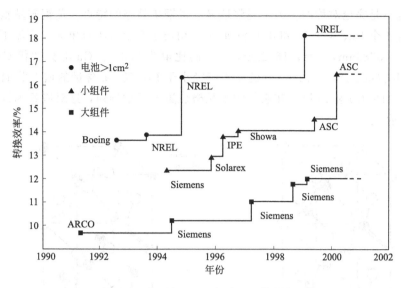

图 6.3　小面积 CIG9 电池及组件的发展

60cm×120cm 大面积组件中试线，年产量达到 1MW$_P$。到 2005 年，该公司 60cm×120cm 大面积组件的最高效率达到 13%，平均转换效率 11.5%，是大面积 CIGS 薄膜电池的最高纪录。

　　2005 年日本的 ShowaShell 和 Honda Motor 分别建立了 20MW/a 和 27.5MW/a 的生产线。德国 Würth 公司的 15MW 生产线也宣布投产，到 2007 年 CIGS 电池全球产能达到了 70MW。然而，与其他材料光伏电池相比，CIGS 薄膜电池的发展是处于中试向产业化开发阶段。大面积 CIGS 薄膜电池的 CIGS 组件效率已经接近晶体 Si 组件水平，近一步的发展需要提高电池的产量和成品率。

6.2　CIGS 薄膜太阳电池吸收层材料

6.2.1　CIGS 薄膜材料

　　CIGS 是Ⅰ-Ⅲ-Ⅵ族化合物半导体材料，结构与Ⅱ-Ⅵ族化合物半导体材料相近。由于 CIGS 材料的研究起源于 CIGS 薄膜太阳电池的研究与发展，所以目前研究重点是 CIGS 多晶薄膜而不是 CIGS 单晶材料，这与 Si、Ge 及二元半导体 InSb 和 GaAs 的情况大不相同。尽管存在着晶界的影响，单晶和多晶薄膜材料依然有许多相似的特性。

6.2.1.1　CIS 和 CIGS 的晶体结构

　　热力学分析表明，CuInSe$_2$ 固态相变温度分别为 665℃和 810℃，熔点为 987℃。低于 665℃时，CIS 以黄铜矿结构晶体存在。当温度高于 810℃时，呈现闪锌矿结构。温度介于 665℃和 810℃之间时为过渡结构。CIS 两种典型结构如图 6.4(a)、(b) 所示。在 CIS 晶体中每个阳离子（Cu，In）有 4 个最近邻的阴离子（Se）。以阳离子为中心，阴离子位于体心立方的 4 个不相邻的角上，如图 6.4 (b) 所示。同样，每个阴离子（Se）的最近邻有两种阳离子，以阴离子为中心，2 个 Cu 离子和 2 个 In 离子位于 4 个角上。由于 Cu 和 In 原子的化学性质完全不同，导致 Cu-Se 键和 In-Se 键的长度和离子性质不同。以 Se 原子为中心构成的四面体也不是完全对称的。为了完整地显示黄铜矿晶胞的特点。黄铜矿晶胞由 4 个分子构成，即包含 4 个 Cu、4 个 In 和 8 个 Se 原子，相当于 2 个金刚石单元。室温下，CIS 材料晶格常数 $a=0.5789nm$，$c=1.1612nm$，c/a 的比值为 2.006。Ga 部分替代 $CuInSe_2$ 中的 In 便形成 $CuIn_xGa_{1-x}Se_2$。由于 Ga 的原子半径小于 In，随 Ga 含量的增加黄铜矿结构的晶格常数变小。如果 Cu 和 In 原子在它们的子晶格位置上任意排列，这对应着闪锌矿结构，如图 6.4(a) 所示。

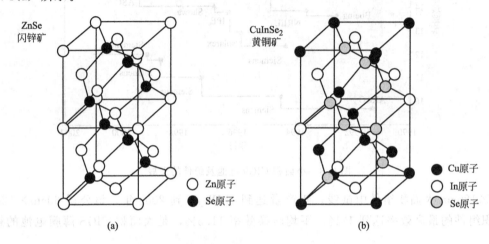

图 6.4　闪锌矿（a）和黄铜矿（b）晶格结构示意

6.2.1.2　CIS 和 CIGS 相关相图

CIS 和 CIGS 分别是三元和四元化合物材料。它们的物理和化学性质与其结晶状态和组分密切相关。相图反映了这些多元体系的状态随温度、压力及其组分的改变而变化。相关的相图包括 In-Se、Cu-Se、Ga-Se 和 Cu_2Se-In_2Se_3、Cu_2Se-Ga_2Se_3、In_2Se_3-Ga_2Se_3 等许多二组分相图。

Cu_2Se-In_2Se_3 相图如图 6.5 所示。低于 780℃时，光伏应用的单相 α-$CuInSe_2$ 相存在的范围在 Cu 含量 24%～24.5%物质的量分数的窄小区域内。随着 Cu 量的增大，薄膜为 Cu 相和 α-CIS 的两相混合物。随着 Cu 含量的减低，依次存在着 β-CIS（$CuIn_3Se_5$，$CuIn_2Se_{3.5}$）和 γ-CIS（$CuIn_5Se_8$），最终到 In_2Se_5。

δ-CIS 是 α-CIS 的高温相，在室温下不能稳定存在。δ-CIS 具有闪锌矿结构，即 Cu 和 In 任意排布在阳离子位置。α-CIS 向 δ-CIS 的转变称为有序-无序转变。两种亚稳相分别为 Cu-Au 结构相和 Cu-Pt 结构相，它们的成分接近 CIS 化学计量比并在 CIS 薄膜沉积过程中有重要意义，其中 Cu-Au 结构相的形成能稍高于黄铜矿结构，而 Cu-Pt 结构相在富 Cu 生长条件下起重要作用。

四元化合物 CIGS 热力学反应较为复杂。目前对于 CIGS 相图的理解仍然只能基于图 6.6 所示的 Cu_2Se-In_2Se_3-Ga_2Se_3 体系相图（550～810℃）。此相图指出了获得高效率 CIGS 电池的相域 [10%～30%（物质的量分数）Ga]，与目前实际器件中约 25%（物质的量分数）Ga 含量基本一致。室温下，随着 Ga/In 比例在贫 Cu 薄膜中的增大，单相 α-CIGS 存在的区域出现宽化现象。这是由于 Ga 的中性缺陷对（$2V_{Cu}+Ga_{Cu}$）比 In 缺陷对（$2V_{Cu}+Ga_{Cu}$）具有更高的形成能。同时 α 相、β 相和 δ 相也在该相图中出现。

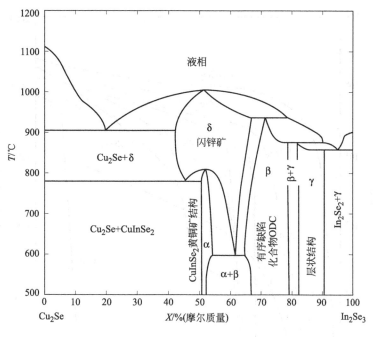

图 6.5　Cu_2Se-In_2Se_3 相图

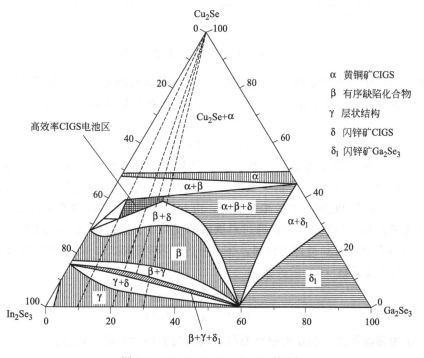

图 6.6　Cu_2Se-In_2Se_3-Ga_2Se_3 相图

6.2.1.3　CIGS 薄膜材料的光吸收和光学带隙

半导体材料的光吸收过程其实是其价带电子吸收足够的能量之后的跃迁过程。这一过程与半导体的能带结构密切相关。研究证明，CIGS 材料是一种直接带隙的半导体，具有高达 10^5cm^{-1} 的光吸收系数。图 6.7 给出了几种半导体材料吸收系数与光子能量的关系。

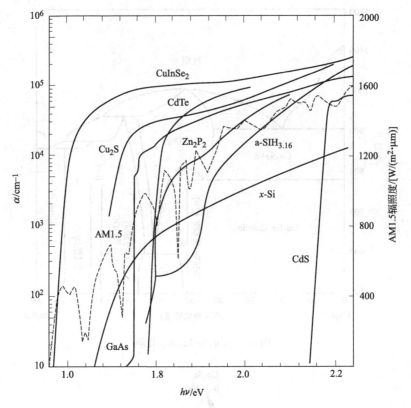

图 6.7　几种材料吸收系数与光子能量的关系

利用量子力学中电子跃迁的理论可以推导出半导体材料的光吸收系数与其能带结构的关系。对于直接跃迁的半导体，若其禁带宽度为 E_g，它对能量为 $h\nu$ 的光子的吸收系数为 α，且有：

$$(\alpha h\nu)^2 = B(h\nu - E_g) \tag{6.1}$$

式中，B 为与光子能量无关的常数。如果测量半导体材料在不同光子能量下的吸收，然后依照式（6.1）作 $(\alpha h\nu)^2$-$h\nu$ 的关系图。此图线性区在 $h\nu$ 轴上的截距即为此材料的光学带隙 E_g。图 6.8 即是用此法描绘的相关曲线，由此得到的 CIGS 薄膜的带隙 E_g 为 1.32eV。

半导体薄膜的吸收系数 α，可以通过对该膜的反射率、透过率及厚度的测量得到。根据光在薄膜样品内多次反射和透过的叠加，在不考虑干涉的情况下，可得到其透过率（T）与反射率（R）及吸收系数（α）的关系。

$$T = \frac{(1-R)^2 \exp(-\alpha d)}{1 - R^2 \exp(-2\alpha d)} \tag{6.2}$$

其中，d 为薄膜厚度。在反射很小而吸收较大时式(6.2)可简化为：

$$T = (1-R)^2 \exp(-\alpha d) \tag{6.3}$$

据此可得到：

$$\alpha = \frac{1}{d} \ln\left[\frac{(1-R)^2}{T}\right] \tag{6.4}$$

因此通过薄膜厚度及其反射率和透过率的测量便可得到其吸收系数，进而可得到其光学带隙。

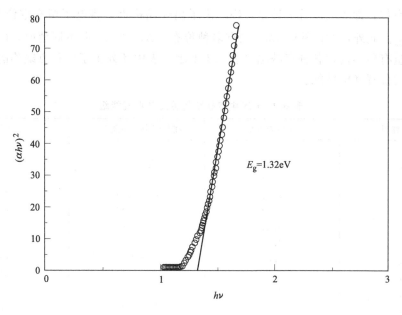

图 6.8　CIGS 薄膜的带隙计算结果示例

CIGS 薄膜带隙与 Ga/(In+Ga) 的比值直接相关，同时也和 Cu 的含量有关。当薄膜中 Ga 原子含量为 0 时，即 CuInSe$_2$ 薄膜，带隙为 1.02V；当薄膜中 Ga 原子含量为 100% 时，即 CuGaSe$_2$ 薄膜，带隙为 1.67eV；带隙随其 Ga/(In+Ga) 比值在 1.02～1.67eV 变化。假设薄膜中 Ga 的分布是均匀的，则带隙与薄膜 Ga 原子百分含量的关系式如下：

$$E_{\text{gCIGS}}(x) = (1-x)E_{\text{gCIS}} + xE_{\text{gCGS}} - bx(1-x) \tag{6.5}$$

式中，b 为弯曲系数，数值为 0.15～0.24eV，$x = $Ga/(In+Ga)。

6.2.1.4　CIGS 薄膜的缺陷和导电类型

CIGS 薄膜的导电类型与薄膜成分直接相关。CIGS 偏离化学计量比的程度可以表示如下：

$$\Delta x = \frac{[\text{Cu}]}{[\text{In+Ga}]} - 1$$

$$\Delta y = \frac{2[\text{Se}]}{[\text{Cu}] + 3[\text{In+Ga}]} - 1 \tag{6.6}$$

Δx 表示化合物中金属原子比的偏差；Δy 表示化合物中化合价的偏差。[Cu]、[In] 和 [Se] 分别表示相应组分的物质的量分数。根据 Δx 和 Δy 的值可以初步分析 CIGS 中存在的缺陷类型和导电类型。

① 当材料中 Se 含量低于化学计量比时，$\Delta y<0$，晶体中缺 Se 就会生成 Se 的空位。在黄铜矿结构的晶体中，Se 原子的缺失使得离它最近的一个 Cu 原子和一个 In 原子的一个外层电子失去了共价电子，从而变得不稳定。这时 V$_{\text{Se}}$ 相当于施主杂质，向导带提供自由电子。当 Ga 部分取代 In，由于 Ga 的电子亲和势大，Cu 和 Ga 的外层电子相互结合形成电子对，这时 V$_{\text{Se}}$ 反就不会向导带提供自由电子。所以 CIGS 的 n 型导电性随 Ga 含量的增加而下降。

② 当 CIS 中缺 Cu，即 $\Delta x<0$，$\Delta y<0$ 时，晶体内形成 Cu 空位 V$_{\text{Cu}}$，或者 In 原子替代 Cu 原子的位置，形成替位缺陷 In$_{\text{Cu}}$。Cu 空位有两种状态，一是 Cu 原子离开晶格点，形成

的是中性的空位，即 V_{Cu}；另一种是，Cu^+ 离子离开晶格点，将电子留在空位上，形成－1 价的空位 V_{Cu}^-。此外，替位缺陷 In_{Cu} 也有多种价态。Δx 和 Δy 取不同值时，CIS 中点缺陷的种类和数量有所不同，各种点缺陷见表 6.1 所示。表中还列出了各种点缺陷的生成能、能级在禁带中的位置和电性能。

表 6.1　CIS 中点缺陷的种类及形成能级

电缺陷类型	生成能/eV	在禁带中的位置/eV	电性质
V_{Cu}^0	0.6		
V_{Cu}^-	0.63	$E_v + 0.03$	受主
V_{In}^0	3.04		
V_{In}^-	3.21	$E_v + 0.17$	受主
V_{In}^{2-}	3.62	$E_v + 0.41$	受主
V_{In}^{3-}	4.29	$E_v + 0.67$	受主
Cu_{In}^0	1.54		
Cu_{In}^-	1.83	$E_v + 0.29$	受主
Cu_{In}^{2-}	2.41	$E_v + 0.58$	受主
In_{Cu}^{2+}	1.85		
In_{Cu}^+	2.55	$E_c - 0.34$	施主
In_{Cu}^0	3.34	$E_c - 0.25$	施主
Cu_i^+	2.04		
Cu_i^0	2.88	$E_c - 0.2$	施主
V_{Se}^0	2.4	$E_c - 0.08$	施主

研究认为 CIS 中施主缺陷能级有 5 种，分别用 D1～D5 表示；受主缺陷能级有 6 种，分别用 A1～A6 表示，它们都处于 CIS 的禁带中。这些缺陷能级均对应于某种晶格点缺陷。从表 6.4 可以看出，Cu 空位的生成能很低，容易形成，它的能级在 CIS 价带顶上部 30meV 的位置，是浅受主能级。此能级在室温下即可激活，从而使 CIS 材料呈现 p 型导电。V_{In} 和 Cu_{In} 也是受主型点缺陷，而 In_{Cu} 和 Cu_{In} 是施主型点缺陷。在一定条件下，能起作用的受主型点缺陷的总和若大于同一条件下能起作用的施主型点缺陷的总和，则 CIS 材料为 p 型，否则为 n 型。因此，通过调节 CIGS 材料的元素配比便可改变其点缺陷，从而调控其导电类型。

点缺陷 V_{Cu} 和 In_{Cu} 可以组合成复合缺陷对（$2V_{Cu}^- + In_{Cu}^{2+}$），这是一种中性缺陷。这种缺陷的形成能低，可以大量稳定地存在，对 CIGS 材料的电性能几乎没有影响。

复合缺陷对（$2V_{Cu}^- + In_{Cu}^{2+}$）在 Cu-In-Se 化合物中以一定的规则排列，每 n 个晶胞的 $CuInSe_2$ 中有 m 个（$2V_{Cu}^- + In_{Cu}^{2+}$）缺陷对，可用 $Cu_{(n-3m)}In_{(n+m)}Se_{2n}$ 表示，其中 $m = 1$，2，3，…；$n = 3$，4，5，…。Cu-In-Se 化合物满足这个关系式，可以稳定存在。如 $CuIn_5Se_8$（$n = 4$，$m = 1$）、$CuIn_3Se_5$（$n = 5$，$m = 1$）和 $Cu_2In_4Se_7$（$n = 7$，$m = 1$）等，他们是贫 Cu 的 CIS 化合物。人们把这类化合物叫做有序缺陷化合物（ordered defect compound，ODC）。

6.2.1.5　Na 对薄膜电学性能的影响

20 多年前，人们就发现以钠钙玻璃为衬底的 CIS 薄膜太阳电池的性能远优于其他衬底。研究表明，是玻璃衬底中的 Na 进入 CIS 中起到优化的作用。只要 Na 在 CIGS 薄膜中占 0.01%～0.1%（摩尔），就能明显提高太阳电池的光电转换效率。可以认为少量的 Na 是高效率 CIGS 薄膜太阳电池中必不可少的成分。

加入 Na 的传统方法是采用普通廉价的钠钙玻璃作为电池的衬底，此种玻璃中含有的 Na 可以通过 Mo 背电极向 CIGS 薄膜中扩散。可以想到，Mo 层的结晶状态、形貌等性质会对 Na 的扩散产生影响。如果采用不含 Na 的其他材料做衬底，例如，各种柔性金属衬底材料和聚酰亚胺（PI）衬底，则必须采用适当的方法向 CIGS 薄膜中掺入 Na。

对 Na 在 CIGS 薄膜太阳电池中的作用机理大体有以下两种说法。

① 如果 Na 的量足够大，Na 将取代 Cu 形成更加稳定的 $NaInSe_2$ 化合物，$NaInSe_2$ 比 $CuInSe_2$ 有更大的带隙。$CuInSe_2$ 中 1/8 的 Cu 原子被 Na 代替，按照理论推测，带隙将增加 0.11eV，带隙的提高可以增加开路电压；作为沿着 c 轴 [111] 取向的层状结构，$NaInSe_2$ 的存在可以改变 $CuInSe_2$ 的微观形态，使它具有（112）的择优取向。

② 少量 Na 的掺入会形成点缺陷，而不是形成类似体材料的二次相。与 Na 相关的缺陷如下。

Na_{Cu} 替位缺陷：一般情况下，CIS 中仅仅部分 Cu 空位被 Na 取代形成 Na_{Cu}。Na_{Cu} 在电学上不活泼，在 CIS 中不引入能级。

Na_{In} 缺陷：Na_{In} 形成比 Cu_{In} 更浅的受主能级，这就提高了 $CuInSe_2$ 中的空穴密度。如果 In 在 Cu 的位置，Na 能有效地减少 In_{Cu} 施主缺陷提高有效空穴密度。后者的影响在 CIS 中可能是最重要的，因为高效率的 CIS 电池都是缺 Cu 的，含有大量的 In_{Cu} 施主缺陷束缚着受主 V_{Cu}。因为 ODC 是周期性重复的（$2V_{Cu}^- + In_{Cu}^{2+}$）缺陷对，Na 的存在可以去除 In_{Cu} 空位，抑制形成 ODC。

Na 诱导的 O 点缺陷：Na 在 CIS 表面催化分解 O_2 成为原子氧替代 Se 空位（浅施主），把它们转化成 O_{Se}。O_{Se} 是一种深能级缺陷。这等于增加了 CIGS 层的受主浓度。这对贫 Cu 的 CIGS 层是很重要的。可以认为，正是 Na 的上述作用，使 CIGS 薄对组分失配的容忍度大大增加。

6.2.1.6　Ga 或 Ga/S 掺杂与梯度带隙

在吸收层制备工艺中通过掺入适当的 Ga 形成 CIGS 化合物来调整带隙，实现太阳光谱的匹配优化，是提高电池性能的主要途径之一。对于获得较高效率的电池，其吸收层稍微贫 Cu。在生长 CIGS 薄膜的过程中，由于 Cu、In 和 Ga 等元素扩散反应的机理不同，同时受化学组分、反应温度影响，薄膜中自然形成的线性带隙梯度为图 6.9(a) 所示。Mo 背接触处存在的高 Ga 浓度所产生的宽带隙，为提高光生电流收集提供了良好的背面场。进一步地优化带隙分布，使之形成双带隙梯度 [见图 6.9(b)]，不仅可以增强薄膜在 $E_{g_2} < h\nu < 2.42eV$（CdS）区间的光生载流子收集，而且通过 E_{g_1} 调整 ΔE_c 将 pn 结界面复合最小化，以获得最佳的 V_{oc} 和 I_{sc}。获得这种双带隙结构的关键在于表层梯度的形成。目前只有多元共蒸三步工艺，能有效地利用元素蒸发速率、生长温度等工艺参数调整，在薄膜表层形成宽带隙实现薄膜带隙的双梯度。利用后续的表层硫化工艺也可以将硒化工艺制备的薄膜带隙结构转变为图 6.9(b) 的形状。Ga/S 双掺杂是目前硒化法制备高效电池、组件的主要工艺。

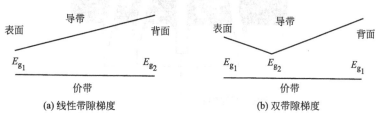

图 6.9　CIGS 梯度带隙结构

目前取得高效率电池的 Ga/(In+Ga) 比率为 0.2~0.3。当 Ga/(In+Ga) 的比率在 0.30 左右时，薄膜的缺陷浓度最低。当 Ga 比率高于 0.5 后，离价带边 0.8eV 的缺陷能级移向带中形成附加的复合中心。同时薄膜中大量形成深施主 Ga_{Cu}（相对于 In_{Cu}），一方面减少了电子的自补偿能力而导致薄膜过高的空穴密度，另一方面通过降低缺陷对（$V_{Cu}+In_{Cu}/Ga_{Cu}$）的稳定性而抑制了 Cu 缺陷薄层的形成，导致薄膜表面 n 型薄层的消失。

6.2.2 CIGS 薄膜的制备方法

CIGS 薄膜材料的制备方法很多，一般认为有真空沉积和非真空沉积两大类。依其工艺程序又可分为多元素直接合成法和先沉积金属预制层后在硒气氛中硒化的两步法。各种共蒸发工艺属于第一种方法，这种方法必须在高真空条件下沉积，因此属于真空沉积。后硒化方法中金属预制层可用蒸发、溅射等真空工艺沉积，也可用电化学法、纳米颗粒丝网印刷等非真空工艺制备。这里重点介绍多元共蒸发方法和金属预制层后硒化法，同时也对其他非真空工艺作简单介绍。

6.2.2.1 多元共蒸发法

多元共蒸发法是沉积 CIGS 薄膜使用最广泛和最成功的方法，制备了最高效率的 CIGS 薄膜电池。典型共蒸发沉积系统结构如图 6.10 所示。Cu、In、Ga 和 Se 蒸发源提供成膜时需要的 4 种元素。原子吸收谱（AAS）和电子碰撞散射谱（EELS）等用来实时监测薄膜成分及蒸发源的蒸发速率等参数。对薄膜生长进行精确控制。

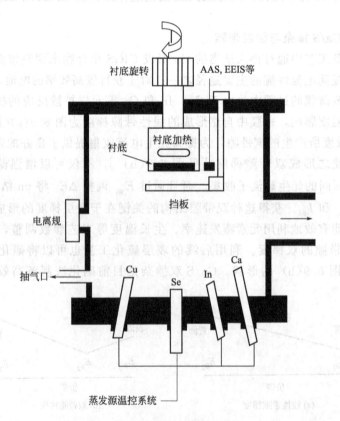

图 6.10 共蒸发制备 CIGS 薄膜的设备示意

高效 CIGS 电池的吸收层沉积时衬底温度高于 530℃，最终沉积的薄膜稍微贫 Cu，Ga/(In+Ga) 的比值接近 0.3。沉积过程中 In/Ga 蒸发流量的比值对 CIGS 薄膜生长动力学影响不大，而 Cu 蒸发速率的变化强烈影响薄膜的生长机制。根据 Cu 的蒸发过程，共蒸发工艺可分为一步法、两步法和三步法。因为 Cu 在薄膜中的扩散速度足够快，所以无论采用哪种工艺，在薄膜中 Cu 基本呈均匀分布。相反 In、Ga 的扩散较慢，In/Ga 流量的变化会使薄膜中Ⅲ族元素存在梯度分布。在三种方法中，Se 的蒸发总是过量的，以避免薄膜缺 Se。过量的 Se 并不化合到吸收层中，而是在薄膜表面再次蒸发。

所谓一步法就是在沉积过程中，保持 Cu、In、Ga、Se 四蒸发源的流量不变。沉积过程中衬底温度和蒸发源流量变化如图 6.11(a)。这种工艺控制相对简单，适合大面积生产。不足之处是所制备的薄膜晶粒尺寸小且不形成梯度带隙。

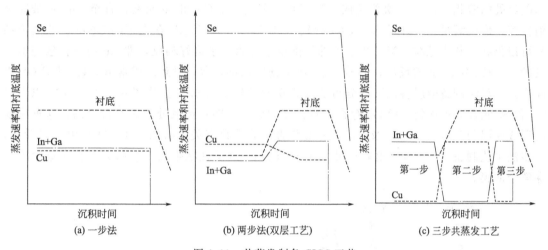

图 6.11 共蒸发制备 CIGS 工艺

两步法工艺又叫 Boeing 双层工艺。两步法工艺的衬底温度和蒸发源流量变化曲线如图 6.11（b）所示。首先在衬底温度 400～450℃时，沉积第一层富 Cu 的 CIS 薄膜，薄膜具有小的晶粒尺寸和低的电阻率，第二层薄膜是在高衬底温度 500～550℃（对于沉积 CIGS 薄膜，衬底温度为 550℃）下沉积的贫 Cu 的 CIS 薄膜，这层薄膜具有大的晶粒尺寸和高的电阻率。"两步法工艺"最终制备的薄膜是贫 Cu 的。与一步法比较，双层工艺能得到更大的晶粒尺寸。制备过程中所产生的 $Cu_x Se$ 液相辅助再结晶是得到大晶粒的原因：只要薄膜的成分富 Cu，CIGS 薄膜表面就被 $Cu_x Se$ 覆盖，在温度高于 523℃时，$Cu_x Se$ 以液相的形式存在，这种液相存在下的晶粒生长将增大组成原子的迁移率，最终获得大晶粒尺寸的薄膜。

三步法工艺过程如图 6.11(c)：第一步，在衬底温度 250～300℃时共蒸发 90% 的 In、Ga 和 Se 元素形成 $(In_{0.7}Ga_{0.3})_2 Se_3$ 预置层，Se/(In+Ga) 流量比大于 3；第二步，在衬底温度为 550～580℃时蒸发 Cu、Se，直到薄膜稍微富 Cu 时结束第二步；第三步，保持第二步的衬底温度，在稍微富 Cu 的薄膜上共蒸发剩余 10% 的 In、Ga、Se，在薄膜表面形成富 In 的薄层，并最终得到接近化学计量比的 $CuIn_{0.7}Ga_{0.3}Se_3$ 薄膜。三步法工艺是目前制备高效率 CIGS 太阳电池最有效的工艺。所制备的薄膜表面光滑、晶粒紧凑、尺寸大且存在着 Ga 的双梯度带隙。

三步共蒸工艺生长模型如图 6.12，成膜相变路径沿着 $Cu_2 Se$-(Ga，In)$_2 Se_3$ 相图从富 In 侧经历富 Cu 区域最后形成表层具有 Cu 缺陷薄层的高质量 CIGS 薄膜。第一步，共蒸发 In、

Ga、Se 形成纤锌矿结构 $(In_{0.7}Ga_{0.3})_2Se_3$ ［（a）过程］，它的结晶状态对其后 CIGS 膜的生长和晶面取向有重要影响。第二步，蒸发 Cu 和 Se。Cu、Se 与预制层反应，逐渐形成贫 Cu 的 $Cu(In，Ga)_5Se_8$，$Cu(In，Ga)_3Se_5$ 和 $Cu(In，Ga)_2Se_{3.5}$ 等有序缺陷化合物［（b）过程］，这一系列化合物和黄铜矿 $Cu(In，Ga)Se_2$ 具有类似的晶格结构，不同之处是这些化合物中存在替位缺陷 In_{Cu} 和 Ga_{Cu} 以及 Cu 空位（V_{Cu}）。继续蒸发 Cu 和 Se，Cu 向缺陷化合物内部扩散同时伴随着薄膜中 In 和 Ga 的向外扩散，扩散出来的 In 和 Ga 和蒸发到薄膜表面的 Cu、Se 反应形成新的晶核，增加了薄膜的厚度。In 比 Ga 的扩散速度快，这导致表面形成低 Ga 含量的薄膜［(c)过程］。在薄膜接近化学计量比后，继续蒸发 Cu 和 Se，薄膜变得富 Cu，过量的 Cu 以二次相 Cu_xSe 的形式存在［（d）过程］。当温度高于 523℃时，Cu_xSe 以液相的形式存在。第二步完成后，薄膜由满足化学计量比的 CIGS 薄膜和存在于薄膜表面和晶界处的液相 Cu_xSe 二次相组成。第三步，蒸发 In、Ga 和 Se 元素，直至 Cu_xSe 被完全消耗掉，形成满足化学计量比的 CIGS 薄膜。这种在液相 Cu_xSe 存在下的 CIGS 薄膜的再结晶可以得到柱状大晶粒，第三步发生的扩散反应与第二步恰好相反，即 Cu 向外扩散与新蒸发的 In、Ga 和 Se 元素反应，同时 In、Ga 向薄膜内部扩散，导致形成富 In、Ga 的 CIGS 表面层。三步法制备薄膜各元素的分布及薄膜断面结构如图 6.13。从图 6.13(a) 中可以看出 Cu 和 Se 元素分布均匀，而 Ga 存在着双梯度的分布，即背接触处和表面含量高，这种梯度的形成原因与三步法工艺以及 In、Ga 元素的扩散系数有关。从图 6.13（b）中可以看出，三步法工艺制备的 CIGS 薄膜晶粒尺寸为 3～5μm，且呈柱状生长，柱状大晶粒密集紧凑贯穿整个薄膜。

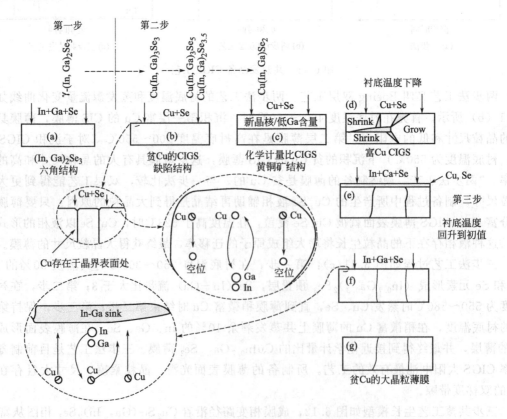

图 6.12 三步共蒸工艺 GIGS 薄膜生长模型

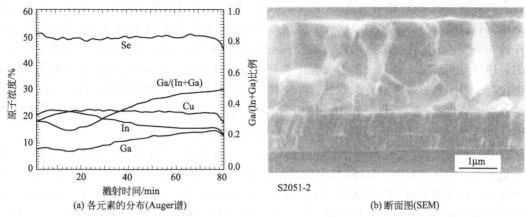

(a) 各元素的分布(Auger谱)　　　　(b) 断面图(SEM)

图 6.13　三步法沉积的 CIGS 薄膜

6.2.2.2　金属预制层后硒化法

后硒化工艺的优点是易于精确控制薄膜中各元素的化学计量比、膜的厚度和成分的均匀分布，且对设备要求不高，已经成为目前产业化的首选工艺，后硒工艺的简单过程是先在覆有 Mo 背电极的玻璃上沉积 Cu-In-Ga 预置层。后在含硒气氛下对 Cu-In-Ga 预置层进行后处理。得到满足化学计量比的薄膜。与蒸发工艺相比，后硒化工艺中，Ga 的含量及分布不容易控制，很难形成双梯度结构。因此有时在后硒化工艺中加入一步硫化工艺，掺入的部分 S 原子替代 Se 原子，在薄膜表面形成一层宽带隙的 Cu（In，Ga）S_2，这样可以降低器件的界面复合，提高器件的开路电压。

后硒化工艺流程如图 6.14。预置层的沉积有真空工艺和非真空工艺。真空工艺包括蒸

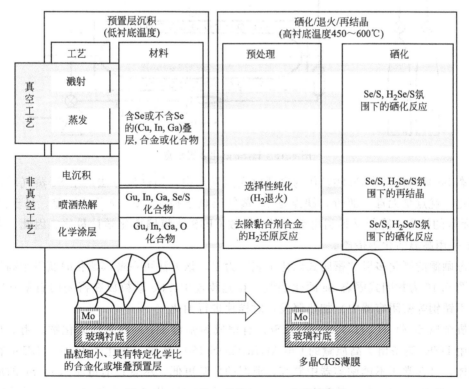

图 6.14　后硒化工艺制备 CIGS 薄膜的流程

发法和溅射法沉积含 Se 或者不含 Se 的 Cu-In-Ga 叠层、合金或者化合物。非真空工艺主要包括电沉积、喷洒热解和化学喷涂等。其中溅射预制层后硒化法已成为目前获得高效电池及组件的主要工艺方法。一般采用直流磁控溅射方法制备 Cu-In-Ga 预置层，在常温下按照一定的顺序溅射 Cu、Ga 和 In。溅射过程中叠层顺序、叠层厚度和 Cu-In-Ga 元素配比对薄膜合金程度、表面形貌等影响尤为明显，并直接影响薄膜与 Mo 电极间的附着力。后硒化工艺的难点在于硒化过程。硒化过程中，使用的 Se 源有气态硒化氢（H_2Se）、固态颗粒和二乙基硒［$(C_2H_5)_2Se$、DESe］等 3 种，下面介绍这 3 种硒源的硒化过程。

在 H_2Se 硒化工艺中，气态 H_2Se 一般用 90% 的惰性气体 Ar 或 N_2 稀释后使用，并精确控制流量。硒化过程中，H_2Se 能分解成原子态的 Se。其活性大且易于与预制层 Cu-In-Ga 化合反应得到高质量的 CIGS 薄膜。H_2Se 硒化装置比较简单，如图 6.15 所示。硒化时，把惰性气体稀释的 H_2Se 通入硒化炉中，同时对预制层进行加热退火，即可得到 CIGS 薄膜。硒化过程中预制层的加热曲线对制备薄膜质量有很大影响。目前使用 H_2Se 硒化最成功的工艺是快速热退火工艺（RTP）。RTP 工艺中，一薄层 Se 必须预先沉积在 Cu-In-Ga 预置层上，以防止薄膜缺 Se。然后在 $1\sim2$min 把衬底温度快速提高到 500℃ 以上，加热速率达到 10℃/s，对预制层进行退火。快速升、降温可以避免造成过多的材料损失和有害杂质的扩散和氧化。为提高表面的带隙可以通过 H_2S 或者单质 S 再作硫化处理。这种工艺大大缩短了时间，降低了加热成本，同时不影响薄膜的均匀性。H_2Se 作为硒源的最大缺点是有剧毒且易挥发，需要高压容器储存。

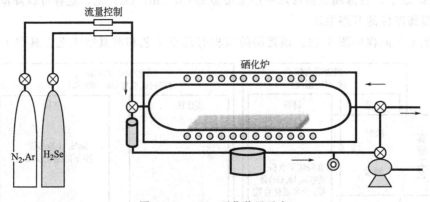

图 6.15　H_2Se 硒化装置示意

固态 Se 源硒化是将 Se 颗粒作为硒源放入蒸发舟中，用蒸发方法产生 Se 蒸气对预制层进行硒化。优点是无毒、廉价，缺点是 Se 蒸气压难于控制，Se 原子活性差，易于造成 In 和 Ga 元素的损失，降低材料利用率的同时导致 CIGS 薄膜偏离化学计量比。因此，需要对固态 Se 采用高温活化等措施。

固态硒源的硒化多以"密闭式硒化工艺"为主，该方法可在薄膜硒化时获得很高的硒气压强，图 6.16 为封闭式固态 Se 硒化装置。在此装置中，Se 颗粒放在密闭的石墨盒中（也可以是不锈钢等密闭容器中）加热蒸发，对样片进行硒化。

有机金属 Se 源 $(C_2H_5)_2Se$，（DESe）有望成为剧毒 H_2Se 的替代硒化物。用 MOCVD 法已使用 DESe 制备出了高质量的 $Cu(Al,In,Ga)Se(S)_2$ 薄膜。相比于 H_2Se，DESe 在常温下是液体，可在常压不锈钢容器中储存，泄漏的危险更低。尽管目前每摩尔 DESe 的成本比 H_2Se 高 5 倍左右，但是由于 DESe 具有更高的分压。硒化等量的预置层的消耗量也仅为

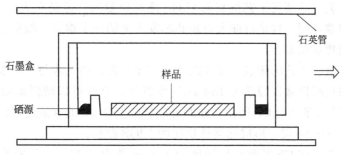

图 6.16　封闭式固态源硒化装置

H_2Se 的 $1/4\sim1/3$，综合比较使用 DESe 硒化的成本并不高。采用硒化 Cu-In 和 Cu-In-O 预置层所制备的 CIGS 薄膜晶粒尺寸为 $1\sim2\mu m$，呈现了良好的结构特性和光学特性，薄膜与衬底间也有良好的附着力。

6.2.2.3　非真空沉积方法和混合法工艺

（1）电沉积制备 CIGS 薄膜　电沉积 CIGS 薄膜的工艺是一种潜在的低成本沉积技术。沉积过程一般在酸性溶液中进行，使用的溶液体系大致分两类：氯化物体系和硫酸盐体系。其中氯化物体系制备的电池效率较高。氯化物体系主要用 CuCl 或 $CuCl_2$、$InCl_3$、$GaCl_3$、H_2SeO_3 或 SeO_2 作为主盐，溶液中加入导电盐如 KCl 或 KI 以及 KSCN、柠檬酸等络合剂。溶液组成为 $0.02\sim0.05mol/L$ $CuCl_2$，$0.04\sim0.06mol/L$ $InCl_3$，$0.01\sim0.03mol/L$ H_2SeO_3，$0.08\sim0.1mol/L$ $GaCl_3$ 和 $0.7\sim1mol/L$ LiCl，pH 为 $2\sim3$，室温下进行反应。沉积的薄膜组成范围为 $CuIn_{0.32}Ga_{0.01}Se_{0.93}\sim CuIn_{0.35}Ga_{0.01}Se_{0.99}$，厚度一般为 $2\mu m$。由于成分偏离化学计量比较大，必须用真空气相法再沉积一定的 In、Ga 和 Se，将成分调整到 $CuIn_{0.7}Ga_{0.3}Se_2$，经处理后的 CIGS 吸收层制备的太阳电池转换效率达到 15.4%。

（2）微粒沉积技术　微粒沉积工艺如下。①制备含有 Cu、In 的合金粉末：高纯度的金属 Cu 和 In 粉末按一定比例在高温氢气氛下熔融，成为液体合金，液体合金在氩气喷射下退火形成粉末，尺寸大于 $20\mu m$ 的粒子被筛选出来。②Cu、In 粉末被悬浮于水，并加入润湿剂和分散剂，所制备的混合物在球形研磨器中研磨形成"墨水"。③"墨水"被喷洒在覆有 Mo 的玻璃衬底上，并烘干形成预置层。④预置层在 $95\%N_2+5\%H_2Se$ 混合气体中 $440℃$ 硒化退火 30min，得到满足化学计量比的薄膜。

（3）喷雾高温分解法　喷雾高温分解法（spay pyrolysis）的工艺流程如下：首先把金属盐或者有机金属溶解形成溶液，一般选用 $CuCl_2$、$InCl_2$ 及有机物混合溶液，然后把雾状溶液喷射在加热的衬底上，高温分解后得到 CIGS 薄膜。不同的溶液配比、衬底温度以及喷射速率都对制备的薄膜质量有影响。研究表明，通过控制工艺参数，可以抑制各种二次相的生成，并制备出厚度 $2\mu m$ 左右，具有良好结构和电学性能的 CIGS 薄膜。这种工艺的不足之处是制备的薄膜不致密，存在针孔，这将增大器件的串联电阻和降低填充因子。

（4）激光诱导合成法　此法是先连续蒸发沉积 Cu、In、Ga 和 Se 元素形成接近化学计量比的多层膜结构，然后把多层膜快速高强度的加热（如 Ar 离子激光器等），形成 CIGS 薄膜。用这种工艺制备了厚度为 $0.1\mu m$ 的 CIGS 薄膜，但薄膜太薄不适合于制备器件。单元素 Cu 层在 In 层和 Se 层之间，先熔化的 In 和 Se 渗透到 Cu 层中形成化学计量比的薄膜。薄膜的晶粒尺寸在 $0.1\sim1\mu m$，在使用高能激光的情况下，增大晶粒尺寸是可能的，材料的光学带隙 $(0.95\pm0.1)eV$。

（5）混合法工艺　共蒸发工艺沉积的 CIGS 薄膜质量高，但是在大面积蒸发时，Cu 蒸发源的蒸发速率很难控制。这是目前大面积共蒸发工艺的一个难点。溅射工艺简单、易于大面积沉积，但薄膜质量稍差。

结合了蒸发、溅射工艺的优点，形成混合法三步工艺。第一步与"三步共蒸工艺"的第一步基本相同，采用线性蒸发源蒸发 In-Ga-Se 预置层，这样可以增强薄膜的附着力并易于调整 Ga 的分布；第二步溅射 Cu 层，这样即可以精确控制 Cu 的含量还可以降低热损耗；第三步继续共蒸发 In-Ga-Se 层，形成化学计量比的 CIGS 薄膜。

采用混合法工艺，在 CIGS 吸收层厚度为 1.3μm 取得了 14.1％的转换效率，甚至在厚度 0.71μm 时，电池的转换效率也达到了 12.1％。这说明混合法工艺在提高工艺重复性和降低材料成本方面具有广泛应用前景。

此外，制备 CIGS 薄膜的方法还有液相沉积法（liquid phase deposition）、电泳沉积法、气相输运技术和机械化学法等。

6.3　CIGS 薄膜太阳电池

6.3.1　CIGS 薄膜太阳电池的异质结特性

6.3.1.1　CIGS 薄膜太阳电池异质结能带图

CIGS 薄膜太阳电池的 p-n 结是由 p 型 CIGS 膜和 n 型 ZnO/CdS 双层膜组成的反型异质结。目前常用的能带图如图 6.17 所示。它的 p 型区只有 CIGS 薄膜，而 n 型区则相当复杂，不仅有 n^+-ZnO、i-ZnO 和 CdS，而且还含有表面反型的 CIGS 薄层。

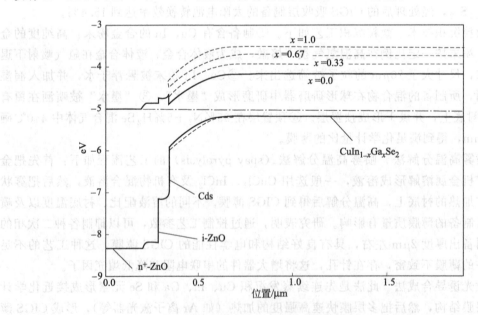

图 6.17　CIGS 薄膜电池 p-n 结能带图（不同 Ga 含量）

研究表明，高效 CIGS 薄膜太阳电池的 CIGS 吸收层表面都是贫 Cu 的，它的化学配比与体内不同，可能变为 $CuIn_3Se_5$、$Cu(In,Ga)_3Se_5$ 或类似的富 In、Ga 的有序空位化合物（OVC）。OVC 层是 n 型的，它的禁带宽度比 CIS 的大 0.26eV，而且禁带的加宽主要是由价带下移而导带基本不变，因此得到图 6.18 所示的能带结构。从图 6.18 中可以看出，一个由 CIS 组成的同质 p-n 结深入到 CIS 内部而远离有较多缺陷的 CdS/CIS 界面，从而降低了界面复合率。同时，吸收层附近价带的下降形成一个空穴的传输势垒，使界面处空穴浓度减小，也降低界面复合。因此，CIGS 表面缺 Cu 层的存在有利于太阳电池性能的提高。

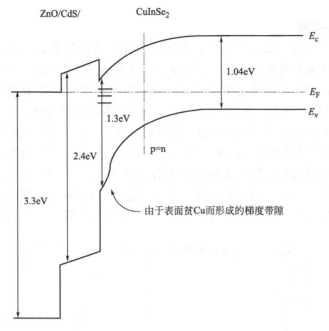

图 6.18　CIGS 薄膜电池的能带结构

由于本征 ZnO 层的费米能级离导带较远，它的存在必定使 CdS 和低阻 ZnO 间的能带有所调整。图 6.19 表明，高阻 ZnO 使界面处导带底与平衡费米能级间的能量差 ΔE_F 增加，而使空穴势垒 Φ_B^p 减小，结果使界面处的复合增加。与上面关于 OVC 的存在使此空穴势垒增加而减小界面复合的作用刚好相反。从这个意义上讲，本征 ZnO 的存在似乎是不利的。

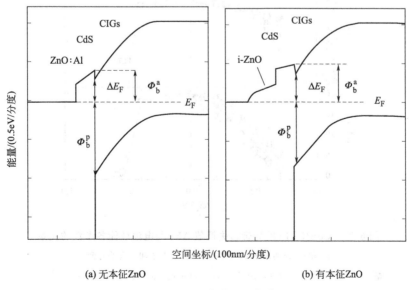

图 6.19　CIGS 薄膜电池能带图

但大量的实验证明，本征 ZnO 的存在能明显提高电池的开路电压。如果去掉这一层，电池的开路电压将下降 20～40mV，效率也将相应下降。这说明 i-ZnO 对能带图的调整并未影响电池的性能。至于为何使电池性能提高，还有待于研究。高效率 CIGS 电池的输出 *I-V* 曲线与同质结的 *I-V* 方程很好地吻合。这充分说明 CIGS 薄膜太阳电池的实验成果远高于其器件物理的研究水平。

6.3.1.2　能带边失调值

当两种不同的半导体形成异质结时，在界面处导带及价带都会产生连续或不连续的突变，这种突变来源于两种材料不同的电子亲和能。常把这种能带边的不连续称为能带边失调值。其中，以 CdS/CIGS 的导带边失调值 ΔE_c 对 CIGS 薄膜太阳电池的性能影响最大。虽然为了减少 Cd 对环境的污染，人们大力研究无 Cd 的 CIGS 薄膜电池。但至今为止，最高效率的 CIGS 电池仍然使用 CdS/CIGS 结构。其重要原因之一就是它们之间有合适的导带边失调值 0.2～0.3eV 和很低的晶格失配率。图 6.20 为利用窗口层/OVC/CIGS 的结构模型，经过模拟计算得到的导带边失调值与太阳电池参数之间的关系图。图中＋ΔE_c 表示窗口层导带边高于 CIGS 导带边，而－ΔE_c 表示窗口层导带边低于 CIGS 的导带边。图中符号表示窗口层/OVC 界面处的载流子寿命与 CIGS 体内载流子寿命的比值："○" 表示 1∶1；"□" 表示

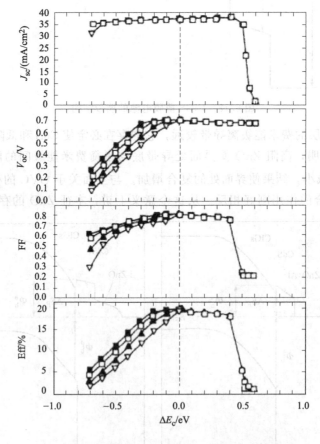

图 6.20　CdS/CIGS 的导带边失调值 ΔE_c 与电池性能各参数的关系

τ_n 和 τ_p 分别表示 CdS/CIGS 界面处电子和空穴的寿命

■— $\tau_n = 5 \times 10^{-8}$，$\tau_p = 1 \times 10^{-8}$（s）；　□— $\tau_n = 5 \times 10^{-9}$，$\tau_p = 1 \times 10^{-9}$（s）；

▲— $\tau_n = 5 \times 10^{-10}$，$\tau_p = 1 \times 10^{-10}$（s）；　▽— $\tau_n = 5 \times 10^{-11}$，$\tau_p = 1 \times 10^{-11}$（s）

1∶10；"△"表示 1∶100；"▽"表示 1∶1000。

（1）短路电流密度 I_{sc}　导带边失调值 ΔE_c 在 −0.7～0.4eV 变化时，I_{sc} 几乎不变；导带边失调值大于 0.4eV 时，I_{sc} 骤然下降。对于以 CdS 的导带高于 CIGS 层的导带，即 $\Delta E_c > 0$ 时，两者之间的界面形成凹口（notch）。这个凹口对于 CIGS 中的光生电子来说是一个势垒，阻碍光生电子的输运。如果势垒高度超过 0.4eV，光生电子就不能越过势垒，因此 I_{sc} 骤然减小；当 CdS 的导带低于 CIGS 层的导带。即 $\Delta E_c < 0$ 时，形不成光生电子的势垒，光生电子能被很好地输运，因此 I_{sc} 几乎不变，为一常数。

（2）开路电压 V_{oc}　导带边失调值 $\Delta E_c < 0$，即在 −0.7～0.4eV 变化时，开路电压 V_{oc} 随着导带边失调值绝对值的增大或 CdS 与 CIGS 界面载流子寿命的减小而减小；当导带边失调值 $\Delta E_c > 0$ 时、V_{oc} 几乎为一常数。CdS 的导带低于 CIGS 层的导带时，CdS/CIGS 界面出现断续，形成尖峰。在正偏的情况下，这个断续对于注入电子来说是一个势垒，CdS/CIGS 界面多数载流子经由缺陷的复合归因于这一势垒。因此，整体复合增加，V_{oc} 随着导带边失调值绝对值的增大和 CdS 与 CIGS 界面处缺陷态密度的增大而减小；当 CdS 的导带高于 CIGS 层的导带时，引起多数载流子之间复合的势垒不存在，当然 V_{oc} 几乎为一常数了。

（3）填充因子 FF　当导带边失调值 $\Delta E_c < 0$，即在 0.7～0eV 变化时，填充因子 FF 随着导带边失调值绝对值的增大和 CdS 与 CIGS 界面载流子寿命的减小而减小。这与 V_{oc} 的变化趋势相同；当导带边失调值 ΔE_c 在 0～0.4eV 变化时，填充因子 FF 几乎为一常数；而当 ΔE_c 值大于 0.4eV 时，FF 骤然减小。这又与 I_{sc} 的变化趋势相同。

（4）转换效率[7]　由上面的讨论可知，当 CdS/CIGS 的导带边失调值 ΔE_c 处于 0～0.4eV 时，CIGS 薄膜太阳电池具有极好的性能，转换效率高（忽略界面载流子寿命的影响）。因此可以调节 CdS/CIGS 的导带边失调值 ΔE_c 来改善有镉或者无镉 CIGS 薄膜太阳电池的性能。这对 CIGS 薄膜太阳电池异质结材料的选取和工艺很具指导意义。

图 6.20 的能带图上还表示出随着 CIGS 中 Ga 含量的增加其禁带宽度变大，而电子亲和能却变小，表示导带顶逐渐上移。大约在 $x = 0.5$ 时，其与 CdS 间的导带边失调值为 0，只有当 x 值在 0.3 以下时，其导带失调值才成为 0.2eV 左右。这从另一侧面说明 CIGS 薄膜中掺 Ga 量不能超过 30%。

6.3.1.3　贫 Cu 的 CIGS 表面层

绝大多数光伏器件都是一个单边突变的 p-n 结。光伏效应的主体在有较高电阻率的基层区，亦即在其吸收层内。CIGS 薄膜作为高效 CIGS 薄膜电池的吸收层材料必须是具有较高电阻率的贫 Cu 材料。在形成异质结过程中，CIGS 表面会变成贫 Cu 的 n 型薄层。尽管人们关于这个表面层是否一定是以 $CuIn_3Se_5$ 为主的 OVC 或者 ODC 层尚存异议，但对于表面贫 Cu 层的存在还是取得了共识。这正是把 CIGS 薄膜电池异质结中的 CIGS 表面层看成一个具有比其体材料层呈现更宽带隙的原因。

6.3.2　CIGS 薄膜电池的结构

图 6.2 已给出 CIGS 薄膜太阳电池的典型结构，除玻璃或其他柔性衬底材料以外，还包括底电极 Mo 层、CIGS 吸收层、CdS 缓冲层（或其他无镉材料）、i-ZnO 和 Al-ZnO 窗口层、MgF_2 减反射层以及顶电极 Ni-Al 等七层薄膜材料。下面将分别叙述除吸收层 CIGS 外的其他各层材料的制备方法和性能。

6.3.2.1 Mo 背接触层

背接触层是 CIGS 薄膜太阳电池的最底层，它直接生长于衬底上。在背接触层上直接沉积太阳电池的吸收层材料。因此背接触层的选取必须要求与吸收层之间有良好的欧姆接触，尽量减少两者之间的界面态。同时背接触层作为整个电池的底电极，承担着输出电池功率的重任，因此它必须要有优良的导电性能。从器件的稳定性考虑还要求背接触层既要与衬底之间有良好的附着性，又要求它与其上的 CIGS 吸收层材料不发生化学反应。经过大量的研究和实用证明，金属 Mo 是 CIGS 薄膜太阳电池背接触层的最佳选择。图 6.21 给出了 Mo/CIS 间的能带图，可以看出，由于 Mo 和 CIS 之间形成了 0.3eV 的低势垒，可以认为是很好的欧姆接触。

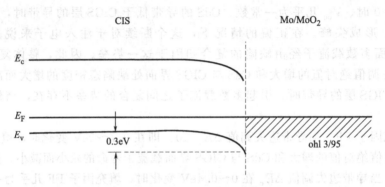

图 6.21 CIS/Mo 欧姆接触能带图

Mo 薄膜一般采用直流磁控溅射的方法制备。在溅射的过程中，Mo 膜的电学特性和应力与溅射气压直接相关，Ar 气压强低，Mo 膜呈压应力，附着力不好，但电阻率小；Ar 气压强高，Mo 膜呈拉应力，附着力好，但电阻率高。所以，采用先在较高 Ar 气压下沉积一层具有较强附着力的 Mo 膜，然后在低气压下沉积一层电阻率小的 Mo 膜，这样在增强附着力的同时降低背接触层的电阻，可以制备出适合 CIGS 薄膜电池应用的 Mo 薄膜。第一层在 10mTorr 的气压下溅射沉积 $0.1\mu m$ 的 Mo 层，与玻璃具有较好的结合力，电阻率较高为 $6\times 10^{-5}\Omega\cdot cm$。第二层在 1mTorr 的气压下沉积 $0.9\mu m$，电阻率为 $1\times 10^{-5}\Omega\cdot cm$。这种双层的 Mo 是目前制备高效率 CIGS 薄膜太阳电池背电极通用工艺。

Mo 的结晶状态对 CIGS 薄膜晶体的形貌、成核、生长和择优取向等有直接的关系。一般来说，希望 Mo 层呈柱状结构，以利于玻璃衬底中的 Na 沿晶界向 CIGS 薄膜中扩散，也有利于生长出高质量的 CIGS 薄膜。

6.3.2.2 CdS 缓冲层

高效率 $Cu(In,Ga)Se_2$ 电池大多在 ZnO 窗口层和 CIGS 吸收层之间引入一个缓冲层。目前使用最多且得到最高效率的缓冲层是 Ⅱ-Ⅵ族化合物半导体 CdS 薄膜。它是一种直接带隙的 n 型半导体，其带隙宽度为 2.4eV。它在低带隙的 CIGS 吸收层和高带隙的 ZnO 层之间形成过渡，减小了两者之间的带隙台阶和晶格失配，调整导带边失调值，对于改善 p-n 结质量和电池性能具有重要作用。由于沉积方法和工艺条件的不同，所制备的 CdS 薄膜具有立方晶系的闪锌矿结构和六角晶系的纤锌矿结构。这两种结构均与 CIGS 薄膜之间有很小的晶格失配。CdS 层还有两个作用：①防止射频溅射 ZnO 时对 CIGS 吸收层的损害；②Cd、S 元素向 CIGS 吸收层中扩散，S 元素可以钝化表面缺陷，Cd 元素可以使表面反型。

CdS 薄膜可用蒸发法和化学水浴法（CBD）制备。CBD 法得到广泛的应用。它具有如下一些优点：①为减少串联电阻，缓冲层应尽量做薄。而为了更好地覆盖粗糙的 CIGS 薄膜表面，使之免受大气环境温度的影响，免受溅射 ZnO 时的辐射损伤，要求 CdS 层要致密无针孔。蒸发法制备的薄膜很难达到这一要求，CBD 法可以做出既薄又致密、无针孔的 CdS 薄膜；②CBD 法沉积过程中，氨水可溶解 CIGS 表面的自然氧化物，起到清洁表面的作用；③Cd 离子可与 CIGS 薄膜表面发生反应生成 CdSe 并向贫 Cu 的表面层扩散，形成 Cd_{Cu} 施主，促使 CdS/CIGS 表面反型，使 CIGS 表面缺陷得到部分修复；④CBD 工艺沉积温度低，只有 60～80℃，且工艺简单。

化学水浴法中使用的溶液一般是由镉盐、硫脲和氨水按一定比例配制而成的碱性溶液，有时也加入氨盐作为缓冲剂。其中镉盐可以是氯化镉、醋酸镉、碘化镉和硫酸镉，这就形成了 CBD 法制备 CdS 薄膜的不同溶液体系，但其反应机理是基本相同的。一般是在含 Cd^{2+} 的碱性溶液中硫脲分解成 S^{2-}，它们以离子接离子的方式凝结在衬底上。将玻璃/Mo/CIGS 样片放入上述溶液中，溶液置于恒温水浴槽中，从室温加热到 60～80℃ 并施以均匀搅拌，大约 30min 以内便可完成。

CdS 材料存在着明显的绿光（$h\nu > 2.42eV$）吸收，显然不利于短波谱段的光生电流收集。随 CdS 层厚度或 CdS 薄膜中缺陷密度（$> 10^{17} cm^{-3}$）的增加，不仅会降低短路电流密度 I_{sc}，还会使 $CuInSe_2$ 和低 Ga 含量 CIGS 电池出现明显的 I-V 扭曲现象。薄化 CdS 层（$\leqslant$ 50nm）可以基本消除 I-V 扭曲，从而提高填充因子值。另外，工艺过程中含 Cd 废水的排放以及报废电池中 Cd 的流失均造成环境污染，这无疑是使用 CdS 缓冲层的缺点。

6.3.2.3　氧化锌（ZnO）窗口层

在 CIGS 薄膜太阳电池中，通常将生长于 n 型 CdS 层上的 ZnO 称为窗口层。它包括本征氧化锌（i-ZnO）和铝掺杂氧化锌（Al-ZnO）两层。ZnO 在 CIGS 薄膜电池中起重要作用。它既是太阳电池 n 型区与 p 型 CIGS 组成异质结成为内建电场的核心，又是电池的上表层，与电池的上电极一起成为电池功率输出的主要通道。作为异质结的 n 型区，ZnO 应当有较大的少子寿命和合适的费米能级的位置。而作为表面层则要求 ZnO 具有较高的电导率和光透过率。因此 ZnO 分为高、低阻两层。由于输出的光电流是垂直于作为异质结一侧的高阻 ZnO，但却横向通过低阻 ZnO 而流向收集电极，为了减小太阳电池的串联电阻，高阻层要薄而低阻层要厚。通常高阻层厚度取 50nm，而低阻层厚度选用 300～500nm。

ZnO 是一种直接带隙的金属氧化物半导体材料，室温时禁带宽度是 3.4eV。自然生长的 ZnO 是 n 型，与 CdS 薄膜一样，属于六方晶系纤锌矿结构。其晶格常数为 $a = 3.2496\text{Å}$，$c = 5.2065\text{Å}$，因此 ZnO 和 CdS 之间有很好的晶格匹配。

由于 n 型 ZnO 和 CdS 的禁带宽度都远大于作为太阳电池吸收层的 CIGS 薄膜的禁带宽度，太阳光中能量大于 3.4eV 的光子被 ZnO 吸收，能量介于 2.4eV 和 3.4eV 之间的光子会被 CdS 层吸收。只有能量大于 CIGS 禁带宽度而小于 2.4eV 的光子才能进入 CIGS 层并被它吸收，对光电流有贡献。这就是异质结的"窗口效应"（如果 ZnO 和 CdS 很薄，可有部分高能光子穿过此层进入 CIGS 中）。可以看出，CIGS 太阳电池似乎有两个窗口。由于薄层 CdS 被更高带隙且均为 n 型的 ZnO 覆盖，所以 CdS 层很可能完全处于 p-n 结势垒区之内使整个电池的窗口层从 2.4eV 扩大到 3.4eV。从而使电池的光谱响应得到提高。

ZnO 的制备方法很多，其中磁控溅射方法具有沉积速率高、重复性和均匀性好等特点成为使用最多、最成熟的方法。此法沉积的高、低阻 ZnO 在波长 300～700nm 的透过率均大于 85%。高阻 ZnO 的电阻率为 $100\sim400\Omega\cdot\mathrm{cm}$，低阻 ZnO 的电阻率为 $5\times10^{-4}\Omega\cdot\mathrm{cm}$，均能很好地满足 CIGS 薄膜太阳电池的需要。

6.3.2.4 顶电极和减反膜

CIGS 薄膜太阳电池的顶电极采用真空蒸发法制备 Ni-Al 栅状电极。Ni 能很好地改善 Al 与 ZnO：Al 的欧姆接触。同时，Ni 还可以防止 Al 向 ZnO 中的扩散，从而提高电池的长期稳定性。整个 Ni-Al 电极的厚度为 $1\sim2\mu\mathrm{m}$，其中 Ni 的厚度约为 $0.05\mu\mathrm{m}$。

太阳电池表面的光反射损失大约为 10%。为减少这部分光损失，通常在 ZnO：Al 表面上用蒸发或者溅射方法沉积一层减反射膜。在选择减反射材料时要考虑以下一些条件：在降低反射系数的波段，薄膜应该是透明的；减反膜能很好地附着在基底上；要求减反膜要有足够的力学性能，并且不受温度变化和化学作用的影响。在满足上述条件后，减反膜在光学方面有如下一些要求。

① 薄膜的折射率 n_1 应该等于基底材料折射率 n 的平方根，即 $n_1=n^{1/2}$。

对 CIGS 薄膜电池来讲，ZnO 窗口层的折射率为 1.9，故减反射层的折射率应为 1.4 左右，$\mathrm{MgF_2}$ 的折射率为 1.39，满足 CIGS 薄膜电池减反射层的条件。

② 薄膜的光学厚度应等于该光谱波长的 $1/4$ 即 $d=\lambda/4$。

目前，仅有 $\mathrm{MgF_2}$ 减反膜广泛应用于 CIGS 薄膜电池领域，并且在最高效率 CIGS 薄膜电池中得到应用。

6.3.2.5 CIGS 薄膜光伏组件

太阳电池组件一词来源于晶体硅太阳电池。为了适应实际应用中对电源电压和电流的要求，必须把多个单体太阳电池进行串联和并联，并使用能够经受自然环境等外界条件的支撑板、填充剂、涂料等进行保护，这样的大功率实用型器件称为太阳电池组件。

大面积、大功率薄膜太阳电池是用与小面积电池基本相同的工艺做成。虽然它也是由多个小电池串联而成，但互联工艺与电池生长工艺交互同时完成。可以认为大面积薄膜的互联是内部连接。人们习惯上把这种由若干个子电池串联而成的大面积电池也称为光伏组件。应当注意的是，目前大面积薄膜光伏组件子电池间只有串联。图 6.22(a) 为 CIGS 薄膜光伏组件极联集成原理。首先对 Mo 电极进行激光划线（P_1），将之分割成宽 $5\sim7\mathrm{mm}$ 的条，是未来子电池的基础。沉积 CIGS、CdS 和 i-ZnO 层后，继续第二次划线（P_2），此次划线要将 CIGS、CdS 和 i-ZnO 全部划开而保留 Mo 层。此时多个子电池已经形成。最后沉积 ZnO：Al 作为电池上表面收集层，它将各个子电池又都连在一起。然后进行最后一步划线（P_3）将各子电池分开，形成多个子电池串联而成的薄膜光伏组件。对玻璃衬底 CIGS 薄膜光伏组件，除 P_1 外，P_2 和 P_3 均采用机械方法划线，划线宽度均为 $50\mu\mathrm{m}$。

可以看出，除 P_1、P_2 和 P_3 线宽所占面积无光伏效应之外，P_1 和 P_2 之间及 P_2 和 P_3 之间的部分也基本上是不能收集的所谓死区。为了提高光伏器件的输出功率，不但希望三条线宽尽量小，而且希望三条线尽量靠近以减小它们之间的间隔。

CIGS 薄膜光伏组件制备工艺与单体电池的主要区别是大面积均匀性和极联技术两个问题。前者取决于大型设备的设计与加工，后者取决于划线技术的精度。图 6.22(b) 给出了极联引入的串联和并联电阻示意。ZnO：Al 和 Mo 层除引入横向串联电阻 R_s 外，还在 P_2 处引入 ZnO：Al 和 Mo 层之间的接触电阻 R_c，在 P_1 处则引入并联电导 G_{sh}。一般来说这几个参数越小越有利于提高组件的性能。

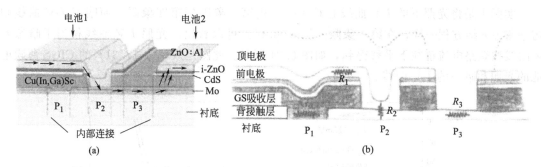

图 6.22　CIGS 光伏组件的内部极联（a）和极联技术引入的串、并联电阻（b）

6.3.3　CIGS 薄膜太阳电池的器件性能

6.3.3.1　CIGS 薄膜太阳电池的电流-电压方程和输出特性曲线

太阳电池是一个大面积的 p-n 结。太阳电池的电流-电压方程就是光照下 p-n 结的电流-电压方程。图 6.23 显示了太阳电池的等效电路图。图中把光照下的 p-n 结看成一个恒流源与一个二极管并联，恒流源的电流即为光生电流。二极管上的电流即 Shockley 方程所表示的 p-n 结电流，即太阳电池的暗电流。图中 R 为串联电阻，$1/G$ 为并联（分路）电阻。结上的电压为 $V_j = V + R_j$，由此可得到太阳电池的输出电流 I 和输出电压 V 的关系式如下：

$$I = I_L - I_0 \exp\left[\frac{q}{AKT}(V + R_j) - 1\right] - G(V + R_j) \tag{6.7}$$

式中，A 为二极管品质因子；I_0 为二极管反向饱和电流，其表达式为：

$$I_0 = I_{00} e^{-E_g/AkT} \tag{6.8}$$

$$I_{00} = q N_c N_v \left[\frac{1}{N_A}\left(\frac{D_n}{\tau_n}\right)^{\frac{1}{2}} + \frac{1}{N_D}\left(\frac{D_p}{\tau_p}\right)^{\frac{1}{2}}\right] \tag{6.9}$$

式中，从 N_c、N_v 分别为导带和价带的有效态密度；N_A、N_D 分别为电离受主和施主浓度；D_n、τ_n 和 D_p、τ_p 分别为电子和空穴的扩散系数和寿命。

按式(6.7)作图，便可得到太阳电池输出特性曲线。此线与实测的电流-电压曲线相同，位于第一象限。若将此式乘上（-1），并用 $-I$ 代替 I。此方程就变为：

$$I = I_0 \exp\left[\frac{q}{AkT}(V - R_j) - 1\right] - j_L + G(V - R_j) \tag{6.10}$$

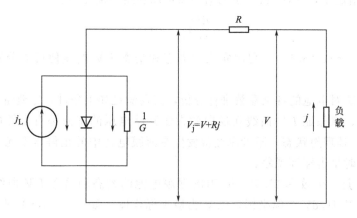

图 6.23　太阳电池等效电路图

实际上是将光照下的 I-V 曲线翻转 $180°$，由第一象限到第四象限。而暗态 I-V 曲线则与平常 p-n 结方程一样，在第一象限。从式（6.10）可以看出，光照 I-V 曲线相当于暗态 I-V 曲线按短路电流值往下平移得到，如图 6.24 所示。此图是效率为 11.31% 的 CIGS 薄膜电池的光照和暗态的 I-V 曲线。

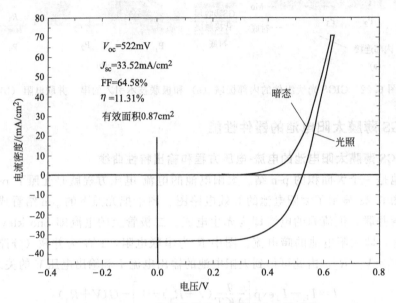

图 6.24　CIGS 薄膜电池的光照和暗态特性曲线

从方程（6.10）可以看出，影响电池输出特性的参数有电池的串联电阻 R、并联电阻 $1/G$、二极管品质因子 A 和反向饱和电流 I_0。下面我们将对此方程进行分析并找出从电池的输出特性曲线得到上述 4 个参数的方法。利用方程（6.10）进行数学处理可以得到如下结果：

$$\frac{\mathrm{d}I}{\mathrm{d}V} = I_0 \frac{q - R\dfrac{\mathrm{d}I}{\mathrm{d}V}}{AkT} \exp\left[\frac{q(V - IR)}{AkT}\right] + G \tag{6.11}$$

$$\frac{\mathrm{d}V}{\mathrm{d}I} = R + \frac{AkT}{q}(I + I_L - GV)^{-1} \tag{6.12}$$

$$\ln(I + I_L - GV) = \ln I_0 + \frac{q(V - jR)}{AkT} \tag{6.13}$$

在 $V \leqslant 0$ 的情况下，式（6.11）中的第一项可以忽略并简化为：

$$\left(\frac{\mathrm{d}I}{\mathrm{d}V}\right)_{V \leqslant 0} = G \tag{6.14}$$

根据式（6.12）～式（6.14），利用实测的光态和暗态 I-V 曲线便可以分别求出上述 4 个参数。

采用上述方法对电池的各项参数进行分析，需要满足如下条件：①测量时，注意电压取值范围要足够密，以保证 I-V 曲线在反向和大于开路电压的正向都有足够的数据点；②认为方程式（6.10）是理想状态。不考虑经常发生在薄膜电池中的正偏压下光态与暗态曲线的交叉和反向偏压时早击穿等现象。

图 6.25(a) 是一个效率 15.5% 的 CIGS 薄膜电池的光态和暗态 I-V 曲线。利用图 6.25(a) 中的数据，以 $\mathrm{d}I/\mathrm{d}V$ 为纵坐标，以 V 为横坐标作图，如图 6.25(b) 所示。在 $V \leqslant 0$ 的区域为一直线，此时 $\mathrm{d}I/\mathrm{d}V$ 为常数。从式（6.14）可知，此即为并联电阻的倒数 G。一般来

说，太阳电池的并联电阻很大，因此此处得到的 G 值很小。从图中可以看出，光态和暗态得到的 G 值不同，而且光态下的曲线有很大的噪声。

图 6.25(c) 为 dV/dI 与 $(I+I_{sc})^{-1}$ 的关系图。图中已将式(6.12)中的光电流 I_L，改为短路电流密度 I_{sc}，并忽略 GV 项。此图为一条直线，它在纵轴上的截距即为串联电阻 R。此线的斜率为 AkT/q，因此 A 值亦可同时求出。如果 GV 项不忽略，则可利用图 6.25(b)求出的 G，用 $(I+I_{sc}-GV)^{-1}$ 作图，对所得的 R 和 A 值进行修正。在恒定光照下，I_{sc} 为常数，而在暗态下 $I_{sc}=0$，数据处理将更为简化。

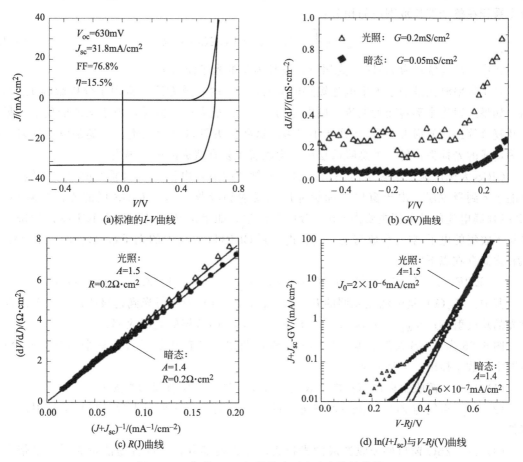

图 6.25　典型 CIGS 组件的光照和暗态特性曲线

图 6.25(d) 为 $\ln(I+I_{sc}-GV)$ 与 $V\text{-}R_j(V)$ 的关系图。其中同样将式(6.13)中的 I_L 改为 I_{sc}，并分别利用了从图 6.25(c) 和图 6.25(b) 中求出的串、并联电阻的数据。此图至少在电流密度坐标上 1~2 个数量级是线性的，与二极管方程吻合很好。直线部分外推到纵轴的截距即为反向饱和电流 I_0，而此线的斜率即为 q/AkT，从而又可求出二极管品质因子 A。

此电池具体的计算结果已列于图 6.25 中，除了图 6.25(b) 中并联电导 G 的计算结果有些不同外，其他各参数的光照、暗态得到的结果基本一致，而且图 6.25(c) 和图 6.25(d) 中 A 的计算结果完全一致，表明此方法是相当可信的。

以上分析可以看出，测量太阳电池光照、暗态 $I\text{-}V$ 曲线，不但很容易的得出太阳电池的短路电流密度、开路电压、填充因子和光电转换效率等四大输出参数，而且经过简单的数据处理还可得到串、并联电阻、反向饱和电流及二极管品质因子等与电池质量有关的物理参数，这对研究和提高太阳电池性能是至关重要的。上述分析也表明，作为异质结的 CIGS/CdS 太阳电池，其 I-V 特性与以同质结为基础的方程式（6.10）吻合很好，这至少可以认为 CIGS 薄膜太阳电池虽然结构复杂，但却合理。

6.3.3.2 CIGS 薄膜太阳电池的量子效率

量子效率是指在某一波长的入射光照射下，太阳电池收集到的光生载流子与照射到电池表面的该波长的光子数之比。它是一个无量纲参数，与光子的波长有关，可以由实验直接测得，也叫外量子效率，记作 QE 或 EQE。太阳电池的电流密度 I_{sc} 就等于量子效率与光子流密度乘积在整个波长范围内的积分：

$$I_{sc} = q \int_0^\infty F_{1.5}(\lambda) \cdot EQE(\lambda) \cdot d\lambda \tag{6.15}$$

式中，$F_{1.5}(\lambda)$ 为 AM1.5 光照下、波长为 λ 的光子流密度。

量子效率测试是确定太阳电池短路电流密度 I_{sc} 的有效方法，常用于分析影响 I_{sc} 的原因。如果入射光全部转变为电流，则电池的 I_{sc} 达到最大值。但是，由于电池的反射、吸收以及复合等造成的损失，I_{sc} 往往要小得多。这些损失可以分为两类，一类是电池反射、吸收等造成的光损失；另一类是吸收层内光生载流子复合造成的电学损失。

CIGS 太阳电池是由多层薄膜组成的，入射光照射在电池上，须通过窗口层和缓冲层，才能进入到吸收层。由于窗口层和缓冲层的反射和吸收，到达 CIGS 层的光已经减小了。CIGS 薄膜电池的光电流主要由 CIGS 吸收层产生。如果定义内量子效率 IQE(λ) 为每一个波长下收集的电子-空穴对数与这一波长进入到 CIGS 吸收层中的光子数量之比，则 EQE 与 IQE 之间存在以下关系：

$$EQE(\lambda) = T_G(\lambda) \cdot [1 - R_F(\lambda)] \cdot [1 - A_{WIN}(\lambda)] \cdot [1 - A_{CdS}(\lambda)] \cdot IQE[\lambda] \tag{6.16}$$

其中，$T_G(\lambda)$ 是电池受光照的有效面积比；$R_F(\lambda)$ 为入射光到达吸收层之前各层薄膜对光的总反射率；$A_{WIN}(\lambda)$ 和 $A_{CdS}(\lambda)$ 为窗口层和 CdS 层的光吸收率。

图 6.26 为 CIGS 太阳电池典型的 QE 模拟曲线。另有几条虚线将整个图分为几个区，由图中的数字标出。分析如下。

（1）区：电流收集栅极遮挡电池表面，减少了光照面积引起的光损失。

（2）区：空气与 ZnO/CdS/CIGS 界面间的反射损失，这种损失通过增加减反射层可以降低。

（3）区：ZnO 窗口层吸收造成的光损失，分为两部分，一部分是能量大于其禁带宽度的光子被吸收形成电子-空穴对，但是不能收集形成电流。另一部分是能量小的红外光被自由电子吸收，产生热能。

（4）区：CdS 吸收波长 $\lambda < 520nm$ 的光子造成的光损失。这部分的光损失随 CdS 的厚度增加而增加，一般认为在 CdS 中产生的光生电子-空穴对是不能被收集的。

（5）区：光子能量在 CIGS 的 E_g 附近，不能完全被吸收。Ga 浓度梯度的变化使长波区的吸收边界不是很陡峭，而是以一定的坡度变化。如果吸收层的厚度小于 $1/\alpha$（吸收系数），则不完全吸收的损失就很明显。

（6）区：吸收层中的光生载流子不完全收集造成的损失，这是电学损失。

将上述各种损失换算成 I_{sc} 的损失，上述各项损失总数为 $11.4mA/cm^2$。如果没有这些损失，可以用式（6.15）算出在大于 CIGS 光学带隙的光子全部被吸收的情况下最大的电流密度可达到 $42.8mA/cm^2$。

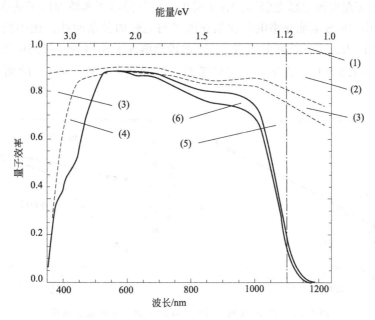

图 6.26　CIGS 薄膜电池的量子效曲线下实线为偏压 0V，上实线为偏压－1V

6.3.3.3　CIGS 薄膜太阳电池的弱光特性

太阳电池不但可以用于大型电站，而且也可以用于室内作为小型电器的电源。前者主要在室外安装，入射阳光大体上是 AM1.5 的光谱和大约 $1000mW/cm^2$ 辐照度的标准条件。而室内光照的辐照度却要低三个数量级，大约只有 $0.05～5mW/cm^2$。为适应室内条件下的应用，要对太阳电池的弱光特性进行研究。图 6.27 是一个玻璃衬底 CIGS 薄膜太阳电池光电转换效率与入射光强的关系。它在标准测试条件下的光电转换效率为 $14\%～15\%$。该电池的转换效率随光强的降低逐渐减小，在光强为 $5mW/cm^2$ 时，效率为 10%，到 $0.1mW/cm^2$ 时，效率只有不到 3% 了。是什么原因造成太阳电池效率随光强而下降呢？

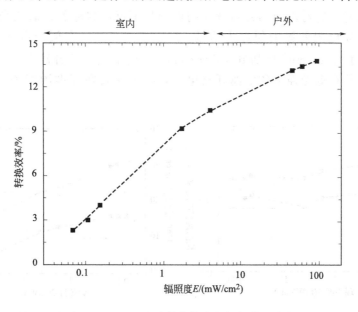

图 6.27　CIGS 电池转换效率与辐照度的关系

太阳电池的短路电流是随光强而线性下降的，而开路电压和填充因子的变化趋势较为复杂。图 6.28 给出 CIGS 电池开路电压和填充因子与光强的关系曲线。图中的理论和模拟曲线都是对串联电阻 $R_s=0$、并联电阻 $R_{sh}=\infty$ 的理想情况下作出的。开路电压的理论曲线中用 $A=1.7$，$I_0=1.5\times10^{-8}\text{A/cm}^2$。可以看出，低光强下，$V_{oc}$ 和 FF 的测量值均低于理论值。

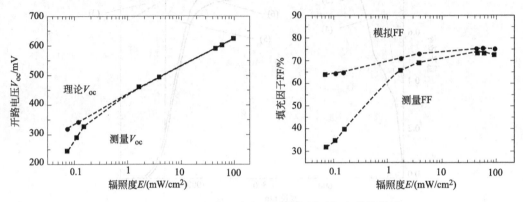

图 6.28　CIGS 电池开路电压和填充因子与光强的关系

图 6.29 分别给出二极管品质因子 A、反向饱和电流 I_0、串联电阻 R_s 和并联电阻 R_{sh} 与光强的关系图。可以看出，A 和 I_0 随光强的变化很小，它们不足以影响电池的开路电压和填充因子。而串联电阻和并联电阻均随光强的降低而明显增大。因此可以初步认为串联、并联电阻的变化才是 V_{oc} 和 FF 偏离理想值的原因。串联电阻的增加会使电池性能下降是很明确的，但是并联电阻增加也使电池性能变差这点就值得研究了。上面提到的太阳电池在标准条件下的串联电阻只有 $0.5\Omega\cdot\text{cm}^2$，是相当令人满意的。而并联电阻为 $4\text{k}\Omega\cdot\text{cm}^2$，却是比较低的。考虑到并联电阻对开路电压的影响，太阳电池的开路电压可以表示为：

$$V_{oc}=\frac{AkT}{q}\ln\left(\frac{I_{sc}-V_{oc}/R_{sh}}{I_0}+1\right) \tag{6.17}$$

在并联电阻较低时，它对电池的开路电压的影响是不可以忽略的。而低光强下，随着 I_{sc} 的线性减小，并联电阻的影响便更为明显。如上所述，虽然在低光强下，R_{sh} 稍有增加（如上面例子，由 $4\text{k}\Omega\cdot\text{cm}^2$ 增加到 $15\text{k}\Omega\cdot\text{cm}^2$），仍抵挡不了开路电压下降的趋势。可以认为，若想改善在低光强下的电池开路电压，必须使其在标准测试条件下有更高的并联电阻值。

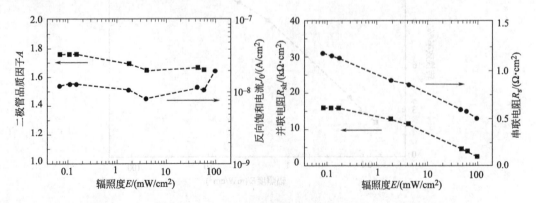

图 6.29　二极管品质因子 A、反向饱和电流 I_0 及 R_s、R_{sh} 与光强的关系

在低光强下，必须有更大的并联电阻、才会有比较好的电池性能。研究表明，CIGS 薄膜太阳电池的并联电阻与其吸收层材料的电阻率成比例，而 CIGS 薄膜材料的电阻率又与其 Cu 含量有关。对于含 Cu 量 18% 的 CIGS 电池，其低光强下的并联电阻高达 $142\mathrm{k}\Omega\cdot\mathrm{cm}^2$。它在 $0.1\mathrm{mW/cm}^2$ 的低光强下光电转换效率达 6%，而在 $5\mathrm{mW/cm}^2$ 光照下的效率为 10%，但在标准条件下的效率却只有 12.8%。这比标准含 Cu 量的 CIGS 电池的 14% 要低，这主要是由于其短路电流低造成的。

可以认为 CIGS 薄膜电池优良的弱光性能取决于其吸收层材料对 Cu 含量具有较大的宽容度，它允许使用偏离化学计量比的较低的 Cu 含量来提高其电阻率，并作出性能优良的太阳电池。

6.3.3.4　CIGS 薄膜太阳电池的温度特性

温度对太阳电池性能的影响主要来源于组成太阳电池各层半导体材料性能对温度的敏感。温度首先通过载流子浓度、迁移率等参数影响材料的电阻率；其次是影响半导体材料的禁带宽度；最后太阳电池各个界面上的缺陷态也由于温度的不同而呈现不同的激发状态，从而影响器件的性能。太阳电池性能参数随温度的改变是上述各种影响的综合反应。

图 6.30 是一个效率为 16.4% 的 ZnO/CdS/CIGS/Mo 太阳电池的 $I\text{-}V$ 特性与温度关系的模拟曲线。温度范围从 350～200K。其中 273K、298K 和 325K 三个温度进行了光照和暗态特性的实验测量，并进行了模拟，模拟结果和实测结果符合得很好。

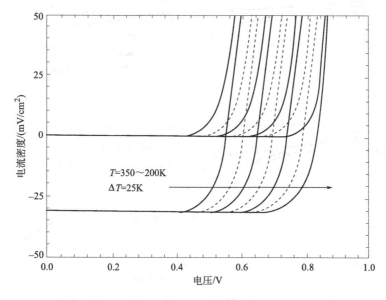

图 6.30　AM1.5 光照下，ZnO/CdS/CIGS/Mo 电池的光、暗 $I\text{-}V$ 曲线与温度的关系
实线为实测结果，虚线为模拟结果

由模拟曲线可以得到短路电流的温度系数为 $+0.0046\mathrm{mA/cm}^2/\mathrm{K}=+0.014\%/\mathrm{K}$。如果模拟中将 $\mathrm{d}E_g/\mathrm{d}T$ 忽略，则短路电流的温度系数为 $-0.007\%/\mathrm{K}$。因此人们通常认为 CIGS 薄膜太阳电池的短路电流不随温度改变。

开路电压的温度系数为 $-1.85\mathrm{mV/K}$。模拟结果与实测结果完全一致。填充因子随温度降低而缓慢增加，到 200K 时达到 0.805。

随着温度的下降。二极管品质因子逐渐增加，而反向饱和电流却逐渐下降。

在 240～320K 的范围内，效率大于 18% 的 CIGS 薄膜太阳电池的短路电流密度几乎不随温度改变，而开路电压、填充因子和光电转换效率均随温度的升高而下降。这个结论与上述 16.4% 的 CIGS 电池是完全一致的。

如果温度范围向低温延伸到 100K，情况将稍有不同。对一个效率为 12.4% 的 CIS（不含 Ga）电池，从实测的在标准光强下的 I-V 特性与温度（温度范围是从室温下降到 100K）的实测结果可以看出：直到 122K 短路电流密度仍然是个常数；在 165K 以上开路电压的温度系数为 −1.78mV/K；在 210K 以上，填充因子和转换效率均随温度下降而增加。这些均与 16.4% 和 18% 的两个电池的情况相同。只当温度在 210K 以下到 100K 之间，填充因子明显减小，从而使电池的转换效率也出现随温度下降的趋势。这种现象可用电池串联电阻随温度下降而升高来解释。从室温下降到 77K，ZnO 的电阻只增加 8%。可以认为，低温下电池串联电阻的急剧上升，来源于 CIS 膜层的体电阻和 Mo/CIS 之间的接触电阻。

6.3.3.5 CIGS 薄膜太阳电池的抗辐照能力

CIGS 薄膜太阳电池，尤其是柔性衬底 CIGS 薄膜电池。由于其高效率、高比功率（kW/kg）和可弯曲性使之成为空间应用最有吸引力的薄膜太阳电池。空间应用的前提是太阳电池必须有较好的抗辐照能力。研究表明，CIGS 薄膜电池具有相当好的抗辐照能力。图 6.31 为几种太阳电池在 1MeV 电子辐照下，输出功率的衰减情况。可以看出，在这种辐照条件下，当大多数电池输出功率明显衰退时，CIGS 电池却无任何衰减。

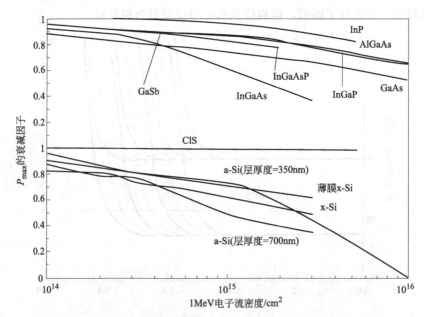

图 6.31 1MeV 电子辐射下，各种电池的功率衰减曲线

图 6.32 给出在不同粒子流密度、不同能量的电子和质子辐照下，CIGS 薄膜电池的输出参数的衰减情况。以辐照前的电池参数为参考，该图纵轴表示辐照前后电池参数的衰减因子。对于 1MeV 的电子辐照，在粒子流小于 $10^{16} cm^{-2}$ 时，电池参数无任何衰退。而在粒子流密度大于 $10^{17} cm^{-2}$ 时，电池效率衰减 10%。这个粒子流密度比硅和砷化镓电池达到同样衰减时的粒子流大一个数量级。在粒子流密度为 $10^{18} cm^{-2}$ 时，CIGS 电池效率下降 21%。如果以 r_V、r_I 和 r_F 分别表示开路电压、短路电流和填充因子的衰减值，则 CIGS 太阳电池辐照后的效率为 $r\eta = r_V \times r_I \times r_F = 0.80 \times 0.99 \times 0.96 = 79\%$。这表明，在 1MeV、$10^{18} cm^{-2}$，粒子流密度的电子辐照下，CIGS 电池效率的降低主要是由于其开路电压的衰减

引起的。

从图 6.32 可以看出，电子能量在 $1\sim3$MeV 时，只当其粒子密度大于 10^{18}cm^{-2} 时才对短路电流和填充因子有显著影响。因此有人认为，这时电子辐照只在太阳电池吸收层中产生起复合中心作用的缺陷损伤。

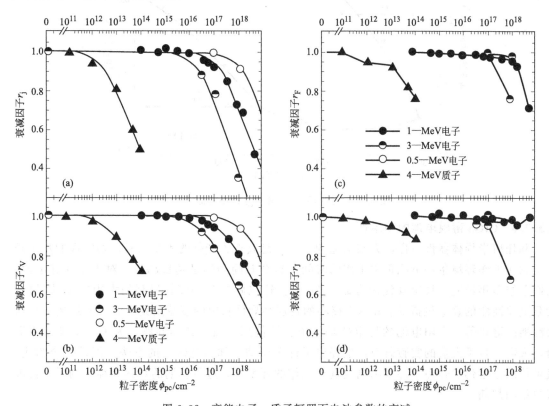

图 6.32　高能电子、质子辐照下电池参数的衰减
(a) 效率；(b) 开路电压；(c) 填充因子；(d) 短路电流

对于质子辐照，如图 6.32 中三角所示。在质子流密度为 10^{14}cm^{-2} 时，电池各个参数都有不同程度的衰减。其光电转换效率降到初始值的 49%：$r\eta = r_V \times r_I \times r_F = 0.72 \times 0.89 \times 0.77 = 49\%$。高能质子造成的损伤使电池填充因子的衰减几乎与电子辐照时开路电压的衰减一样大。而电池的填充因子的大小与该电池的二极管品质因子 A、开路电压 V_{oc}、串联电阻 R_s 及并联电阻 R_{sh} 密切相关。这表明，质子辐射对电池造成的损伤机制是更为复杂的。

在相对较低的质子能量和粒子密度辐照下，CIS 薄膜电池的二极管品质因子和反向饱和电流便开始衰减了（即 A 和 I_0 变大）。虽然如此，CIGS 薄膜太阳电池对高能质子的耐受能力，仍然好于其他地面应用电池。而与专门为空间应用设计的外延 InP 太阳电池相当。因此可以认为 CIGS 薄膜电池具有非常好的抗高能电子和质子辐照的能力，其抗电子辐照能力更为优良。

和其他太阳电池一样，CIGS 薄膜电池的辐照损伤可以用真空退火的方法得到部分恢复。图 6.33 是 3MeV 电子辐照后的 CIGS 薄膜电池进行退火处理的结果。退火时间为 100s。间隔 20K，即每隔 20K 停留 100s，用来测量电池参数。其短路电流在稍高于室温下退火即开始恢复，到 360K 时基本恢复到辐照前的值。而开路电压从 360K 才开始恢复，到 440K 恢复到 600mV，与 650mV 的初始值相比有 50mV 未能恢复。

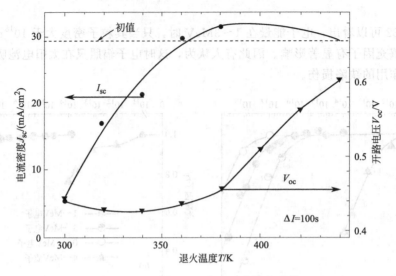

图 6.33　退火后，I_{sc} 和 V_{oc} 的恢复曲线

6.3.3.6　CIGS 薄膜电池的稳定性

和任何半导体器件一样，太阳电池的稳定性是其作为产品的重要指标。稳定性的真正判据是它在工作环境条件下能正常工作的时间。这个时间当然是越长越好。对于单晶硅电池，人们总结多年经验，规定其使用寿命为 20 年。这也就成为许多新研制的太阳电池的目标。太阳电池性能的衰退包括以 p-n 结为核心的各层半导体材料的衰减及其界面、外封装引线材料性能的退化等。太阳电池的稳定性是一个长期使用寿命的预期问题。为了预知其使用寿命，人们进行了大量的实验研究，也提出了许多所谓"加速老炼"的方法。但是至今为止，最可信的方法仍然是在室外太阳电池真正工作的环境下，进行长期的观察和细心测试，再进行总结和判断。

科罗拉多太阳能研究中心（SERI）对 CIS 组件的户外稳定性的研究结果。CIS 组件在户外条件下工作 5 个月，电池的性能没有任何的衰减。为了进一步验证 CIGS 电池户外的长期稳定性，Siemens 太阳能公司对 CIS 组件进行了 8 年的户外测试，电池的平均效率基本不变甚至有所增加。日本 Showa Shell 公司对 11kW 的 CIGS 电池方阵进行了户外测试。从方阵中定期取出相同的组件在标准条件（25℃，AM1.5）下测试，测试时间持续 3 年，结果表明 CIGS 组件的效率没有发现任何的衰减，再次证明了 CIGS 电池的稳定性。

可以得到初步结论：CIGS 薄膜太阳电池是相当稳定可靠的新型薄膜光伏器件，它将具有广阔的发展空间和产业化前景。

研究表明，湿热试验对 CIGS 电池是有害的。对电池性能的主要影响是降低开路电压和填充因子。Showa Shell 的湿热试验结果证明，电池输出功率随着试验时间的延长明显衰减，但在"光老炼"后可恢复到最初功率的 95% 左右。所谓"光老炼"（light soaking）是指在稳态模拟器或者户外阳光下进行一定时间的辐照。

湿热条件下，对小面积 CIGS 电池的研究表明，电池的填充因子降低 20%～50%，开路电压降低 5%～10%。湿热试验引起电他性能衰退的原因如下：ZnO 电阻率的降低导致空间电荷区变宽，p-n 结向 n 型区偏移，增大了光生载流子的收集势垒，降低了填充因子；导纳谱和变温 C-V 测试表明，湿热试验增加了 CIGS 薄膜中的缺陷态密度，这势必会增强复合并降低电池的开路电压，因此抗湿热的封装材料与结构对电池组件的长期使用具有至关重要作用。

湿热试验对 CIGS 组件性能的影响。组件效率的主要损失是由于电压和填充因子的降低引起的，短路电流密度基本不变。前电极 Al-ZnO 和背电极 Mo 的薄层电阻在 1000h 的湿热试验后分别增加了 3 倍和 1 倍，这都会增加电池的串联电阻。而 CIGS 层电阻率的降低会增加 P_1 处的分路损失，进而影响器件的开路电压。

可以看出，在湿热条件下，电池的效率会降低。必须通过改进封装工艺和材料，优化设计电池的内部连接结构，才可降低湿热条件对 CIGS 电池性能的影响。

6.4　柔性衬底 CIGS 薄膜太阳电池

6.4.1　柔性衬底 CIGS 薄膜太阳电池的性能特点

航空航天领域需要太阳电池有较高的质量比功率，即希望单位质量的太阳电池能发出更多的电量。而对于地面光伏建筑物的曲面造型和移动式的光伏电站等要求太阳电池具有柔性、可折叠性和不怕摔碰，这就促进了柔性衬底太阳电池的发展，所谓柔性电池是以金属箔或高分子聚合物做衬底的薄膜太阳电池。一般说来，所有薄膜太阳电池都可以做成柔性的。柔性 CIGS 薄膜太阳电池的结构如图 6.34 所示，除衬底和 CIGS 吸收层工艺略有不同之外，其他各层与玻璃衬底 CIGS 电池工艺基本相同。

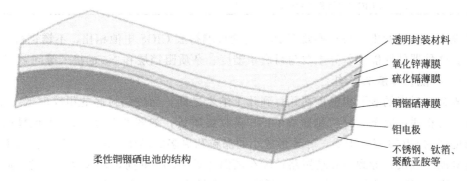

柔性铜铟硒电池的结构

透明封装材料
氧化锌薄膜
硫化镉薄膜
铜铟硒薄膜
钼电极
不锈钢、钛箔、聚酰亚胺等

图 6.34　柔性 CIGS 电池结构

柔性 CIGS 薄膜电池具有以下优异性能。

① 高的质量比功率（W/kg）。在空间电池领域，柔性 CIGS 电池具有最高的比功率和最低的成本，功率密度与硅、砷化镓薄膜电池相当（表 6.2）。

② 相比于高转换效率的 Si 电池、单结和三结 GaAS 太阳电池，CIGS 电池耐高能电子和质子辐照的能力更强。

③ 适合于建筑一体化（BIPV），尤其适合于在不平的屋顶上使用。柔性电池可以裁切成任何形状及尺寸，同时也可以作光伏瓦片。

④ 柔性衬底 CIGS 电池具有降低成本的最大潜能，适合大规模生产的卷-卷（roll-roll）工艺。

⑤ 适合单片集成：金属衬底材料可通过在其表面沉积绝缘层实现单片集成，PI 衬底由于其本身的绝缘性，在单片集成领域更有前景。

表 6.2　几种空间应用的太阳电池的性能参数比较

电池类型	质量比功率/(W/kg)	功率密度/(W/m²)	成本/($/W)
晶体 Si 电池	260	230	130
三结砷化镓电池	210	300	260
铜铟镓硒薄膜电池	1430	210	30～50

选择衬底材料首先考虑的是热稳定性，要求衬底可以承受制备高效率器件需要的温度，同时要有合适的热膨胀系数，并与电池吸收层材料匹配良好。其次是化学和真空稳定性，即在 CIGS 吸收层沉积过程中不和 Se 反应，水浴法制备 CdS 时不分解，真空稳定性则要求衬底材料加热不放气。最后，衬底材料要适合卷-卷工艺，这样可以实现吸收层的连续生长，降低制造成本。

6.4.2　柔性金属衬底 CIGS 太阳电池

金属衬底主要指不锈钢、钼、钛、铝和铜等金属箔材料。表 6.3 列出了目前的各种金属衬底 CIGS 电池的最高效率。美国国家可再生能源实验室（NREL）研制的小面积不锈钢电池的最高转换效率达到了 17.5%，是柔性衬底 CIGS 电池的世界纪录。

表 6.3　不同柔性金属衬底 CIGS 太阳电池的研究水平（AM1.5）

柔性衬底	转换效率/%	吸收层制备技术	柔性衬底	转换效率/%	吸收层制备技术
SS	17.5	CIGS(共蒸发)	Al	6.6	CIGS(共蒸发)
Mo	11.7	CIGS(氧化物预置层,硒化)	Ti	16.2	CIGS(共蒸发)
Cu	9.0	CIGS(电沉积预置层,RTP)			

从表 6.3 可以看出，与转换效率 19.9% 的玻璃衬底 CIGS 电池相比，不锈钢衬底电池仍有差距。这种器件性能的差异主要与衬底粗糙度、杂质阻挡层和 Na 的掺入等问题有关。

6.4.2.1　衬底粗糙度的影响

一般金属衬底的表面粗糙度在几百到几千纳米之间，而玻璃衬底的粗糙度低于 100nm。粗糙的衬底将通过以下 3 种机制影响 CIGS 吸收层质量，如图 6.35 所示：①粗糙的表面可以提供更多的 CIGS 成核中心，导致形成小的晶粒和更多的晶体缺陷；②金属衬底上的尖峰可穿过电池吸收层，导致 p-n 结短路；③在高温生长 CIGS 期间，衬底存在大的突起会增加杂质从衬底向 CIGS 扩散。降低表面粗糙度须对柔性金属衬底进行抛光处理。覆盖一层绝缘层也能有效地降低粗糙度。

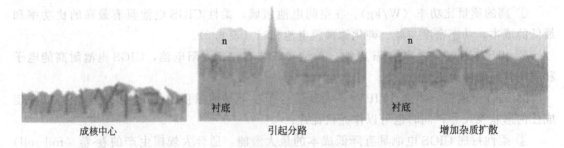

| 成核中心 | 引起分路 | 增加杂质扩散 |

图 6.35　衬底粗糙度的三种影响机制

6.4.2.2　绝缘阻挡层

柔性金属衬底太阳电池的绝缘阻挡层一般夹在金属和 Mo 背接触层之间，它有两个作用：①在金属衬底和单片集成电池之间提供电绝缘层；②减少金属衬底中杂质向 CIGS 中扩散。因此柔性金属衬底大面积组件是必须有此阻挡层的。对小面积单体电池，只要所选的金属衬底材料的纯度足够高，可以不用阻挡层。例如，纯 Ti、纯 Mo 等衬底上的小面积 CIGS 太阳电池不需要阻挡层。而 Cr 不锈钢等含杂质的衬底，由于衬底中有害杂质的扩散会钝化器件的性能，需要阻挡层。研究表明，绝缘且稳定的氧化物 SiO_x 和 Al_2O_3 等是阻挡层的首选材料。SiO_x（等离子体 CVD 法）/SiO_x（溶胶-凝胶法）和 SiO_x（等离子体 CVD 法）/Al_2O_3（溅射法）等双层结构具有最佳的阻挡效果。

6.4.2.3　Na 的掺入

Na 对 CIGS 薄膜电池性能的提高是不容置疑的。由于各类柔性衬底都不可能像钠钙玻璃那样向吸收层提供足够的 Na。因此，为提高柔性衬底 CIGS 薄膜电池的性能，必须采取其他方式掺入 Na。

Na 的掺入工艺多种多样，图 6.36(a) 为目前广泛使用的玻璃衬底 CIGS 太阳电池的情况，其 Na 来自于衬底本身。图 6.36(b) 是 Na 预制层工艺，即在沉积 CIGS 之前，在 Mo 背接触层上预先沉积含 Na 的预制层。包括 NaF、Na_2S、Na_2Se 和 Na_2O 等化合物，厚度 10～30nm。厚度小于 10nm 时，渗 Na 的作用不大。而厚度超过 30nm 会影响薄膜的附着力，因为后续水浴沉积 CdS 缓冲层时，NaF 极易溶于水引起薄膜脱落。图 6.36(c) 为 Na 共蒸发工艺，在 CIGS 沉积过程中，同时沉积 Na。这种方法与 CIGS 薄膜大规模生产工艺相兼容。图 6.36(d) 为 Na 的后处理工艺：完成 CIGS 薄膜沉积、冷却后，在薄膜上沉积 30nm 厚的 NaF 层，400℃退火 20min（如果 CIGS 的沉积温度低的话，退火温度也随之降低）。由于是在 CIGS 薄膜生长以后进行 Na 的掺入，所以这种工艺不改变薄膜生长动力学、晶粒尺寸和择优取向，但明显提高了电池的性能。

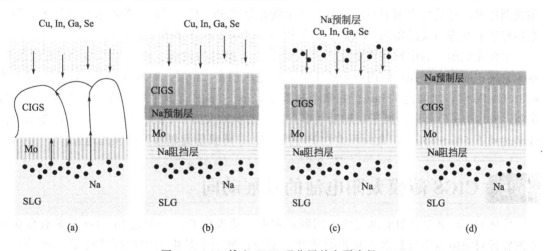

图 6.36　Na 掺入 CIGS 吸收层的主要途径

6.4.3　聚合物衬底 CIGS 薄膜电池

与柔性金属衬底 CIGS 薄膜太阳电池相比，聚合物衬底质量更轻，适合于大规模生产的卷-卷工艺，是柔性电池研究发展的热点。目前，在聚合物衬底 CIGS 薄膜电池研究领域，聚酰亚胺（PI）是唯一取得成功的衬底材料。这主要是由于这种聚合物衬底相对较强的耐高温能力和低的热膨胀系数。

由于聚酰亚胺薄膜表面平整且具有较好的绝缘性能，在其使用温度下性能稳定，无任何杂质向 CIGS 吸收层中扩散。因此不锈钢等衬底所考虑的粗糙度和绝缘阻挡层问题，这里无须考虑。Na 掺入问题与不锈钢衬底一样，也是通过含 Na 预制层、Na 共蒸发和后处理 3 种方法来解决。由于性能最好的聚酰亚胺也只能承受 450℃ 左右的温度，因此柔性聚酰亚胺衬底 CIGS 薄膜太阳电池只能采用低温沉积工艺。沉积温度低导致 CIGS 薄膜的结晶质量差，晶粒细小并产生大量晶界，降低了光生载流子的扩散长度使太阳电池的性能变差。但是低温工艺降低了能耗、缩短了升降温时间、降低电池生产成本和提高生产率。低温沉积工艺的研究工作大多首先在玻璃衬底上用蒸发工艺进行，使用温度在 350～450℃。得到的电池效率在 12%～15%。使用 PVD 方法合成 CIGS 吸收层的最低温度通常超过 350℃。在钠-钙玻璃上，在衬底温度 310℃ 时做出了效率为 9.1% 的 CIGS 电池。

瑞士联邦工学院（ETH）制备的聚酰亚胺衬底 CIGS 电池的转换效率达到了 14.1%，比功率超过 1400kW/kg，是 PI 衬底 CIGS 电池的世界纪录。其中 CIGS 吸收层采用低温三步共蒸发工艺：第一步，衬底温度为 400℃ 时沉积 In-Ga-Se 预制层；第二、三步衬底温度维持在 400～500℃，分别沉积 Cu-Se 和剩余的 In-Ga-Se。Na 的掺入采用后处理工艺。

6.4.4　CIGS 柔性光伏组件

广泛而迫切的应用前景使柔性 CIGS 产业化得到迅速发展。和玻璃衬底一样，CIGS 柔性光伏组件的集成互联工艺也需要三步划线工序。但是对于柔性衬底来讲，直接的机械划线技术不可避免地损伤聚酰亚胺衬底的表面和金属衬底的绝缘阻挡层。尤其对于金属衬底，一旦绝缘层被破坏就会引起短路，无法制备集成组件。背接触 Mo 层的直接划线法对 PI 衬底是可以使用的，但是对金属衬底很难适用。对 PI 衬底，P1 和 P2 划线仍用激光法，P3 需使用光刻技术。对柔性金属衬底，除 P2 可用激光划线外，P1、P3 都必须用光刻技术。鉴于柔性衬底上互连划线的困难，人们正在使用一些诸如外部连接等工艺方法。

柔性光伏组件的中试和产业化已经取得了令人瞩目的发展。IEC 和 Solarion 均使用卷-卷工艺沉积吸收层。IEC 使用两步法工艺：首先沉积富 Cu 层，时间大约为 32min。接着沉积 In-Ga-Se 层，时间是 12min。在整个过程中，In、Ga 的流量保持一致，所以不存在梯度带隙。Solarion 公司采用离子束辅助共蒸发技术制备的大面积 PI 衬底 CIGS 薄膜电池的转换效率达到了 6%～8%，在大面积柔性 PI 衬底 CIGS 薄膜研究领域处于领先地位。

6.5　CIGS 薄膜太阳电池的发展动向

发展 CIGS 薄膜太阳电池有两个问题影响着产业投资者，一个是 In、Ga 等稀有金属元素的资源对该电池发展到多大规模时将受到制约；另一个是电池中的缓冲层 CdS 再薄，也要考虑 Cd 元素的存在会对环境的影响。因此，人们进行了大量研究和试验，采用无 Cd 材料作缓冲层和用其他材料代替 CIGS 方面都取得了许多新成果。

6.5.1　无 Cd 缓冲层

缓冲层选取需要考虑以下因素。首先，缓冲层材料应该是高阻 n 型或者本征的，以防止 p-n 结短路。其次，和吸收层间要有良好的晶格匹配，以减少界面缺陷，降低界面复合。再次，需要较高的带隙，使缓冲层吸收最少的光。最后，对于大规模生产来讲，缓冲层和吸收层之间的工艺匹配也是非常重要的。表 6.4 给出了目前研制的各种无镉缓冲层。

表 6.4　各种无 Cd 缓冲层 CIGS 太阳电池最高效率

缓冲层种类	制备方法	最高效率	
		面积/cm^2	效率/%
ZnS	CBD	0.155	18.6
Zn(O,S,OH)	CBD	30×30	14.2
	CBD	1.08	15.7
Zn(Se,OH)	MOCVD	0.55	11
In(OH)$_3$: Zn^{2+}	CBD	0.2	14
In(OH,S)	CBD	0.38	15.7
ZnIn$_2$Se$_4$	PVD	0.19	15.1
Zn$_{1-x}$Mg$_x$O	共溅射	0.96	16.2
ZnO	ALD	0.19	14.6
	ALCVD	714	12.9
In$_2$S$_3$	ALCVD	0.1	16.4

从表 6.4 中可以看出，无镉缓冲层可以分为含 Zn 的硫化物、硒化物或氧化物，以及含 In 的硫化物或硒化物两大类，制备方法主要是化学水浴法。已经能够用于生产大面积 CIGS 薄膜电池的无镉缓冲层的有：化学水浴法（CBD）制备的 ZnS、原子层化学气相沉积（ALCVD）的 In$_2$S$_3$。

ZnS 带隙为 3.8eV，可以增强太阳电池短波区的光谱响应。非常适合作为缓冲层材料。化学水浴制备的薄膜性能取决于沉积参数，如 pH 值、温度、络合剂、沉积时间、反应物浓度、超声波应用和溶液搅拌等。化学水浴法制备的 ZnS 成分比较复杂，其中含有大量的氧和氢，简单地记为 CBD-ZnS，有的记为 ZnS（O，OH）或 Zn（O，S，OH）$_x$。

日本青山大学采用锌盐、氨水和硫脲配成的溶液分 3 次连续 CBD 沉积 ZnS，所制备的 CIGS 电池效率达到 18.6%。用略微改进的 CBD 工艺制备的单层 ZnS（O，OH）制备的电池效率达到 18.5%。此外，锌化合物缓冲层也用于大面积 CIGS 薄膜电池，面积为 51.7cm^2 和 864cm^2 的电池效率分别达到 14.2% 和 12.9%。尽管在蓝光区具有较高的透过率和较高的电流收集效率，无 Cd 缓冲层器件的效率仍低于 CdS 器件约 1%。最近的研究表明，采用 CdZnS 缓冲层制备的 CIGS 薄膜电池取得了世界纪录的效率 19.5%。

ZnSe 和 ZnIn$_2$Se$_4$ 两种缓冲层均可采用"干法"工艺制备。采用 ZnSe 和 ZnIn$_2$Se$_4$ 制备 CIGS 薄膜电池的效率都在 15% 左右。一般采用 MOCVD 工艺制备 ZnSe 层，带隙为 2.67eV，高于 CdS 材料，所以采用 ZnS 缓冲层的 CIGS 薄膜电池的光电流高于参考的 CdS 电池，但是开路电压低于参考电池。虽然 ZnIn$_2$Se$_4$ 的带隙仅为 2.0eV，从带隙角度考虑不大适合作为窗口层材料，但是 ZnIn$_2$Se$_4$ 材料与 CIGS 层有很好的晶格匹配，同时 ZnIn$_2$Se$_4$ 的制备工艺与在线共蒸发（in-lineco-evaporation）工艺相兼容，非常适合大规模生产。

最近含 In 的缓冲层材料 In$_2$S$_3$、In(OH)$_x$S$_y$ 也受到了重视。采用 ALCVD 法沉积的 In$_2$S$_3$ 的带隙为 3.2eV 左右，非常适合作为缓冲层材料。由于 ALCVD 是一种"软"方法，不会损伤 CIGS 薄膜的表面，德国 ZSW 采用这种工艺制备的 CIGS 薄膜电池效率分别达到了 16.4%（0.1cm^2）和 12.9%（714cm^2）。

Mg$_{1-x}$Zn$_x$O 也是一种非常适合的缓冲层材料，通过调解薄膜中 Mg 的含量，可以调解薄膜的带隙在 3.3～7.7eV 变化。Mg$_{1-x}$Zn$_x$O 可以通过直接溅射沉积和 ALCVD 等工艺制备。直接溅射沉积 Mg$_{1-x}$Zn$_x$O 所制备的电池效率相对较低为 11.3%，效率的损失是由于溅射工艺损伤表面引起表面复合所致。ALCVD 不损伤表面，制备的电池效率相对较高，超过 16%。Shell Solar 公司溅射 $Mg_{1-x}Zn_xO$ 为缓冲层代替 i-ZnO 和 CdS 层，简化了电池的制备工艺，CIGS 薄膜电池的效率达到了 12.5%。使用相同的 CIGS 层，采用双层 ZnO 和 CdS 结构的电池效率为 13.2%，而仅使用 i-ZnO 无 CdS 的电池效率为 6.3%。

无 Cd 缓冲层 CIGS 电池的研究已经取得了巨大的进展，将取代 CdS 成为 CIGS 薄膜太阳电池缓冲层的主角。

6.5.2 其他Ⅰ-Ⅲ-Ⅵ族化合物半导体材料

$Cu(In，Ca)Se_2$ 薄膜太阳电池已经取得了接近 20% 的转换效率。但取得最高效率的 CIGS 薄膜带隙仅为 1.13eV，远不到太阳电池的最佳带隙 1.4ev。目前大量的研究集中在代替金属 In 和 Ga 或者采用 S 代替 Se 发展宽带隙的高效率电池。目的是在保证组件最大输出的同时，尽量提高器件的开路电压减小电流密度，这样可减少组件集成时的划线次数降低面积损失。高电压还可以降低器件的温度系数。另外，考虑到 In 和 Ga 材料为稀有金属及 Se 相对较高的价格等因素，所以研究其他Ⅰ-Ⅲ-Ⅵ族化合物半导体材料是很必要的。

6.5.2.1 CuCaSe₂

$CuCaSe_2$（CGS）和 $CuCa_3Se_5$ 为宽带隙的半导体材料，带隙值分别为 1.67eV 和 1.82eV。其制备方法包括 PVD、CVD、MOCVD 等。

CGS 材料的应用主要在以下几个方面：①$CuCaSe_2$ 可以作为叠层电池的顶电池，$Cu(In，Ca)Se_2$ 的带隙在 $1\sim1.3$eV，$CuCaSe_2$ 为 1.67eV，经理论计算 $CuGaSe_2/Cu(In，Ca)Se_2$ 串联叠层电池的效率可达到 33%；②这种宽能隙半导体 $CuCaSe_2$ 和 $CuCa_3Se_5$ 适合于制备各种光发射器件，光谱范围从可见光到紫外光；③富 Ga 的 $CuGaSe_2$ 器件的最高开路电压可以超过 950mV。

目前最高效率的 CGS 电池的转换效率已经达到 10.2%（$V_{oc}=823$mV、$I_{sc}=18.6$mA/cm², FF=66.7%），其中 CGS 材料的制备采用三步法工艺。CGS 薄膜沉积结束后在薄膜表面沉积少量的 In 元素来进行表面改性。从电池参数可以看出，CGS 薄膜电池具有高的开路电压，但是电流密度和填充因子都较低。

与 CIGS 薄膜电池相比，CGS 薄膜电池的效率还很低。这与 CGS 材料本身特性有关系。由于 CGS 材料不能掺杂形成 n 型、所以 CGS 电池不能形成类似 CIGS 电池那样的表面层，难以形成高质量的浅埋结。另外 CGS/CdS 之间的能带边失调值为负，而 CIGS/CdS 的为正，这就决定了 CGS 电池具有隧穿加强的复合和更大的界面复合。

6.5.2.2 Cu(In，Al)Se₂

使用 Al 元素代替 CIGS 中的 Ga 元素可形成 $CuIn_{1-x}Al_xSe_2$ 化合物半导体材料。通过改变 Al/（Al+In）的比值，禁带宽度在 $1.0\sim2.6$eV 可调。与 $Cu(In_{1-x}Ca_x)Se_2$ 相比，Al 替代了稀有金属 Ga，即降低了材料的成本又拓宽了带隙。

$CuIn_{1-x}Al_xSe_2$ 材料的制备方法包括蒸发法和后硒化法。蒸发法即采用与 CIGS 类似的蒸发工艺，共蒸发 Cu、In、Al 和 Se 四种元素形成薄膜。后硒化法即溅射沉积 Cu-In-Al 预制层，然后在 Se 气氛下退火。

具有 $Mo/CuIn_{1-x}Al_xSe_2/CdS/ZnO/ITO/Ni$-Al 电极/$MgF_2$ 结构的太阳电池，单结太阳电池的转换效率达到了 16.9%。效率的改进是通过在两层之间加入厚度为 5nm 的 Ga 薄层，提高了 $Cu(In_{1-x}Al_x)Se_2$ 和衬底之间的附着力来实现的。Ga 的掺入可以在背表面形成

Ga-In-Se 相，这种二次相和 Mo/玻璃衬底之间具有良好的附着力。

6.5.2.3　$CuInS_2$、$Cu(InCa)(SSe)_2$

$CuInS_2$ 带隙为 1.5eV，更接近太阳电池的理想带隙，且无毒。

$CuInS_2$ 材料的研究始于 20 世纪 70 年代，与 $CuInSe_2$ 电池同步。小面积 $CuInS_2$ 电池的最高效率为 13.2%。目前，德国 HMI 研究中心已经建立了 $CuInS_2$ 薄膜太阳电池的中试线。采用溅射 Cu、In 预制层后进行硫化处理的工艺。其组件的最高效率达到了 9.4%。$CuInS_2$ 薄膜必须在富 Cu 条件下生长才能得到大的晶粒尺寸，而富 Cu 相会导致电池短路，因此需要使用消除富 Cu 相的表面刻蚀工艺。

部分 S 代替 $Cu(In,Ca)Se_2$ 中的 Se 元素可形成 $Cu(In,Ca)(S,Se)_2$ 材料。带隙为 1.0～2.4eV。目前最高效率的 $Cu(In,Ca)(S,Se)_2$ 电池的转换效率为 11.2%（V_{oc}＝770mV、I_{sc}＝19.2mA/cm^2，FF＝77.3%）。对于这种电池，高的填充因子是其他宽带隙材料所不具备的。

6.5.3　叠层电池

叠层电池结构对于发展高效率薄膜电池来讲是一种很有前景的技术。在叠层结构中，顶电池和底电池被串联起来，分别吸收蓝光和红光光子。以 CIGS 单结电池的转换效率已经接近 20%。与Ⅲ-Ⅴ族材料相似，Ⅰ-Ⅲ-Ⅵ族材料形成一系列多元合金的固溶体。在这一系列材料中，Cu 基黄铜矿化合物的带隙为 0.9～2.9eV，Ag 基黄铜矿化合物的带隙为 0.6～3.1eV。近来的理论计算表明，最适合叠层电池的带隙分布为顶电池 1.71eV，底电池 1.14eV。$CuGaSe_2$ 和 $Cu(In,Ga)Se_2$ 材料非常适合理论设计叠层电池的带隙结构。

1988 年 ARCO 制备了 a-Si：H/CIS 叠层电池，薄膜 a-Si 电池作为顶电池，CIS 电池作为底电池，两种薄膜电池采用聚合物在中间黏结，并使用四端输出，电池的效率达到了 15.6%，开创了 CIS 基叠层电池研究的先例。

近来，NREL 采用表面 In 改性的 $CuGaSe_2$ 薄膜制备了转换效率 10.2% 的 CGS 电池，并应用于 CGS/CIS 叠层电池。$CuGaSe_2$ 薄膜直接热蒸发沉积在覆有 ITO 的玻璃衬底上，顶电池具有 ZnO/CdS/CGS/ITO/苏打玻璃的结构。叠层电池的转换效率为 15.31%。

采用 $Ag(In_{0.2}Ga_{0.8})Se_2$（AIGS）作为顶电池，$Cu(In,Ga)Se_2$ 作为底电池，制备了开路电压 1.46eV 的叠层电池，并通过采用高迁移率的 Mo 掺杂 In_2O_3 和低 Ga 含量的底电池吸收层，优化了器件的性能，电池的效率也达到了 8%。

发展叠层电池的关键问题：①发展合适的宽带隙材料作为顶电池，带隙 1.5～1.8eV，效率超过 15%；②顶电池的生长工艺与底电池工艺兼容；③顶电池和底电池有效的内部连接。

思考题及习题

6.1　已知 $CuInSe_2$ 的带隙为 1.02V，$CuGaSe_2$ 的带隙为 1.67eV，假设薄膜中 Ga 的分布是均匀的，求 $CuIn_{0.32}Ga_{0.01}Se_{0.93}$ 的带隙。

6.2　简述 Na 对薄膜电学性能的影响及其作用机理。

6.3　为什么选用 ZnO 做 CIGS 薄膜电池的窗口材料，其结构上需具有什么特点？

6.4　造成 CIGS 薄膜电池出现弱光性的原因是什么？

6.5　简述柔性衬底 CIGS 薄膜太阳电池的性能特点。

第7章

染料敏化太阳电池

本章简要介绍了染料敏化太阳电池的发展历史、结构与组成以及工作原理，重点阐述了染料敏化太阳电池的衬底材料、纳米多孔薄膜电极、染料、电解质和对电极等关键材料的物理化学特性和性能表征方法。同时详细论述了有机聚合物太阳电池结构、工作原理及给体、受体等材料特性。

7.1 染料敏化太阳电池基础

7.1.1 染料敏化太阳电池的发展历史

1837 年，Vogel 发现用染料处理过卤化银颗粒的光谱响应从 460nm 拓展到红光甚至红外光范围，这一研究奠定了所谓"全色"胶片的基础，是有机染料敏化半导体的最早报道。

1839 年，Becquerel 发现把两个相同的涂敷卤化银颗粒的金属电极浸在稀酸溶液中，当光照一个电极时会产生光电流，首先意识到光电转换的可能性。

1887 年，Moser 在赤藓红染料敏化卤化银电极上观察到光电响应现象，并将染料敏化的概念引入到光电效应中。

1949 年，Putzeiko 和 Trenin 将罗丹明 B、曙红、赤藓红、花菁等有机染料吸附于压紧的 ZnO 粉末上，观测到光电流响应，从此染料敏化半导体成为光电化学领域的研究热点。人们认识到要想获得最佳的光电效率，染料必须以一种紧密的单分子层吸附在半导体表面，但对染料敏化半导体本质的认识仍不清楚。

系统地研究光诱导有机染料与半导体之间的电荷转移反应是从 1968 年开始的。Gerischer 等采用玫瑰红、荧光素及罗丹明 B 敏化单晶 ZnO 电极，发现敏化电极光电流谱和染料吸收光谱在外形上基本一致，此后，科学家们根据光诱导下有机染料与半导体间的电荷转移反应，提出染料敏化半导体在一定条件下产生电流的机理，成为光电化学电池的重要基础。

20 世纪 70 年代初，Fujishima 和 Honda 成功地利用 TiO_2 进行光解水制氢，将光能转换为化学能储存起来。该实验成为光电化学发展史上的一个里程碑，使人们认识到 TiO_2 在光电化学电池领域中是比较重要的半导体材料。由于所使用的单晶 TiO_2 半导体材料在成本、强度及制氢效率上的限制，这种方法在此后的一段时间内并没有得到很大的发展。

进入 20 世纪 80 年代，光电转换研究的重点转向人工模拟光合作用，除了自然界光合作用的模拟实验研究外，还有光能-化学能（光解水、光固氮和光固二氧化碳）和光电转换等应用研究。美国亚利桑那州立大学的 Gust 和 Moore 领导的研究小组，在三元化合物 C-P-Q 类胡萝卜素（carotenoid）-卟啉（porphyrin）-苯醌（quinone）上第一次成功模拟了光合作用中光电子转移过程。在这以后，他们又进行了四元、五元化合物的研究，并取得了一定的成绩。利用有机多元分子的光电特性制作光电二极管。Fujihira 等将有机多元分子用 LB 膜组装成光电二极管，获得了 $0.28mA/cm^2$ 的短路电流，成为该领域开拓性工作。经过几年来的研究，短路电流已提高了一个量级。

自 20 世纪 70~90 年代，有机染料敏化宽禁带半导体的研究一直非常活跃，大量研究了有机染料与半导体薄膜间的光敏化作用。这些染料包括玫瑰红、卟啉、香豆素和方酸等，半导体薄膜主要包括 ZnO、SnO_2、TiO_2、CdS、WO_3、Fe_2O_3、Nb_2O_5 和 Ta_2O_5 等。Fujihara 等报道罗丹明 B 上的羧基能与半导体表面上的羟基脱水形成酯键。Goodenough 等把这个化学反应扩展到联吡啶钌配合物上希望能够有效地进行水的光氧化，虽然氧化产率很低，但他们的工作阐明了含有羧基的羧基与金属氧化物之间的有效结合方式。早期在这方面的研究主要集中在平板电极上，由于平板电极表面只能吸附单分子层染料，其光电转换效率始终在 1% 以下，远未达到实用水平。

1991 年，瑞士洛桑高等工业学院将高比表面积的纳米多孔 TiO_2 电极代替传统的平板电极引入到染料敏化太阳电池的研究中，染料敏化太阳电池的光电转换效率已经超过了 11%，已经可以与非晶硅（a-Si）基太阳电池相媲美。图 7.1 列出了近 20 多年来小面积染料敏化太阳电池在光电转换效率上取得的长足进步。

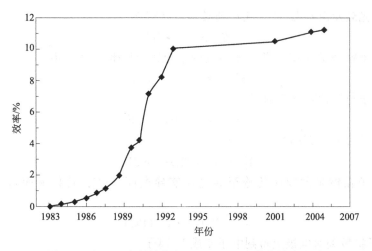

图 7.1　小面积染料敏化太阳电池的光电转换效率变化

7.1.2　染料敏化太阳电池的工作原理

染料敏化太阳电池的工作原理与自然界中的光合作用类似。光合作用是绿色植物通过叶绿素，利用光能，把二氧化碳和水转化为储存能量的有机物，并且释放出氧的过程。染料敏化太阳电池模仿绿色植物光合作用把自然界中光能转换为电能。

液体电解质染料敏化太阳电池主要是由光阳极、液态电解质和光阴极组成的"三明治"结构电池（图 7.2）。光阳极主要是在由导电衬底材料上制备一层多孔半导体薄膜，并吸附

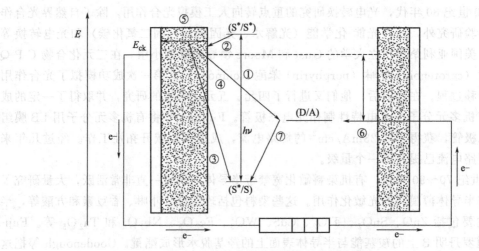

图 7.2　液体电解质染料敏化太阳能电池

一层染料光敏化剂；光阴极主要是在导电衬底上制备一层含铂或碳等催化材料。在光阳极中，电极主要材料如 TiO_2，带隙为 $3.2eV$，不吸收可见光。当 TiO_2 表面吸附一层具有很好吸收可见光特性的染料光敏化剂时，基态染料吸收光后变为激发态，接着激发态染料将电子注入到 TiO_2 的导带而完成载流子的分离，再经过外部回路传输到对电极，电解质溶液中的 I_3^- 在对电极上得到电子被还原成 I^-，而电子注入后的氧化态染料又被 I^- 还原成基态。I^- 自身被氧化成 I_3^-，从而完成整个循环。电池内发生的所有过程基本可以用下面表达式来描述表示。

① 染料受光激发由基态（S）跃迁到激发态（S^*）

$$S+h\nu \longrightarrow S^*　　　　　　　　　　　　　　　　(7.1)$$

② 激发态染料分子（S^*）将电子注入到半导体的导带（CB）中

$$S^* \longrightarrow S^+ + e^-(CB)　　　　　　　　　　　　　　(7.2)$$

③ 导带电子与氧化态染料的复合

$$S^+ + e^-(CB) \longrightarrow S　　　　　　　　　　　　　　(7.3)$$

④ 导带电子与 I_3^- 的复合

$$I_3^- + 2e^-(CB) \longrightarrow 3I^-　　　　　　　　　　　　(7.4)$$

⑤ 导带电子在纳米薄膜中传输至导电玻璃导电面（BC：背接触面），然后流入到外电路

$$e^-(CB) \longrightarrow e^-(BC)　　　　　　　　　　　　　　(7.5)$$

⑥ I_3^- 离子扩散到对电极上得到电子变成 I^- 离子

$$I_3^- + 2e^- \longrightarrow 3I^-　　　　　　　　　　　　　　(7.6)$$

⑦ I^- 还原氧化态染料而使染料再生成整个循环

$$3I^- + 2S^+ \longrightarrow 2S + I_3^-　　　　　　　　　　　　(7.7)$$

为了保证电池能够正常工作，应满足以下要求：

① 光敏化染料分子能够在较宽的光谱范围内吸收太阳光，尽可能充分利用太阳能；

② 染料分子的激发态能级与半导体的导带底能级相匹配，尽可能减少电子转移过程中的能量损失；

③ 电解质中的氧化还原电位和染料分子的氧化还原电位能级匹配，保证染料分子通过

电解质中的电子给体或空穴材料中的电子再生。

7.1.3 染料敏化太阳电池的结构和组成

染料敏化太阳电池主要由以下几部分组成：导电基底材料（透明导电电极）、纳米多孔半导体薄膜、染料光敏化剂、电解质和对电极。其结构如图 7.3 所示。以下分别简要介绍各部分组成、功能和性能要求。

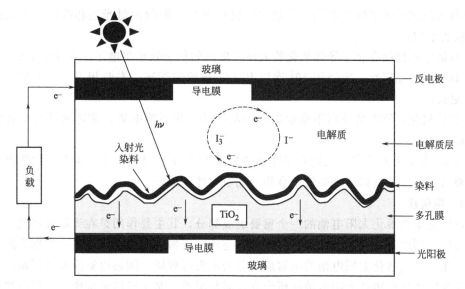

图 7.3　染料敏化太阳电池结构示意

7.1.3.1 导电基底材料

导电基底材料又称导电电极材料，分为光阳极材料和光阴极（或称反电极）材料。目前用作导电基底材料的有透明导电玻璃（transparent conducting oxides，TCO）、金属箔片、聚合物导电基底材料等。一般要求导电基底材料的方块电阻越小越好（如小于 $20\Omega/cm$ 的导电玻璃），光阳极和光阴极基底中至少要有一种是透明的，透光率一般要在 85％以上。用于制备光阳极和光阴极衬底的作用是，收集和传输从光阳极传输过来的电子，并通过外回路传输到光阴极并将电子提供给电解质中的电子受体。

7.1.3.2 纳米多孔半导体薄膜

应用于染料敏化太阳电池的半导体薄膜主要是纳米 TiO_2 多孔薄膜。它是染料敏化太阳电池的核心之一，其作用是吸附染料光敏化剂，并将激发态染料注入的电子传输到导电基底。除了 TiO_2 以外，适用于作光阳极半导体材料的还有 ZnO、Nb_2O_5、WO_3、Ta_2O_5、CdS、Fe_2O_3 和 SnO_2 等，其中 ZnO 因来源比较丰富、成本较低、制备简便等优点，在染料敏化太阳电池中也有应用，特别是近年来在柔性染料敏化太阳电池中的应用取得了较大进展。

制备半导体薄膜的方法主要有化学气相沉积、粉末烧结、水热反应、RF 射频溅射、等离子体喷涂、丝网印刷和胶体涂膜等。目前，制备纳米 TiO_2 多孔薄膜的主要方法是溶胶-凝胶法。制备染料敏化太阳电池的纳米半导体薄膜一般应具有以下显著特征：

① 具有大的比表面积，使其能够有效地吸附单分子层染料，更好地利用太阳光；

② 纳米颗粒和导电基底以及纳米半导体颗粒之间应有很好的电学接触，使载流子在其

中能有效地传输，保证大面积薄膜的导电性；

③ 电解质中的氧化-还原电对（一般为 I_3^-/I^-）能够渗透到纳米半导体薄膜内部，使氧化态染料能有效地再生。

7.1.3.3 染料光敏化剂

染料光敏化剂是影响电池对可见光吸收效率的关键，其性能的优劣直接决定电池的光利用效率和光电转换效率。应用于染料敏化太阳电池的染料光敏化剂一般应具备以下条件：

① 具有较宽的光谱响应范围，其吸收光谱尽量与太阳的发射光谱相匹配，有高的对太阳光的吸收系数；

② 应能牢固地结合在半导体氧化物表面并以高的量子效率将电子注入导带中；

③ 具有高的稳定性，能经历 10^8 次以上氧化-还原的循环，寿命相当于在太阳光下运行 20 年或更长；

④ 它的氧化还原电势应高于电解质电子给体的氧化还原电势，能迅速结合电解质中的电子给体而再生。

经过 20 多年来的研究，人们发现卟啉和第Ⅷ族的 Os 及 Ru 等多吡啶配合物能很好地满足以上要求，后者尤其以多吡啶钌配合物的光敏化性能最好。

7.1.3.4 电解质

电解质是染料敏化太阳电池的一个重要组成部分，其主要作用是在光阳极将处于氧化态的染料还原，同时自身在对电极接受电子并被还原，以构成闭合循环回路。根据电解质的状态不同，用于染料敏化太阳电池的电解质可分为液态电解质、固态电解质和准固态电解质三大类。从现阶段染料敏化太阳电池的研究和发展状况看，基于液体电解质的太阳电池已经在中试规模实验中获得初步成功，且已在电池稳定性实验中证明了其长期稳定性，并有望在近期内投入工业化和商业化生产。

7.1.3.5 对电极

对电极又称光阴极或反电极，它是在导电玻璃等导电基底上沉积一层金属铂（5～10mg/cm²）或碳等材料，其作用是收集从光阳极经外回路传输过来的电子并将电子传递给电解质中的电子受体使其还原再生完成闭合回路。对电极除了收集电子外，还能加速电解质中氧化-还原电对与阴极电子之间的电子交换速度，起到催化剂的作用。目前最常用的对电极材料为铂和碳。铂可以大大提高电子的交换速度，另外厚铂层还能反射从光阳极方向照射过来的太阳光，提高太阳光的利用效率。目前可以采用多种途径来获得铂对电极，如电子束蒸发、DC 磁控溅射以及氯铂酸高温热解等方法。

7.2 染料敏化太阳电池及材料

7.2.1 衬底材料

目前用作染料敏化太阳电池的导电基底材料主要是透明导电玻璃。它是在厚度为 1～3mm 的普通玻璃表面镀上导电膜制成的。其主要成分是掺氟的透明 SnO_2 膜（FTO），在 SnO_2 和玻璃之间还有一层几个纳米厚度的纯 SiO_2 膜，其目的是防止高温烧结过程中普通玻璃中的 Na^+ 和 K^+ 等离子扩散到 SnO_2 导电膜中去。此外，氧化铟锡（ITO）也可作为该电池的导电衬底材料。ITO 相对于 FTO 导电膜的透光率要好，但 ITO 导电膜在高温烧结过程中电阻急剧增大，较大地影响了染料敏化太阳电池的性能。

由于普通玻璃容易碎裂，安装不便，金属箔片或聚合物薄膜基底等也被广泛应用于染料敏化太阳电池中，制作柔性太阳电池。金属箔片有不锈钢、镍、钛等，其优点是耐高温，可以采用高温烧结的方法来将多孔膜沉积在基底上，且电阻小，但由于其不透明，太阳光只能从对电极一侧照射，光利用率较低。聚合物薄膜基底有聚对苯二甲酸乙二醇酯（PET）和聚对萘二甲酸乙二醇酯（PEN）等，与金属箔片相比，聚合物基底材料具有柔韧性好、透光率高等优点，但基底的耐热温度较低，不适合高温烧结法制备纳米半导体薄膜。

7.2.2　纳米半导体材料

在染料敏化太阳电池中应用的半导体薄膜材料主要有纳米 TiO_2、ZnO、SnO_2 和 Nb_2O_5 等半导体氧化物。其主要作用是利用其巨大的表面积来吸附单分子层染料，同时也是电荷分离和传输的载体。这些材料中，基于纳米 TiO_2 的染料敏化太阳电池光电转换效率已超过 11%，基于纳米 ZnO 材料的电池光电转换效率也达到了 4.1%（AM1.5）。

7.2.2.1　纳米多孔薄膜在染料敏化太阳电池中的应用

首先，纳米 TiO_2 在电池中起着重要作用，其结构性能决定染料吸附量的多少。虽然薄膜表面只能吸附单层分子染料，但海绵状的 TiO_2 多孔薄膜内部却能吸附更多的染料分子。内部表面积的大小主要取决于 TiO_2 颗粒的大小，为使染料分子和电解质能进入到多孔薄膜内部，TiO_2 的颗粒又不能太小；随着膜厚的增加，光吸收效率显著增加，但界面复合反应也增大，电子损耗增加，因而纳米 TiO_2 薄膜存在着一个最优化问题。研究表明，膜厚在 $10\sim15\mu m$ 将是一个最优化的厚度，其光电转换效率能达到最大值。

其次，纳米 TiO_2 对光的吸收、散射、折射产生重要影响。光照下太阳光在薄膜内被染料分子反复吸收，大大提高染料分子对光的吸收效率。

再次，纳米 TiO_2 薄膜对染料敏化太阳电池中电子传输和界面复合起着很重要的作用。在染料敏化太阳电池中，并不是所有激发态的染料分子都能将电子有效地注入到 TiO_2 导带中，并有效地转换成光电流，有许多因素影响着电流输出，从染料敏化太阳电池的工作原理可以看出，主要有以下三方面产生的暗电流影响着电流的输出：

① 激发态染料分子不能有效地将电子注入到 TiO_2 导带，而是通过内部转换回到基态；

② 氧化态染料分子不是被电解质中的 I^- 还原，而是被 TiO_2 导带电子直接复合；

③ 电解质中 I_3^- 不是被对电极上的电子还原成 I^-，而是被 TiO_2 导带电子还原。

因此，纳米 TiO_2 多孔薄膜在很大程度上决定了电池的光电转换效率。纳米 TiO_2 制备工艺对 TiO_2 多孔薄膜表面形貌、导电特性有至关重要的影响，而纳米 TiO_2 薄膜电极性能的优劣又直接影响到染料的吸附量、吸光效率和电子转移，从而影响到电池的效率。

7.2.2.2　纳米多孔薄膜电极的制备

纳米 TiO_2 薄膜可以通过化学气相沉积、电沉积，磁控溅射、等离子体喷涂和溶胶-凝胶法等方法在导电玻璃或其他导电基底材料上制备，然后经 $450\sim500\,^\circ\!C$ 的高温烧结除去表面活性剂即可。制备纳米 TiO_2 薄膜的方法是采用溶胶-凝胶法，是以钛酸酯类化合物为前驱体水解制备出 TiO_2 溶胶，经高压热处理、蒸发去除溶剂、加表面活性剂研磨制备 TiO_2 浆料，或者将商业级的纳米 TiO_2 粉体（如 P25）加表面活性剂和适量溶剂研磨制备 TiO_2 浆料，然后经丝网印刷、直接涂膜或旋涂等方法在导电基底上淀积 TiO_2 薄膜，经高温烧结后即可得到纳米 TiO_2 多孔电极。下面以溶胶-凝胶法为例，详细介绍制备纳米 TiO_2 多孔薄膜的实验过程。

溶胶-凝胶法制备纳米 TiO_2 是以钛酸四异丙酯 $[Ti(i\text{-}OC_3H_7)_4]$、硝酸、去离子水等为原料。具体过程：在室温下，将一定量的钛酸四异丙酯滴加到强力搅拌下的硝酸溶液中（可根据需要控制硝酸溶液 pH 为 $1.5\sim6$），同时还可以用三乙胺或氨水溶液（pH 随着颗粒的要求控制在 $8\sim13$）来调节水解反应的 pH。随着钛酸四异丙酯的加入，立刻有白色沉淀物出现。将溶液充分搅拌后，水浴加热到 $80℃$。恒温并保持强力搅拌 $5\sim12h$，获得透明的 TiO_2 胶体。如果溶液混浊，可以适当延长恒温搅拌时间，得到透明的 TiO_2 溶胶。

将溶胶或处理好的溶液放入高压釜内，热处理温度一般为 $190\sim250℃$，热处理时间为 $8\sim24h$，不同实验条件下获得的纳米 TiO_2 颗粒大小和晶形。从高压釜取出的溶液是呈白色、有团聚颗粒沉淀的乳浊液。充分搅拌，溶液均匀，最好采用超声的方法尽可能粉碎团聚颗粒，以便获得分散性较好的纳米 TiO_2 颗粒。经超声分散后，将胶体溶液进行真空蒸发除水，使溶液浓缩，最终使 TiO_2 质量分数为 $10\%\sim15\%$。蒸发除水后，再通过高速离心沉降纳米 TiO_2 颗粒。如果制作纳米 TiO_2 粉末，将去水离心后的纳米 TiO_2 湿团块放入马弗炉中烘干。然后充分研磨，即可得到纳米 TiO_2 粉末。制作 TiO_2 浆料时，将离心后的团块加入一定量的高分子聚合物（如聚乙二醇 M_w 20000）和表面活性剂等，充分研磨后，就可以得到均匀的纳米 TiO_2 浆料。

纳米多孔薄膜的制备是采用丝网印刷技术将浆料均匀印刷在导电玻璃上，制成纳米 TiO_2 多孔薄膜。在纳米 TiO_2 浆料中加入一定比例的表面活性剂，这样不仅可以防止纳米 TiO_2 薄膜在烧结过程中龟裂，又可调节多孔薄膜的孔洞率。将印刷有纳米 TiO_2 薄膜的 TCO 放入红外烧结炉进行 $450℃$ 高温烧结 $30min$，即可得到纳米 TiO_2 多孔薄膜，膜厚可通过丝网的目数等条件来控制，一般控制在 $4\sim20\mu m$。

7.2.2.3 纳米多孔薄膜电极研究进展

应用于染料敏化太阳电池的半导体薄膜材料主要是纳米 TiO_2、ZnO、SnO_2、$SrTiO_3$、Nb_2O_5 等半导体氧化物，主要作用是利用其巨大的表面积来吸附单分子层染料，同时也是电荷分离和传输的载体。到目前为止，电池光电转换效率最高的仍是以纳米 TiO_2 半导体材料的电极。近几年来，有关染料敏化太阳电池中纳米半导体薄膜方面的研究主要集中在以下3个方面：薄膜的制备方法、薄膜的物理-化学处理以及其他半导体薄膜的应用。

在纳米 TiO_2 薄膜制备方法上，目前有两大热点：一个是在柔性衬底上制备纳米 TiO_2 薄膜；另一个是规整有序纳米 TiO_2 薄膜制备方面的研究。在柔性衬底制备纳米 TiO_2 薄膜研究上，是将经过高温烧结过的纳米 TiO_2 多孔层从镀金的玻璃上转移到涂有胶黏剂的 ITO/PET 柔性导电基底上，获得了 5.8%（AM1.5）的高光电转换效率，但由于该方法制备工艺复杂而很难得以大规模应用。2006 年，开发出一种基于钛箔柔性基底的高温法 TiO_2 光阳极和基于 ITO/PEN 导电基底的镀铂对电极柔性太阳电池，效率达到 7.2%，这也是目前柔性电池光电转换效率的最高值。这些研究成果使人们看到了柔性太阳电池应用的希望，但柔性电池的光电极与导电基底的附着强度和电接触等问题仍需要做更深入的研究。

在规整有序纳米结构 TiO_2 薄膜研究上，利用不同粒径纳米粒子的纳米晶三维周期孔组装而制作的染料敏化太阳电池，开路电压达到了 $0.9V$。目前 TiO_2 纳米管的研究和应用也备受关注，将其应用于染料敏化太阳电池电极材料，获得了较好的光电转换效率。总之，利用半导体复合体系（如 TiO_2、Nb_2O_5、ZnO、SnO_2 和 Al_2O_3 等）组装复合半导体多孔薄膜电极也是纳米半导体研究的一个重要方向。

纳米结构的半导体在太阳电池中通过其巨大的表面积，吸附大量的单分子层染料，提高了太阳光的收集效率，同时，纳米半导体将激发态染料分子注入的电子传输到电极。半导体电极的巨大表面积也增加了电极表面的电荷复合，从而降低太阳电池的光电转换效率。为了改善电池的光电性能，人们采用了多种物理化学修饰技术来改善纳米 TiO_2 电极的特性，这些技术包括 $TiCl_4$ 表面处理、表面包覆和掺杂等。

采用 $TiCl_4$ 水溶液处理纳米 TiO_2 光阳极，可以在纯度不高的 TiO_2 核外面包覆一层高纯的 TiO_2，增加电子注入效率；同时和电沉积一样，在纳米 TiO_2 薄膜之间形成新的纳米 TiO_2 颗粒，增强了纳米 TiO_2 颗粒间电接触。研究发现，$TiCl_4$ 处理后，尽管纳米 TiO_2 薄膜的比表面积下降，但单位体积内 TiO_2 的量增加，从而增大了 TiO_2 薄膜的表面积和电池的光电流。$TiCl_4$ 处理纳米 TiO_2 光阳极提高光电流的可能机理是改变 TiO_2 的导带边位置，增大光电子的注入效率。与 $TiCl_4$ 表面处理作用类似的方法有酸处理、表面电沉积等。盐酸处理有机染料敏化的 TiO_2 薄膜，电池的光电流和光电压及效率均有大幅提高，处理效果要较其他无机酸好。

同时，表面包覆是纳米 TiO_2 电极表面修饰的又一个重要方法。由于纳米 TiO_2 多孔薄膜电极具有较高的比表面积，TiO_2 粒子的尺寸又比较小，多孔薄膜内表面态数量相对单晶材料来说比较多，导致 TiO_2 导带电子与氧化态染料或电解质中的电子受体复合严重。为此在纳米 TiO_2 表面包覆具有较高导带位置的半导体或绝缘层形成所谓的核-壳结构的阻挡层来减小复合概率。在 TCO 和纳米 TiO_2 界面引入一层 TiO_2 或 Nb_2O_5 致密层，用以减少 TCO 与电解质的直接接触面积，电池的开路电压、填充因子和光电转换效率均有较大提高。阻挡层在短路条件下可以很好地阻止导带电子和电解质溶液中的 I_3^- 的背反应，但在开路条件下，电子在 TiO_2 阻挡层表面积聚，从而使得 TiO_2 阻挡层的阻挡效果受到限制。

实验表明，单一纳米多孔薄膜电池的光电转换性能并不是很理想，而适当的掺杂则可以增强其光电性能。研究发现，金属离子掺杂单晶或多晶 TiO_2 可以减少电子-空穴对的复合，延长电荷寿命，从而提高电池的光电流。如 ZrO_2 掺杂 TiO_2 纳米薄膜可以增大电池的开路电压、短路电流密度和光电转换效率。TiO_2 与其他半导体化合物复合制备半导体复合膜可改善电池的光电性能，常用的半导体化合物有 ZrO_2、CdS、ZnO 和 PbS 等。复合膜的形成改变了 TiO_2 薄膜中的电子分布，抑制载流子在传输过程中的复合并提高电子传输效率，可能成为今后复合膜研究的一个重点。

在其他可替代 TiO_2 半导体材料研究方面，ZnO 半导体电极在染料敏化太阳电池，特别是在柔性太阳电池上的应用研究有了很大进展。采用曙红-Y 染料敏化 ZnO 半导体，组装的太阳电池光电转换效率达到 2.4%。基于二氢吲哚类有机染料敏化的电沉积纳米氧化锌薄膜的塑性彩色电池效率达到 5.6%。采用改进的染料和 ZnO，获得了 7.9% 的光电转换效率。

采用合适的制备方法制备颗粒尺寸均匀、比表面积大、空隙呈垂直于导电基底的纳米半导体多孔薄膜，是提高染料敏化太阳电池性能的关键之一。此外，为了提高染料敏化太阳电池的便携性能和使用范围，基于柔性衬底的光阳极制备技术是当前纳米半导体的一重要研究方向。如何在低温条件下制备高效纳米半导体光阳极，是当前柔性太阳电池研究的一个亟待解决的问题。

7.2.2.4　纳米多孔薄膜性能表征

实验过程中，常用的纳米 TiO_2 微粒的性能所用的评估方法有：X 射线衍射法（XRD）、透射电子显微镜观察法（TEM）、扫描电子显微镜（SEM）、比表面积以及孔隙测量分析法

(BET) 以及电化学方法等。

为了了解纳米 TiO_2 样品的晶相组成及晶粒尺度，采用 X 射线衍射仪对纳米 TiO_2 粉末进行物相分析，同时根据衍射峰的半高宽，用谢勒（Scherrer）公式计算纳米 TiO_2 粉末的晶粒尺寸。谢勒公式为：

$$D_{hkl} = \frac{k\lambda}{\beta \cos\theta} \qquad (7.8)$$

式中，D_{hkl} 为 (hkl) 晶面法线方向上晶粒的尺寸；常数 k 与晶体的形状、晶面指数、β 以及 D_{hkl} 有关，常数 K 的值取 0.89；λ 为 X 射线的波长，约为 0.15406nm；β 为衍射峰的半高宽，单位为弧度；其中的 θ 为衍射角，是经过各项校验后，纯粹由晶粒大小而引起的衍射线条变化时衍射线峰的半高宽或者是积分宽，计算中常用的是衍射峰的半高宽。同时由公式

$$X_R = \frac{1}{1 + 0.8 \left(\dfrac{I_A}{I_R}\right)} \qquad (7.9)$$

$$X_A = 1 - X_R \qquad (7.10)$$

可以计算出金红石相 TiO_2 在粉体中所占的比例。其中，X_R 为金红石相 TiO_2 的百分比；I_A 和 I_R 分别是锐钛矿相和金红石相 TiO_2 的 [101] 和 [110] 衍射峰的强度；X_A 为锐钛矿相 TiO_2 的百分比，可以由 X_R 计算出。

另外，为了观察纳米 TiO_2 晶体粉末颗粒的形貌，用 TEM 观察粉末颗粒的微观形状和颗粒大小，同时，通过 FE-SEM 观察薄膜表面及截面形貌图。图 7.4 和图 7.5 分别给出了 TEM 和 FESEM 照片，结合纳米多孔 TiO_2 薄膜的比表面积、孔洞直径、孔洞分布情况和孔洞率。便于分析染料吸附和电解质中离子传输等情况。

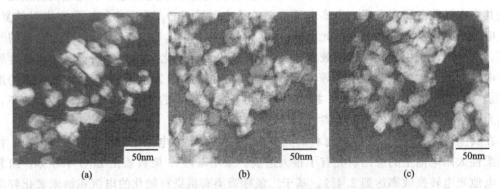

图 7.4　不同颗粒大小的纳米 TiO_2 颗粒 TEM 图

除了晶体结构及形貌测试外，目前涉及纳米 TiO_2 薄膜测试的手段还有电化学手段，包括循环伏安特征（CV）、电化学阻抗谱（EIS）以及调制光电流/电压谱（IMPS/IMVS）等。

三电极系统组成的循环伏安方法可以研究电荷传输动力学过程。根据不同的扫描速率和返回电压，采用常用的多孔薄膜内模拟等效电路，可以得到电子在多孔薄膜内传输时的转移电阻以及此时多孔薄膜内的电容特性。

EIS 是一种以小振幅的正弦波电位（或电流）为扰动信号的电化学测量方法。由于以小振幅的电信号对体系扰动，一方面可避免对体系产生大的影响，另一方面也使得扰动与体系

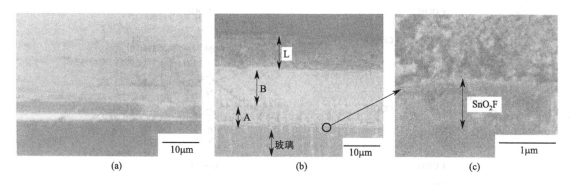

图 7.5　纳米 TiO_2 多孔薄膜 FESEM 截面形貌图

的响应之间近似呈线性关系，这就使测量结果的数学处理变得简单。同时，电化学阻抗谱方法又是一种频率域的测量方法、它以测量得到的频率范围很宽的阻抗谱来研究电极系统，因而能比其他常规的电化学方法得到更多的动力学信息及电极界面结构的信息。对于简单的电极系统，也可以从测得的一个时间常数的阻抗谱中，在不同的频率范围得到有关从参比电极到工作电极之间的溶液电阻、双电层电容以及电极反应电阻的信息。

EIS 在染料敏化太阳电池方面目前已有很多的研究，包括直接用铂黑电极来研究染料敏化太阳电池电解质的电化学性能，以导电玻璃为衬底的铂黑电极来研究电解质溶液中 I^-/I_3^- 的氧化还原行为，同时还可以较为直观地得到不同纳米多孔薄膜中的电荷传输电阻。这些方法可以帮助我们从电化学方面了解染料敏化太阳电池中内部的电荷传输、复合以及界面电极过程。

7.2.3　染料光敏化剂

染料光敏化剂作为染料敏化太阳电池的光吸收剂，其性能直接决定染料敏化太阳电池的光吸收效率和电池的光电转换效率。理想的染料光敏化剂应能够吸收尽可能多的太阳光产生激发态，染料的激发态能级应比纳米半导体氧化物的导带底位置略高以使激发态染料的电子能够顺利地注入纳米半导体氧化物的导带中。目前应用于染料敏化太阳电池的染料光敏化剂根据其分子结构中是否含有金属可以分为无机染料和有机染料两大类。无机类的染料光敏化剂主要集中在钌，锇等金属多吡啶配合物、金属卟啉和酞菁等；有机染料包括合成染料和天然染料。

7.2.3.1　无机染料

与有机染料相比，无机金属配合物染料具有较高的热稳定性和化学稳定性。金属配合物敏化剂通常含有吸附配体和辅助配体。吸附配体能使染料吸附在 TiO_2 表面，同时作为发色基团。辅助配体并不直接吸附在纳米半导体表面，其作用是调节配合物的总体性能。目前应用前景最为看好的是多吡啶钌配合物类染料光敏化剂。多吡啶钌染料具有非常高的化学稳定性、良好的氧化还原性和突出的可见光谱响应特性，在染料敏化太阳电池中应用最为广泛，有关其研究也最为活跃。这类染料通过羧基或膦酸基吸附在纳米 TiO_2 薄膜表面，使得处于激发态的染料能将其电子有效地注入到纳米 TiO_2 导带中。

多吡啶钌染料按其结构分为羧酸多吡啶钌、膦酸多吡啶钌和多核联吡啶钌三类，其中前两类的区别在于吸附基团的不同，前者吸附基团为羧基，后者为膦酸基，它们与多核联吡啶

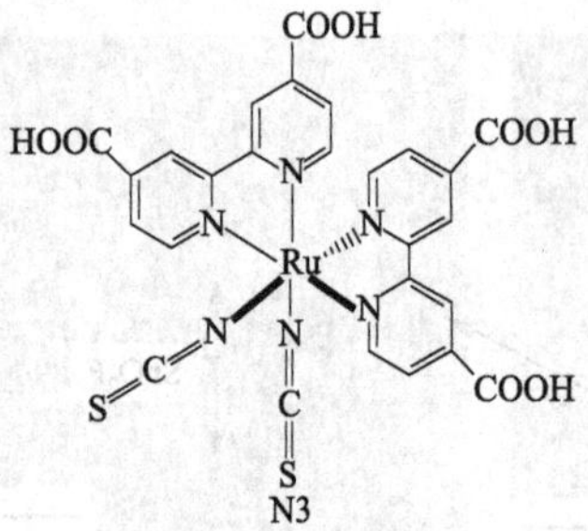

N3

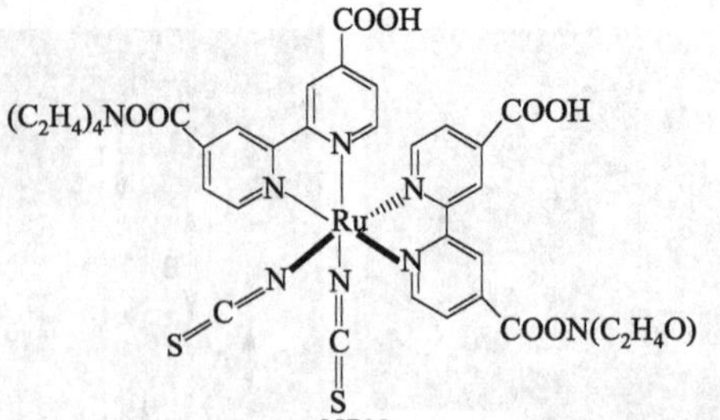

N719

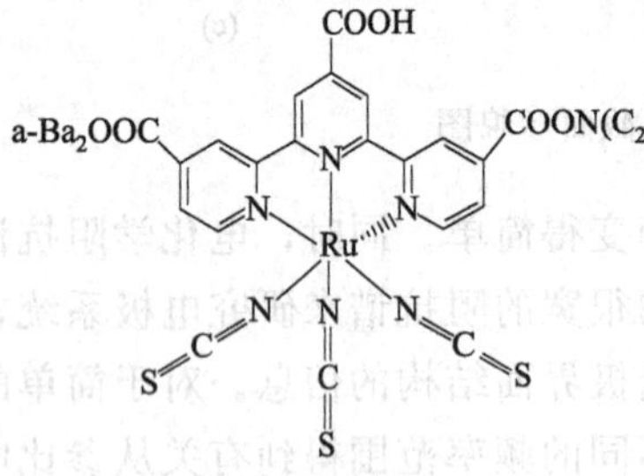

Blut dye

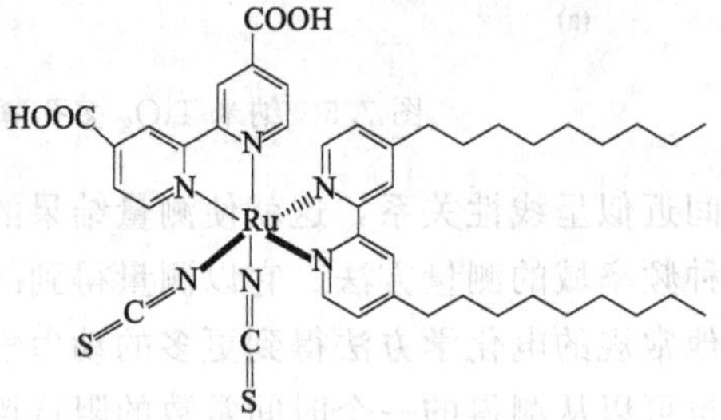

Z907

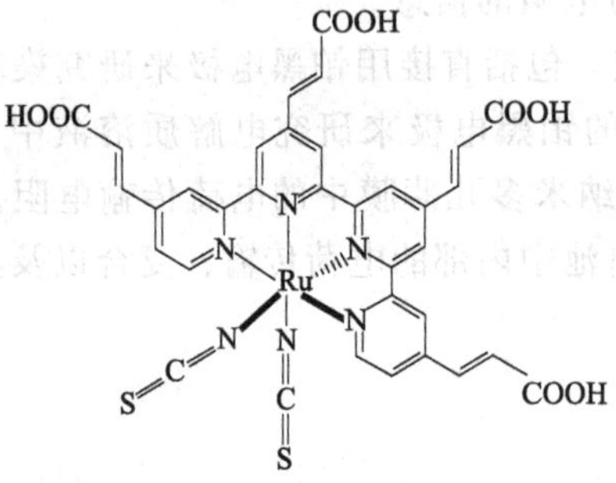

R8

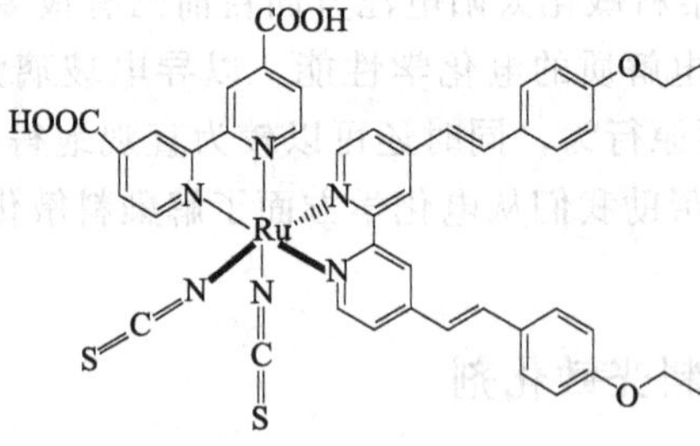

R19

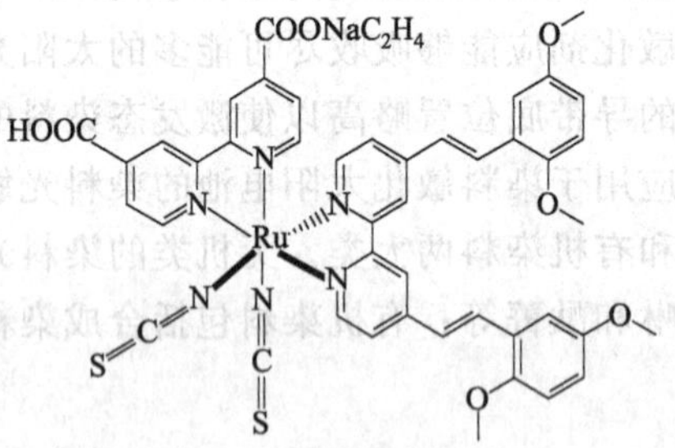

N945

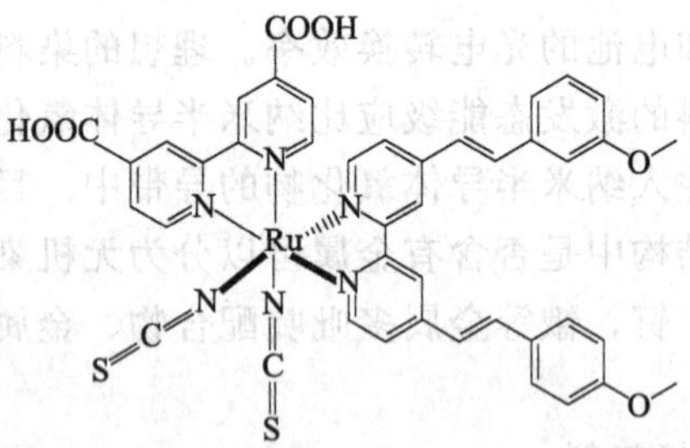

Z910

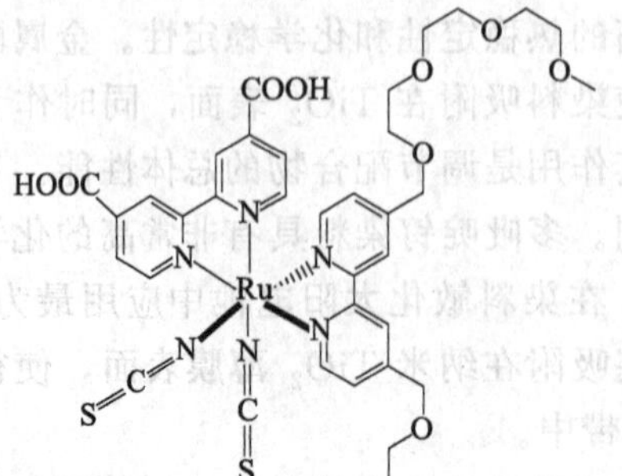

K51

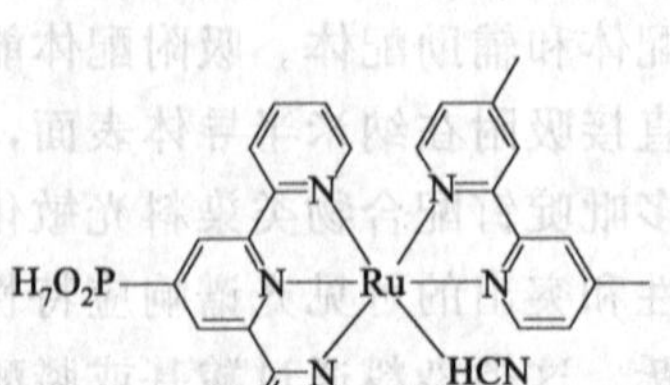

Camplex 1

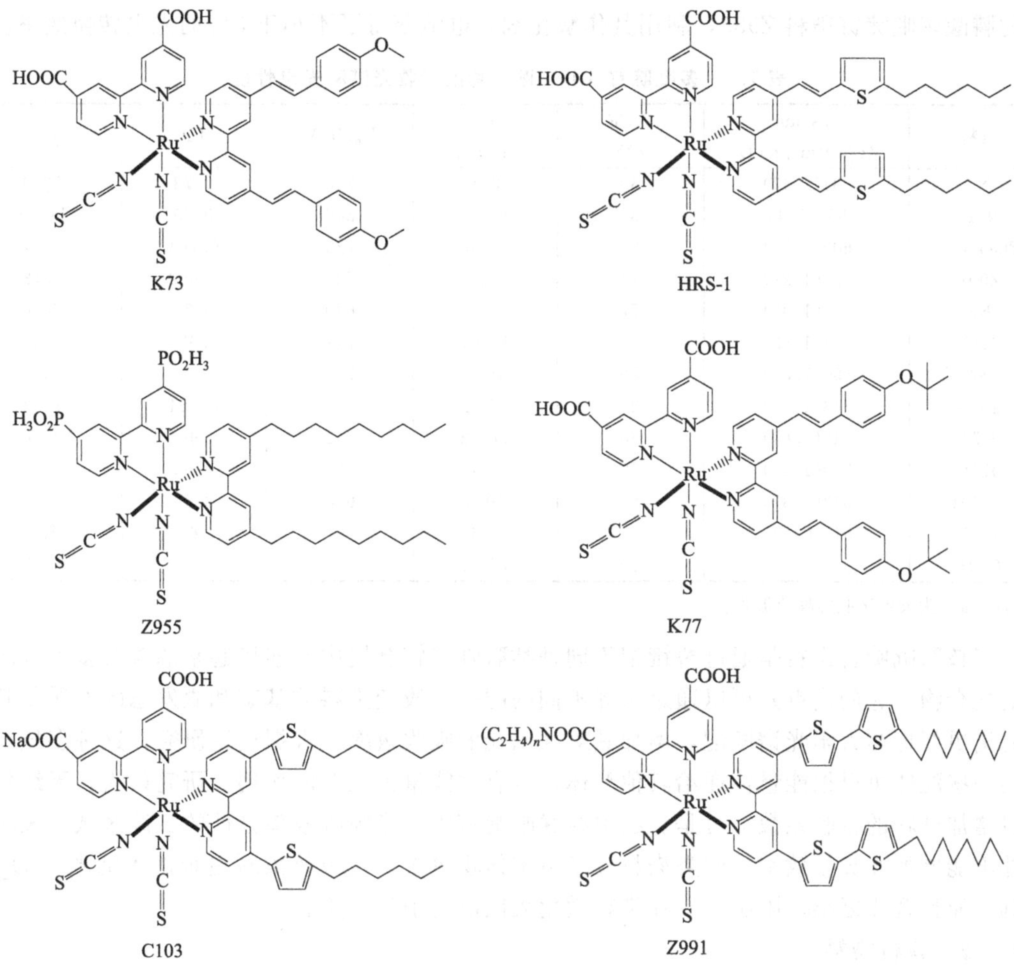

图 7.6 几种具有代表性的有机染料结构示意

钉的区别在于它们只有一个金属中心。羧酸多吡啶钉的吸附基团羧基是平面结构，电子可以迅速地注入 TiO_2 导带中。这类染料是目前应用最为广泛的染料光敏化剂，目前开发的高效染料光敏化剂多为此类染料。在这类染料中，以 N3、N719 和黑染料为代表，保持着染料敏化太阳电池的最高光电转换效率。近年来，以 Z907 为代表的两亲型染料及以 K19 和 C101 为代表的具有高吸光系数的染料光敏化剂是当前多吡啶钉类染料研究的热点。图 7.6 为几种有代表性的多吡啶钉配合物的分子结构示意。表 7.1 列出了这些染料的紫外光谱及其敏化太阳电池的光伏性能数据。

羧酸多吡啶钉染料虽然具有许多优点，但在 pH＞5 的水溶液中容易从纳米半导体的表面脱附。而膦酸多吡啶钉的吸附基团是膦酸基，其最大特性是在较高的 pH 下也不易从 TiO_2 表面脱附。单就与纳米半导体表面的结合能力而言，膦酸多吡啶钉是比羧酸多吡啶钉优越的染料光敏化剂。但膦酸多吡啶钉的缺点也是显而易见的，由于膦酸基团的中心原子磷采用 sp^3 杂化，为非平面结构，不能和多吡啶平面很好地共轭，电子激发态寿命较短，不利于电子的注入。第一种膦酸多吡啶钉染料（图 7.6 中 complex 1），其激发态寿命为 15ns，而在 TiO_2 上的 Langmuir 吸附常数约为 $8×10^6$，大约是 N3 染料的 80 倍，其 IPCE（incident photo-current conversion efficiency）在 510nm 处达到了最大值 70%。结构与 Z907 类似的膦酸多吡啶钌染料 Z955，利用其作敏化剂，电池获得了不小于 8% 的光电转换效率。

表 7.1　多吡啶钌（Ⅱ）配合物的吸收光谱和光电性能

染料	abs/nm $(\varepsilon/10^3 m^2/mol)$	IPCE /%	I_{sc} /(mA/cm^2)	V_{oc}/mV	FF	η/%
N3	534(1.42)	83	18.12	720	0.73	10.0
N719	532(1.4)	85	17.73	846	0.75	11.18
Black dye	605(0.75)	80	20.53	720	0.704	10.4
Z907	526(1.22)	72	13.6	721	0.692	6.18
K8	555(1.80)	77	18.0	640	0.75	8.6
K19	543(1.82)	70	14.61	711	0.671	7.0
N945	550(1.89)	80	16.5	790	0.72	9.6
Z910	543(1.80)	80	17.2	777	0.764	10.2
K73	545(1.80)	80	17.22	748	0.694	9.0
K51	530(1.23)	70	15.40	738	0.685	7.8
HRS-1	542(1.87)	80	20.0	680	0.69	9.5
Z955	519(0.83)	80	16.37	707	0.693	8.0
C101	547(1.68)	80	17.94	778	0.785	11.0

注：abs 为染料吸收峰峰值波长。

多核联吡啶钌染料是通过桥键把不同种类联吡啶钌金属中心连接起来的含有多个金属原子的配合物。它的优点是可以通过选择不同的配体，改变染料的基态和激发态的性质使其吸收光谱更好地与太阳光谱匹配，增加其对太阳光的吸收效率。根据理论研究，这种多核配合物的一些配体可以把能量传递给其他配体，具有"能量天线"的作用。研究认为，天线效应可以增加染料的吸收系数。可是。在单核联吡啶钌染料光吸收效率极低的长波区域。天线效应并不能增加光吸收效率。此类染料分子由于体积较大，比单核染料更难进入纳米 TiO$_2$ 的孔洞，而且合成复杂，限制了其在染料敏化太阳电池中的应用。

7.2.3.2　有机染料

有机类染料具有种类多、成本低、吸光系数高和便于进行结构设计等优点。近年来，基于有机染料的染料敏化太阳电池发展较快，其光电转换效率与多吡啶钌类染料敏化太阳电池相当。有机染料光敏化剂一般具有"给体（D）-共轭桥（π）-受体（A）结构"。借助电子给体和受体的推拉电子作用，使得染料的可见吸收峰向长波方向移动，有效地利用近红外光和红外光，进一步提高电池的短路电流。基于 D-π-A 结构的有机染料已经广泛用于染料敏化太阳电池中，图 7.7 分别列出了几种具有较高摩尔消光系数的高效有机染料的结构及其相应敏化电池的效率。例如：以半花菁染料 BTS 和 IDS 作敏化剂的 TiO$_2$ 电极经盐酸处理之后，电池效率分别达到 5.1%（BTS）和 4.8%（IDS）。两种包含并噻吩基和噻吩基共轭结构单元的有机染料，用 D-SS（结构式见图 7.7）作敏化剂的太阳电池获得了 6.23% 的光电转换效率。用多烯染料或称苯基共轭寡烯染料作敏化剂，获得了 6.6% 和 6.8% 的光电转换效率。香豆素衍生物染料作敏化剂，获得了与 N719 染料接近的光电转换效率。用二氢吲哚类染料 D149 作敏化剂，在没有反射层的情况下获得了 8% 的光电转换效率，对 TiO$_2$ 膜等进行优化后，得到了 9% 的光电转换效率。

7.2.3.3　协同敏化

单一染料敏化受到染料吸收光谱的限制，很难与太阳发射光谱相匹配。人们采用光谱响应范围具有互补性质的染料配合使用，取得了良好的效果。方酸菁染料的吸收光谱与钌配合

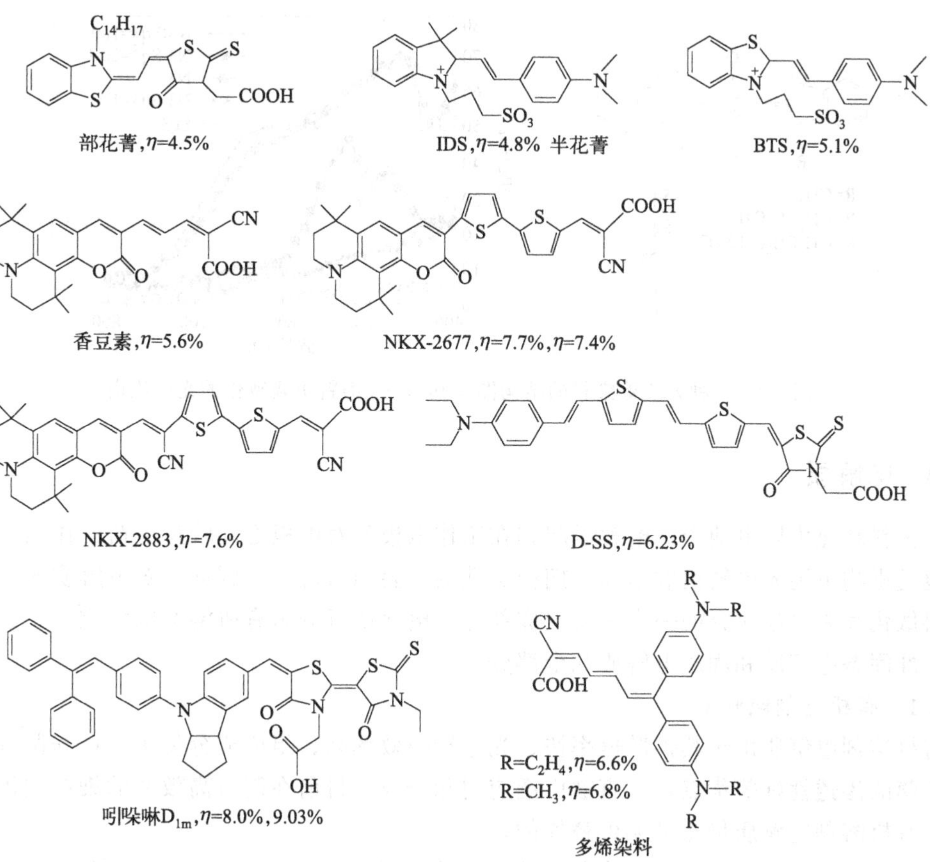

部花菁，$\eta=4.5\%$

IDS，$\eta=4.8\%$ 半花菁

BTS，$\eta=5.1\%$

香豆素，$\eta=5.6\%$

NKX-2677，$\eta=7.7\%$，$\eta=7.4\%$

NKX-2883，$\eta=7.6\%$

D-SS，$\eta=6.23\%$

吲哚啉D_{1m}，$\eta=8.0\%$，9.03%

R=C_2H_4，$\eta=6.6\%$
R=CH_3，$\eta=6.8\%$

多烯染料

图 7.7 几种有代表性有机染料的结构示意
η 为电池效率

物有非常好的互补性，在 $600\sim700nm$ 呈现一个非常强的吸收带，消光系数较 N3 染料高一个数量级，最大吸收峰较 N3 染料红移了 100nm。图 7.8 为 3 种方酸菁染料的结构及其与不同比例的 N3 染料协同敏化的光电流谱。表 7.2 列出了 3 种染料单独敏化及其与 N3 染料协同敏化太阳电池的光伏性能数据。利用该类染料与 N3 染料以一定的比例协同敏化 TiO_2 纳米电极的 IPCE 最大值超过 85%，电池光电转换效率较 N3 染料单一敏化时提高了 13%。通过方酸菁和羧酸多吡啶钌染料按照一定比例的协同敏化，拓宽了羧酸多吡啶钌染料的光谱响应范围，获得了较理想的电池参数。四羧基酞菁锌和 CdS 协同敏化的 TiO_2 电极，不仅拓宽了四羧基酞菁锌的光谱响应范围，使吸收光谱红移，而且提高了太阳电池的量子效率。

表 7.2 3 种方酸菁染料及其和 N3 染料协同敏化太阳电池的光伏性能数据

染料	V_{oc}/V	$I_{sc}/(mA/cm^2)$	FF/%	$\eta/\%$
SQ1	0.47	2.1	53.1	0.84
SQ2	0.45	2.8	52.6	1.07
SQ3	0.54	4.4	56.7	2.17
N3	0.55	15.0	44.1	5.87
Sq3∶N3＝1∶1	0.52	10.5	46.5	4.10
Sq3∶N3＝1∶100	0.60	15.2	45.0	6.62

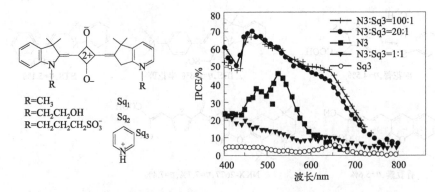

图 7.8　3 种方酸菁染料的结构图及其与 N3 染料协调敏化的光电流谱

7.2.4　电解质

在染料敏化太阳电池中，电解质起到在工作电极和对电极之间输运电荷的作用，并且电解质也是影响电池光电转换效率和长期稳定性的重要因素之一。因此，对电解质的研究始终是染料敏化太阳电池研究的一个重要组成部分。电解质可分为有机溶剂电解质、离子液体电解质、准固态电解质和固态电解质几个部分。

7.2.4.1　有机溶剂电解质

有机溶剂电解质由于其扩散速率快、光电转换效率高、组成成分易于设计和调节、对纳米多孔膜的渗透性好等优点，一直被广泛应用和研究。目前在制备高效率的染料敏化太阳电池中，有机溶剂电解质仍然是无可替代的。

有机溶剂电解质主要是由 3 个部分组成：有机溶剂、氧化-还原电对和添加剂。用作液体电解质中的有机溶剂常见的有腈类［如乙腈（ACN）］、甲氧基丙腈等（MePN）、酯类［如碳酸乙烯酯（EC）］，碳酸丙烯酯（PC）和 γ-丁内酯（GBL）等。与水相比，这些有机溶剂对电极是惰性的，不参与电极反应，具有较宽的电化学窗口，不易导致染料的脱附和降解，其凝固点低，适用的温度范围宽。此外，它们也具有较高的介电常数和较低的黏度，能满足无机盐在其中的溶解和离解，且溶液具有较高的电导率。如乙腈溶剂，对纳米多孔膜的浸润性和渗透性很好，其介电常数大、黏度很低、介电常数和黏度的比值高，对许多有机物和无机物的溶解性好，对光、热、化学试剂等十分稳定，是液体电解质中一种较好的有机溶剂。采用这种系统，利用红色染料和黑色染料，分别获得光电转换效率为 11.18% 和 11.1% 的电池。

液体电解质中的氧化-还原电对主要是 I^-/I_3^-，虽然有用联吡啶钴（Ⅱ）等配合物作为氧化-还原电对的报道。但从目前研究来看，用其制成的染料敏化太阳电池性能还是难以和 I^-/I_3^- 相比。I^-/I_3^- 氧化-还原电对能级很好地与纳米半导体电极能级、氧化态及还原态染料的能级相匹配。在氧化还原电对 I^-/I_3^- 中，由于 I_3^- 在液体有机溶剂中的扩散速率较快，通常 $0.1\,mol/dm^3$ 的 I_3^- 就可满足要求。但氧化态染料是通过 I^- 来还原的，因此 I^- 的还原活性和碘化物中阳离子性质强烈影响染料敏化太阳电池的性能。

对于 I^-/I_3^- 扩散速率的测量通常采用超微圆盘电极的稳态伏安法。常规电极在电极表面反应物浓度较低时，电容电流大于法拉第电流，限制了电化学测定的检出限，同时也歪曲了电极在较短的时间内的循环伏安和计时电流特征，而微电极由于面积很小，双电层电容正比于电极面积，因此微电极双电层电容非常低，电极极化电流的衰减时间低于 $1\mu s$，能够快速响应。由于超微圆盘电极上极化电流随时间而衰减的速度很快，迅速达到稳态，即电流不再随时间而变化。测量电解质中氧化还原电对的扩散系数常用以下公式：

$$I_{ss} = 4ncFaD_{app} \tag{7.11}$$

式中，I_{ss} 为稳态扩散电流；c 为氧化-还原电对的本体浓度；a 为电极的半径；D_{app} 为表观扩散系数；F 为法拉第常数；n 为电化学反应的电子得失数。

用于电解质中的阳离子通常是咪唑类阳离子和 Li^+，如碘化 1,2-二甲基-3-丙基咪唑（DMPII）和碘化锂。咪唑类阳离子不但可以吸附在纳米 TiO_2 颗粒的表面，而且也能在纳米多孔膜中形成稳定的亥姆霍兹层，阻碍了 I_3^- 与纳米 TiO_2 膜的接触，有效地抑制了导带电子与电解质溶液中 I_3^- 在纳米 TiO_2 颗粒表面的复合，从而大大提高了电池的填充因子和光电转换效率。此外，咪唑类阳离子的体积大于碱金属离子的体积，导致阳离子对 I^- 的束缚力减弱。这样，一方面可提高碘盐在有机溶剂中的溶解度，从而可提高 I^- 的浓度；另一方面因阳离子对 I^- 的束缚力减弱，I^- 的还原活性和在有机溶剂中的迁移速率将会增强。这样有利于提高氧化态染料再生的速率，有利于染料在光照条件下光吸收和光稳定，所以咪唑类阳离子在染料敏化太阳电池中的应用是十分重要的。

当在电解质溶液中加入 Li^+ 时，如果 Li^+ 浓度很小，主要是 Li^+ 在 TiO_2 膜表面的吸附；增大 Li^+ 的浓度，则 Li^+ 在 TiO_2 膜表面的吸附和 Li^+ 嵌入 TiO_2 膜内这两种情况共存。这时吸附在表面的 Li^+ 和嵌入在 TiO_2 膜内的 Li^+ 均可与导带电子形成偶极子 Li^+-e^-。由于表面的 Li^+-e^- 偶极子既可在 TiO_2 膜表面迁移，也有可能脱离 TiO_2 膜表面迁移，其结果是明显缩短了导带电子在相邻的或不相邻的钛原子之间传输的阻力和距离。因此，在电解质溶液中加入 Li^+，可大幅度改善电子在 TiO_2 膜中的传输，从而提高太阳电池的短路电流。同时，形成的 Li^+-e^- 偶极子与溶液中 I_3^- 复合反应的速率也快，会导致太阳电池的填充因子下降。

染料敏化太阳电池电解质溶液中常用的添加剂是 4-叔丁基吡啶（TBP）或 N-甲基苯并咪唑（NMBI）。由于 TBP 可以通过吡啶环上的 N 原子与 TiO_2 膜表面上不完全配位的 Ti 原子配合，阻碍了导带电子在 TiO_2 膜表面与溶液中 I_3^- 复合，可明显提高太阳电池的开路电压、填充因子和光电转换效率。在吡啶环上引入叔丁基等大体积基团，以增大导带电子与溶液中 I_3^- 在 TiO_2 膜表面复合的空间位阻，从而减小导带电子与 I_3^- 的复合速率。此外，叔丁基的给电子诱导效应强，可促进吡啶环上的 N 原子与 TiO_2 膜表面上不完全配位的 Ti 原子配合。

虽然有机溶剂电解质具有诸多优点，但同时也存在一些不足。例如，有机溶剂如腈类具有一定的毒性，某些有机溶剂在光照下容易降解，使用有机溶剂制备的染料敏化太阳电池内部蒸气压较大，不利于电池的长期稳定性等。因此需尝试采用其他类型电解质来获得更稳定的电池。

7.2.4.2　离子液体电解质

离子液体电解质是近年来发展起来的一类新型液态电解质。与基于有机溶剂的液态电解质相比。离子液体电解质具有非常小的饱和蒸气压、不挥发、无色无臭；具有较大的稳定温度范围，较好的化学稳定性及较宽的电化学稳定电位窗口；通过对阴阳离子的设计可调节其对无机物、水及有机物的溶解性等一系列突出的优点。以离子液体介质为基的染料敏化太阳电池中构成离子液体的有机阳离子常用的是二烷基取代咪唑阳离子，如碘化 1-甲基-3-丙基咪唑（MPII）和碘化 1-甲基-3-己基咪唑（HMII）。这两种离子液体相比较，MPII 的黏度低，对许多有机物和无机物的溶解性好，工作物质在其中的扩散速率较高；HMII 中的长脂肪链可有效抑制导带电子在 TiO_2 膜表面与溶液中 I_3^- 的复合，用其制备的电池效率要高于 MPII。但总体来说这两种离子液体的黏度都较大，目前应用这两种离子液体制备的电池光电转换效率达到 5.5%。

染料敏化太阳电池适用的离子液体其阴离子主要有 I^-、$N(CN)_2^-$、$B(CN)_4^-$、$(CF_3COO)_2N^-$、BF_4^-、PF_6^-、NCS^- 等。虽然离子液体在室温下呈液态，但其黏度远高于有机溶剂电解质，I_3^- 扩散到对电极上的速率慢，质量传输过程占据主导地位，因此降低离子液体的黏度，增大扩散速率成为选择离子液体的主要依据。虽然离子液体的黏度与结构之间的关系尚未完全清楚，但采用大阴离子可以显著降低阴阳离子的离子间作用力，从而降低黏度。采用低黏度离子液体和 MPII 混合溶剂制备离子液体电解质，获得了很好的结果。如采用混合离子液体基电解质，配合 Z907 染料，获得了 8.2% 的效率。图 7.9 为可应用到太阳电池中的一些离子液体的结构和黏度。

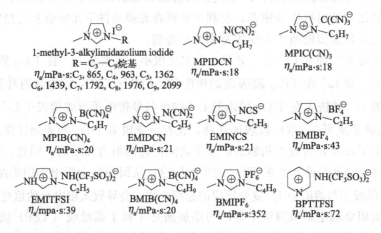

图 7.9　几种离子液体的结构及黏度

η_a 为黏度

除了烷基咪唑类阳离子，人们还尝试开发了烷基吡啶类和三烷基锍类离子液体。例如，基于三烷基锍离子液体，用 1% I_2 的（Bu_2Me）SI 离子液体作电解质，获得了 3.7%（10 mW/cm²）的光电转换效率口。将烷基吡啶类离子液体应用于染料敏化太阳电池，获得了 2% 的光电转换效率。除 I^-/I_3^- 电对外，利用不含有机溶剂的基于（SeCN）$_3^-$/SeCN$^-$ 电对的 EMISeCN 离子液体电解质，获得了 7.5% 的光电转换效率，说明该电对在离子液体电解质中的性能已与 I^-/I_3^- 电对相当。鉴于 Se 在地球上含量稀少，成本较高，该电对还很难取代 I^-/I_3^-。最后值得一提的是，将离子液体电解质应用于大面积电池，获得了 2.7% 的光电转换效率。使人们看到离子液体电解质在大面积染料敏化太阳电池中应用的可行性，为大面积染料敏化太阳电池的应用打下了良好基础。

7.2.4.3　准固态电解质

准固态电解质主要是在有机溶剂或离子液体基液态电解质中加入胶凝剂形成凝胶体系，从而增强体系的稳定性。准固态电解质按照胶凝前的液体电解质不同，可以分为基于有机溶剂的准固态电解质和基于离子液体的准固态电解质。根据胶凝剂的不同，分为有机小分子胶凝剂、聚合物胶凝剂和纳米粒子胶凝剂。

　　在有机溶剂电解质中加入有机小分子或聚合物胶凝剂，形成凝胶网络结构而使得液态电解质固化，得到准固态的凝胶电解质。基于有机溶剂介质的有机小分子胶凝剂，主要包括氨基酸类化合物、酰胺（脲）类化合物、糖类衍生物、联（并）苯类化合物和甾族衍生物等，其中最为典型的是含有酰胺键和长脂肪链的有机小分子。通过酰胺键之间的氢键和在有机液体中伸展开的长脂肪链之间的分子间力，能够使液态电解质固化形成准固态的凝胶电解质。有机小分子胶凝属于物理胶凝型，该凝胶化过程是热致可逆的。用于胶凝液态电解质的有机小分子胶凝剂还可以通过胺与卤代烃形成季铵盐的反应在有机液体中形成凝胶网络结构而使得液态电解质固化。

　　利用各种多溴代烃和含杂原子氮的芳香环（如吡啶、咪唑等）的有机小分子或有机高分子这两者之间能形成季铵盐的反应，也能够胶凝有机溶剂液态电解质，得到准固态电解质，这类胶凝属于化学胶凝型，其凝胶化过程是热不可逆的。用于有机溶剂电解质胶凝的聚合物胶凝剂可以分为高分子胶凝剂和齐聚物胶凝剂。其中高分子胶凝剂常见的有聚氧乙烯醚（PEO）、聚丙烯腈（PAN）和聚硅氧烷、聚（偏氟乙烯-六氟丙烯）[P(VDF-HFP)]等，这些有机高分子化合物在液态电解质中形成凝胶网络结构而得到准固态的聚合物电解质。在有机溶剂电解质中加入有机小分子胶凝剂或聚合物胶凝剂，虽然能使其固化得到准固态的凝胶电解质，有效地防止电解质的泄漏和减缓有机溶剂的挥发，但随着时间的延长，这类电池依然会存在有机溶剂的挥发损失问题。

　　基于离子液体介质的太阳电池电解质溶液的胶凝，与有机溶剂电解质溶液的胶凝相似，可以采用有机小分子和聚合物来胶凝。此外，无机纳米粒子也可用作离子液体介质的电解质溶液胶凝剂。例如，采用有机小分子和无机纳米粒子作为离子液体基电解质溶液的胶凝剂，胶凝前后太阳电池光电性能基本不变。不同无机纳米粒子胶凝离子液体电解质中，纳米 TiO_2 粒子作胶凝剂时电池性能理想。3-丙基末端被三甲氧基硅烷取代的碘化 1-甲基-3-丙基咪唑衍生物（TMS-PMII），在加入碘后能通过自身溶胶-凝胶缩合作用，形成凝胶电解质，获得了 3.2% 的光电转换效率。基于脲代硅酸酯的 SiO_2 前驱体，采用酸作催化剂，通过溶胶-凝胶生成 Si-O 键连接的三维网络来制备凝胶电解质。离子液体电解质胶凝前后电池光电性能稳定，可以有效地防止电解质的泄漏和挥发，是值得关注的研究方向之一。

7.2.4.4　固体电解质

　　采用固体电解质，发展固态染料敏化太阳电池，可以克服液态染料敏化太阳电池存在泄漏、不易密封等缺点。固态染料敏化太阳电池电解质包括离子导电高分子电解质、空穴导电高分子电解质、无机 p 型半导体电解质和有机小分子固态电解质等。

　　导电高分子有着相对高的离子迁移率和较易固化等优点，因而逐渐成为近来固态电解质的一个研究热点。用于固态电解质的离子导电高分子可以采用多种方法进行合成。例如，将环氧氯丙烷和环氧乙烷的共聚物溶于丙酮溶液中与 9%NaI（质量）和 0.9%I_2（质量）混合后制成的聚合物固体电解质，组装成固态染料敏化太阳电池，其光电转换效率达 2.6%（10mW/cm^2）。比液态染料敏化太阳电池相比，其效率还是很低，主要原因是全固态电解质的电导率在室温下很低，并且电解质与电极的界面接触不充分。为了提高电解质的电导率及改善界面接触，人们对聚合物和盐组成的复合体系进行了改进，提出了无机复合型聚合物固体电解质的概念。无机复合型聚合物固体电解质是由聚合物、盐和无机粉末组成的多组分体系。与单纯的 PEO/盐复合物相比，研究表明加入纳米无机粉末后，体系的离子传导率有较大幅度的提高，可以抑制 PEO 的结晶，增大电解质与电极界面的稳定性。聚环氧乙烷

(PEO) 是一种常见的高分子，其醚氧链中的氧原子 O 可以与 Li^+ 配位，常用于锂电池电解质，但由于室温下聚合物电解质的黏度大、流动性小、易结晶，导致其室温下离子电导率较低，不能满足电池电解质的需要。向 PEO 电解质中加入无机氧化物最初目的是为了提高聚合物电解质的机械和界面性能，但当加入纳米或微米的无机氧化物（TiO_2、SiO_2 和 $LiAlO_2$ 等）添加剂时，发现室温下能抑制 PEO 的结晶，增大电解质的电导率。G. Katsaros 等在高分子聚环氧乙烷（PEO，MW 2000000）中加入纳米 TiO_2 作为增塑剂，组装成固态染料敏化太阳电池，得到的电池光电转换效率也有明显的提高。

高分子空穴导电材料主要有聚（3,4-二氧乙基噻吩）（PEDOT）、聚苯胺（PANIs）、聚（3-十一烷基磷酸二乙酯噻吩）(P3PUT)、聚（4-十一烷基-2,20-二噻吩）(P4UBT) 和聚（3-十一烷基-2,20-二噻吩）(P3UBT) 等。采用原位聚合方法合成聚合物电解质 PEDOT 组装的空穴传输固态电池，其光电转换效率达 0.53%，电池稳定性有了一定的改善。导电性较好的高分子 PANIs 用于染料敏化太阳电池，电池的光电转换效率达 0.1%；采用 P3PUT 组装的空穴导电固态电池其效率只有 0.04%。高分子空穴导电材料作为染料敏化太阳电池的全固态电解质，研究十分活跃，但由于纳米多孔膜存在着孔径大小、分布和形貌等许多复杂性因素，如何改善高分子空穴导电材料和纳米多孔膜的接触、提高空穴传输的速率、降低有机空穴传输材料电阻、提高固态电解质太阳电池的光电转换效率等许多问题尚需进一步深入研究。

无机 p 型半导体电解质，包括 CuI、CuSCN 等。在 120℃ 的热板上滴加 CuI 的乙腈溶液（0.15mol/L）于 TiO_2/Dye 的导电玻璃上得到的 CuI 表面电阻小于 100Ω，组装的固态太阳电池的光电转换效率达 4.7%。在 70～85℃ 的热板上滴加 CuSCN 的 $(CH_3CH_2CH_2)_2S$ 饱和溶液于 TiO_2/Dye 的导电玻璃上组装的固态太阳电池其光电转换效率达 2%。用 CuI 乙腈溶液制备的 p-CuI 固态染料敏化太阳电池短路光电流 I_{sc} 和开路光电压 V_{oc} 衰减很快，若在 Cu 的乙腈溶液中加入少量的 1-乙基-3-甲基咪唑硫氰酸，电池的稳定性显著增加。其原因可能是 CuI 晶体生长使纳米 TiO_2 与 CuI 之间产生的松散结构造成的。如果 CuI 晶体长大，则不能穿透到 TiO_2 介孔中，在纳米 TiO_2 介孔外形成松散结构；体积小些的 CuI 晶体可以在纳米介孔内生长，但破坏了纳米 TiO_2 薄膜结构。EMISCN 的作用是抑制 CuI 晶体的生长，有利于孔洞的填充形成紧密结构，形成良好的导电接触面从而提高电池的光电性能。无机 p 型半导体材料作为染料敏化太阳电池中的固态电解质，如何解决其稳定性，尽快提高空穴传输的速率，是提高这类固态电解质太阳电池光电转换效率所必须解决的问题。

采用有机小分子固态电解质能较好地渗入到纳晶 TiO_2 介孔中，可以解决聚合物等渗入纳晶 TiO_2 介孔的困难，导致电解质与电极的界面接触不充分等问题。进一步提高了电池的光电性能。近年来，采用有机小分子 2,2′,7,7′-四（N,N-二对甲氧基苯荃氨基)9,9′-螺环二芴（OMeTAD）作为空穴传输材料和 N-甲基-N-叔丁基吡咯烷碘盐（$P_{1,4}I$）以及纳米-SiO_2/LiI(3-羟基丙烯腈) 等具有 3-D 传输通道的小分子化合物组装成固态电解质电池，减小了界面电阻，改善了电解质与电极界面性能，明显提高电池的光电转换效率。目前固态染料敏化太阳电池电池的效率与液态电池还有较大的差距，电池稳定性还不是很理想，因此有待开发新型高效的固体电解质。

7.2.5　对电极

对电极也是染料敏化太阳电池的重要组成部分，用作对电极的材料主要是铂、碳等。目前，广泛应用于染料敏化太阳电池的对电极是表面镀有一层 Pt 膜的导电玻璃，其中 Pt 用作 I_3^- 还原反应的催化剂。铂对电极的制备方法主要有磁控溅射、溶液热解和电镀等。溅射铂层的厚度会对太阳电池性能产生影响，但是，铂层的厚度大于 100nm 后，铂层的厚度对电阻和电池性能的影响很小，但出于成本考虑，一般溅射层厚度为 10nm。采用室温下两步浸泡包覆方法制备聚乙烯基吡咯烷酮包覆的铂纳米簇作为对电极，获得 2.8% 的光电转换效率，该方法不需要高温条件，制备容易且载铂量少。

铂对电极由于其电阻小和催化效果好在太阳电池中应用最为广泛，然而由于其为贵金属，成本高，人们尝试了采用其它材料替代铂作太阳电池的对电极材料。成本低廉的碳成为人们研究的一个热点，许多基于碳的对电极被开发出来。采用碳纳米管作为对电极材料，获得与普通铂对电极相当的光电转换效率。为增强碘还原催化性能，在 PEDOT-PSS 的水-乙醇分散相中加入一定量的纳米 TiO_2 颗粒制成浆料，通过压印包覆的方法制备出半透明的对电极，将柔性太阳电池的效率提高到 4.4%，采用电解胶束破裂方法和二茂铁基表面活性剂，在 ITO 导电玻璃上沉积一层 C_{60} 富勒烯及其衍生物作为对电极材料，这些都是寻求替代贵金属铂的有益尝试。

7.3 有机聚合物太阳电池

7.3.1 有机聚合物太阳电池的发展

1986 年，柯达公司使用酞菁铜为给体、菲为受体制备了具有双层结构的有机光伏打器件，在模拟太阳光下能量转换效率接近 1%，激发了有机太阳电池的研究兴趣。

1992 年，美国加利福尼亚州大学圣巴巴拉分校发现共轭聚合物/C_{60} 之间光诱导超快电荷转移的现象，在此基础上 1993 年制备了以共轭聚合物 PPV 衍生物为给体、C_{60} 为受体的具有双层结构的聚合物光伏器件。继而在 1995 年又发明了可溶液加工的共轭聚合物/可溶性 C_{60} 衍生物共混型"本体异质结"（bulk heterojunction）聚合物太阳电池。本体异质结型太阳电池（器件结构如图 7.10）简化了制备工艺、通过扩大给受体界面面积提高了能量转换效率，因而后来的有机聚合物太阳电池研究主要都采用本体异质结结构。聚合物薄膜太阳电池具有成本低、重量轻、制作工艺简单、可制备成柔性器件等突出优点。另外，有机聚合物材料种类繁多、可设计性强，有希望通过材料的改性来提高太阳电池的性能。因此，这类太阳电池相关材料和器件的研究近年来受到广泛关注。

聚合物太阳电池（polymer solar cell，PSC）最近几年呈加速发展之势。2002 年，在器件的铝电极和光敏活性层之间蒸镀一层 LiF 修饰层，使聚合物太阳电池的能量转换效率达到 2.5%。接着通过使用聚（3-己基噻吩）（P3HT）为共轭聚合物给体、与可溶性 C_{60} 衍生物 PCBM 受体共混，并使用二氯苯为溶剂，2004 年使聚合物太阳电池模拟太阳光下的能量转换效率提高到 3.85%。此后，P3HT 给体和 PCBM 受体共混体系成为聚合物太阳电池研究的主流。

2005 年，通过控制旋涂光敏活性层时的溶剂蒸发速度和器件热处理，使基于 P3HT 和 PCBM 体系的聚合物太阳电池的能量转换效率达到 4.38%。同时，另外通过热处理使聚合物太阳电池的能量转换效率达到约 5.0%。

2007 年 Heeger 教授研究组又通过制备叠层器件，使聚合物太阳电池的能量转换效率超

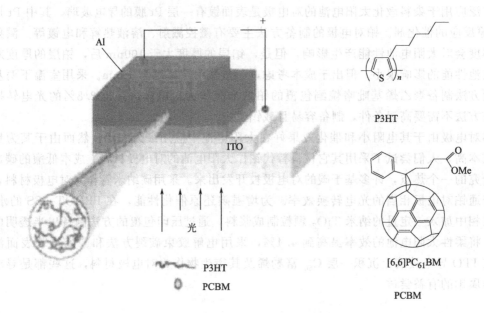

图 7.10　共轭聚合物（P3HT）/PCBM 本体异质结聚合物太阳电池结构以及常用共轭聚合物
给体 P3HT 和可溶性 C_{60} 衍生物 PCBM（受体）的分子结构

过了 6.0%，上了一个新的台阶。

　　但是，这种聚合物太阳电池的能量转换效率与硅基太阳电池相比还比较低，主要是由于目前使用的共轭聚合物存在太阳光利用率低（吸收光谱与太阳光谱不匹配，吸收谱带较窄）和电荷载流子迁移率低〔一般共轭聚合物半导体材料的电荷载流子迁移率为 $10^{-5} \sim 10^{-3} \mathrm{cm}^2/(\mathrm{V \cdot s})$〕的问题。器件也存在电荷传输和收集效率低以及填充因子小等缺点。这为今后的研究工作留下了很大的发展空间。

7.3.2　器件结构和工作原理

　　最早报道的有机太阳电池是一种具有给体/受体双层异质结（heterojunction）结构的器件。其器件结构为 ITO/有机受体/有机给体/Ag，其中有机给体、有机受体和银电极层分别通过真空蒸镀制备。由于这种结构给体/受体界面面积受到限制，并且多步真空蒸镀也增加了器件制备的复杂性和成本，所以这种器件结构逐渐被可溶液加工的本体异质结有机太阳电池所代替。

　　当前有机太阳电池研究的主流是上面提到的基于共轭聚合物的本体异质结聚合物太阳电池，这类器件通常由共轭聚合物（电子给体）和 PCBM〔C_{60} 的可溶性衍生物（电子受体）〕的共混膜（光敏活性层）夹在 ITO（indium-tin oxide，氧化铟锡）透光电极（正极）和 Al 等金属电极（负极）之间所组成（图 7.10）。一般地，ITO 电极上需要旋涂一层透明导电聚合物 PEDOT：PSS 修饰层，厚度为 $30 \sim 60 \mathrm{nm}$，光敏活性层的厚度一般为 $100 \sim 200 \mathrm{nm}$。正极应该具有高的功函数，而负极应该使用低功函数的金属电极。

　　这类太阳电池的工作原理可以用图 7.11 加以说明。当光透过 ITO 电极照射到活性层上时，活性层中的共轭聚合物给体吸收光子产生激子（电子-空穴对），激子迁移到聚合物给体/受体界面处，在那里激子中的电子转移给电子受体 PCBM 的 LUMO（the lowest unoccupied molecular orbital，最低空分子轨道或最低未占有分子轨道）能级，空穴保留在聚合

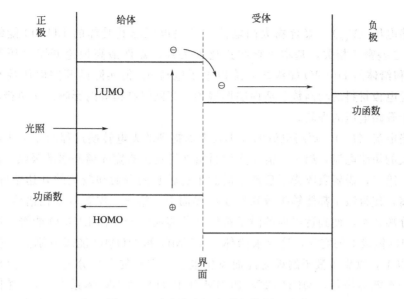

图 7.11　聚合物太阳电池工作原理示意

物给体的 HOMO（the highest occupied molecular orbital，最高占有分子轨道）能级上，从而实现光生电荷分离，然后在电池内部势场（其大小正比于正负电极的功函数之差、反比于器件活性层的厚度）的作用下、被分离的空穴沿着共轭聚合物给体形成的通道传输到正极，而电子则沿着受体形成的通道传输到负极。空穴和电子分别被相应的正极和负极收集以后形成光电流和光电压。即产生光伏效应。有机聚合物太阳电池中使用的受体一般为 RCBM，但也可以是具有高电子亲和能的共轭聚合物受体或无机半导体纳米晶。从上面的工作原理可以看出，有机聚合物太阳电池工作过程可以分为以下 5 个步骤：

① 吸收入射光子产生激子；

② 激子向给体/受体界面扩散；

③ 激子在给体/受体界面上的电荷分离，产生受体 LUMO 能级上的电子和给体 HOMO 能级上的空穴；

④ 光生电子和空穴分别向负极和正极的传输；

⑤ 在活性层/电极界面上电子和空穴分别被负极和正极收集。

器件的能量转换效率受这 5 个步骤效率的影响。

由于有机（包括共轭聚合物）半导体材料具有较小的介电常数和分子间弱的相互作用，受入射光子激发而形成的电子和空穴是以具有较强束缚能的电子-空穴对（即激子）的形式存在，其电子和空穴之间的距离小于 1nm，其结合能在 0.4eV 左右。由于激子受激子寿命及传输距离的影响而具有高度的可逆性，它们可通过发光、弛豫等方式重新回到基态，不产生光伏效应，并且共轭聚合物中的激子扩散长度一般认为小于 10nm，因此，要求本体异质结活性层中聚合物聚集尺度必须小于 20nm。另外，给体的 LUMO 和 HOMO 能级必须分别高于受体的 LUMO 和 HOMO 能级，否则界面上发生的将不是电荷分离而是激子的能量转移。不仅如此，给体和受体的 LUMO 和 HOMO 能级之差也必须大于 0.4eV，否则在界面上的电荷分离效率也会受到影响。

聚合物太阳电池研究的核心是提高器件的光电能量转换效率。聚合物太阳电池的效率和其他太阳电池一样与其开路电压、短路电流和填充因子的乘积成正比。下面分别讨论这几个重要参数。

(1) 开路电压（V_{oc}） 聚合物太阳电池的开路电压与其受体的 LUMO 能级和给体的 HOMO 能级之差密切相关，基本上存在正比的关系。器件最高理论开路电压等于受体的 LUMO 能级和给体的 HOMO 能级之差除以电子电荷 e，但实际的开路电压要小于这一数值，这主要受电极材料的功函数、活性层形貌和互穿网络结构等的影响。正负极功函数之差增加也有利于开路电压的提高。

(2) 短路电流（I_{sc}） 短路电流的大小与上面提到的光电转换过程的 5 个步骤的效率相关，要得到大的短路电流，第一，需要光伏材料在可见区有宽光谱和强的吸收，以提高太阳光的利用率。第二，需要吸收光子后产生的激子有较长的寿命和较短的到达给体/受体异质结界面的距离，使得激子都能够扩散到异质结界面上。第三，需要激子在给体/受体界面上有高的电荷分离效率，使到达界面的激子都能够分离成位于受体 LUMO 能级上的电子和位于给体 HOMO 能级上的空穴，这要求给体的 LUMO 和 HOMO 能级分别高于受体的对应能级 0.4eV 以上，以克服激子的束缚能而发生电子和空穴的电荷分离（这一点对于常用的给受体体系基本能够满足，MEH-PPV/PCBM 和 P3HT/PCBM 体系在给体/受体界面上激子电荷分离的效率都可以达到 100％）。第四，需要分离后的电子和空穴在分别向负极和正极的传输过程中有高的电荷传输效率，避免途中被陷阱捕获或发生电子和空穴的复合，这就要求光伏材料有高的纯度和高的电荷载流子迁移率。第五，电子和空穴是在器件内建电场的驱动下向负极和正极传输的，而内建电场来自于器件正负极功函数之差，因此使用高功函数的正极和低功函数的负极也非常重要。最后，需要电极/活性层界面上有高的电荷收集效率，使得到达电极界面的电荷都能够收集到电极上，这要求电极/活性层界面是欧姆接触，并且界面接触电阻要小。

(3) 填充因子（FF） 填充因子受电荷传输与分离的电荷再复合的影响，同时与器件的串联电阻、活性层的形貌和给受体互穿网络结构密切相关。有机太阳电池的填充因子往往偏低，这也是其器件效率较低的因素之一。共轭聚合物光伏材料本身的性质以及器件结构都会影响填充因子，提高光伏材料的电荷载流子迁移率可以提高器件的填充因子，改善给受体共混活性层形貌和互穿网络结构以及活性层/电极界面结构都可以改善器件的填充因子。

7.3.3 给体光伏材料

共轭聚合物给体光伏材料追求的目标是在可见光区具有宽光谱和强的吸收、高的空穴迁移率（并且与 PCBM 共混后仍可保持高的空穴迁移率）、高的纯度、高的溶解度和好的成膜性。

7.3.3.1 聚合物给体材料

己基取代聚噻吩 P3HT（分子结构见图 7.10）是当前最具代表性的共轭聚合物光伏给体材料，结构规整的 P3HT 在固体薄膜中具有强的链间相互作用，并且与 PCBM 共混后仍可保持其适度的聚集状态，使其固体薄膜的吸收峰较其溶液的吸收峰有显著红移和拓宽，并且具有高的空穴迁移率。基于 P3HT/PCBM 共混体系（质量比 1∶1）为活性层的光伏器件，经过热处理，在 AM1.5，$1000mW/cm^2$ 模拟太阳光照条件下能量转换效率达到 4％～5％。

烷氧基取代的 PPV（包括 MEH-PPV 和 MDMO-PPV）在早期（1995～2004 年）的聚合物太阳电池研究中是主导性的聚合物给体材料，基于这类聚合物和 PCBM 共混制备的光伏器件的最高能量转换效率达到 2%～3%。但由于其吸收光谱和空穴迁移率都不如结构规整的 P3HT，所以最近几年逐渐被 P3HT 所替代。

近年来，窄禁带、宽光谱吸收共轭聚合物成为聚合物给体材料的研究热点。图 7.12 给出了这些窄带隙共轭聚合物的分子结构。通过引入共轭支链获得了一系列的宽光谱吸收聚噻吩衍生物，其中一种含二噻吩乙烯共轭链的聚噻吩（图 7.12 中的聚合物 8）吸收光谱覆盖 350～650nm 的光谱范围，其与 PCBM 共混制备的光伏器件最高能量转换效率达到 3.18%。在窄带隙聚合物光伏材料的研究中，含苯并噻二唑受体单元和一些给体单元的 D-A 共聚物（图 7.12 中的 1～7，9）引起格外注意。其中聚合物 1、4、9 的最高光电转换效率都超过了 5%，是很有希望的聚合物给体光伏材料。

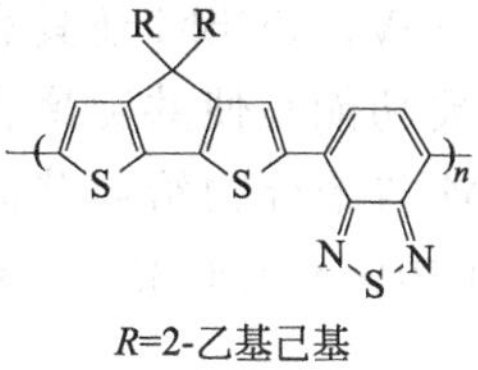

R=2-乙基己基

1

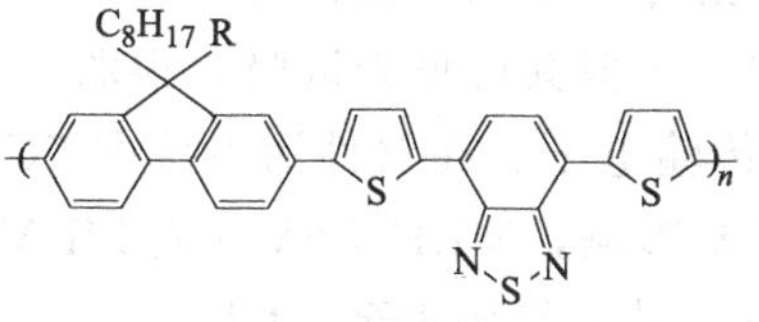

R=2-乙基己基

2

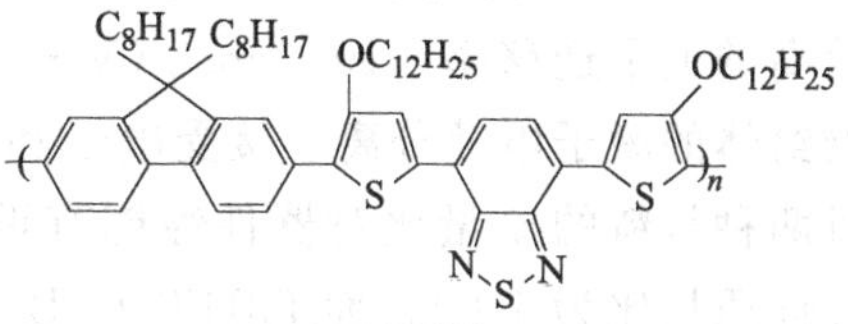

R=2-乙基己基

3

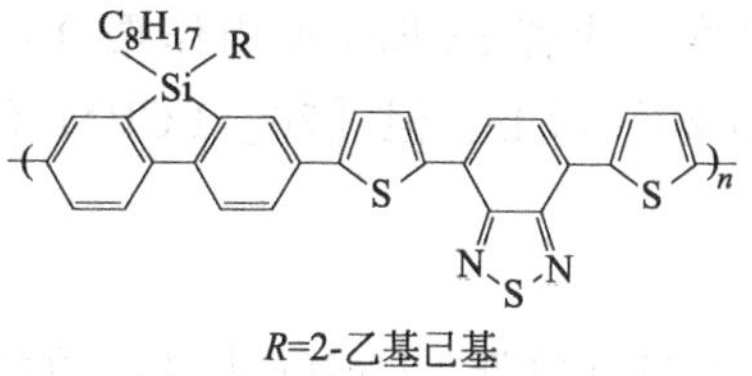

R=2-乙基己基

4

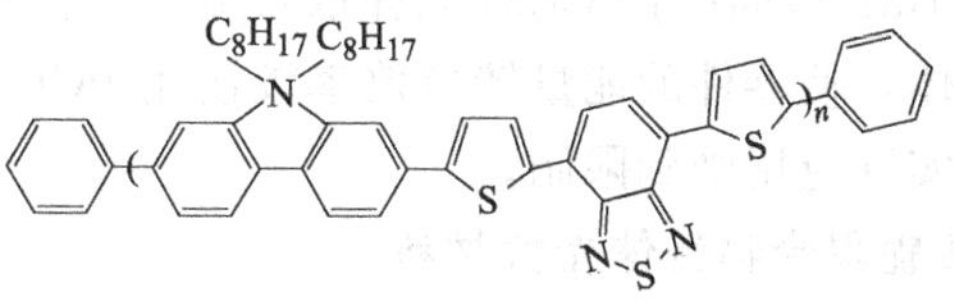

R=2-乙基己基

5

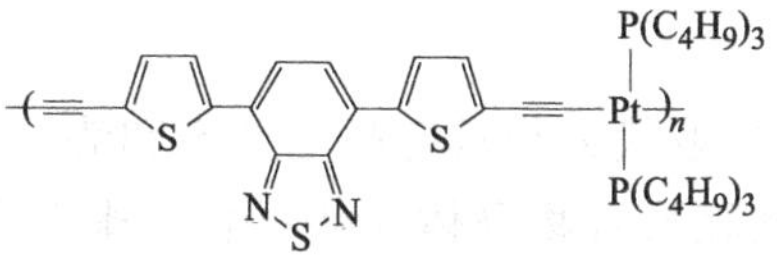

6

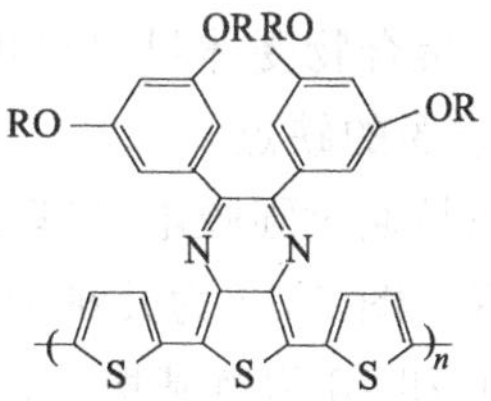

R=2-乙基己基

7

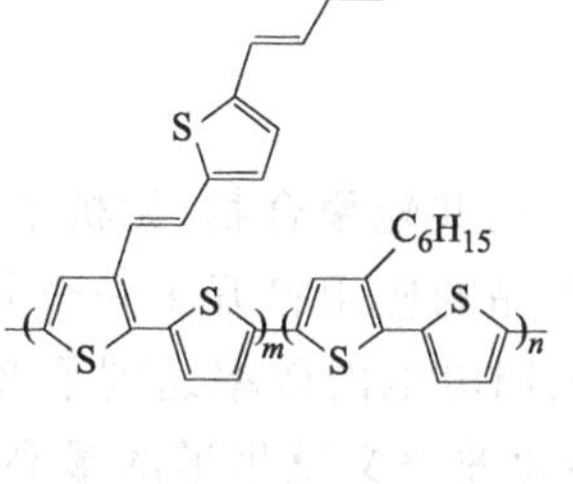

m:n=0.59:1

8

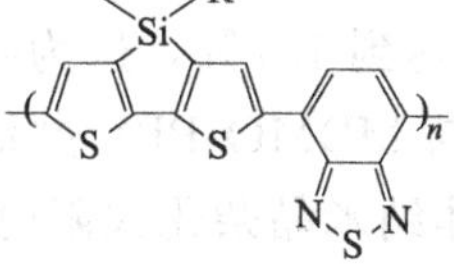

R=2-乙基己基

9

图 7.12 一些窄带隙聚合物给体光伏材料的分子结构

7.3.3.2 有机分子给体光伏材料

聚合物给体材料具有可溶液加工和成膜性好的优点，但也存在相对分子质量分布宽、提纯困难等缺陷。有机小分子具有确定的相对分子质量，并且可以得到很高的纯度，可溶液加工的共轭有机分子兼具聚合物的可溶液加工和小分子的高纯度的优点，近年来受到研究工作者的重视。图7.13给出了近几年报道的一些共轭分子给体光伏材料的分子结构。其中以三苯胺为核具有D-A-D结构的星形分子13与PCBM共混，最高能量转换效率达到1.33%。

7.3.4 受体材料

有机聚合物太阳电池中使用的受体光伏材料主要是可溶性C_{60}衍生物PCBM（分子结构如图7.10），此外还包括共轭聚合物受体材料和无机半导体纳米晶受体材料。

7.3.4.1 可溶性富勒烯受体材料

PCBM是最具代表性的用于有机聚合物太阳电池的受体光伏材料，PCBM具有低的LUMO能级（高的电子亲和势），PCBM的LUMO能级为$-4.2 \sim -3.8eV$。PCBM还具有较高的电子迁移率$[10^{-3} cm^2/(V \cdot s)]$。但其可见光区吸收很弱，主要功能是使共轭聚合物给体的激子电荷分离、接受电子和传输电子。在器件活性层中PCBM与聚合物给体共混时两种材料的质量比对器件性能有重要影响，MEH-PPV（或MDMO-PPV）/PCBM体系最佳质量比为1:4，而P3HT/PCBM最佳质量比为至1:1。

为了克服PCBM可见区吸收较弱的缺点，在$400 \sim 500nm$有较强吸收的可溶性C_{70}衍生物[70]PCBM（具有与PCBM同样取代基的C_{70}的衍生物）代替PCBM被用作聚合物太阳电池的受体，使器件的能量转换效率较使用PCBM提高20%以上。但[70]PCBM价格昂贵，使其实际应用受到限制。

7.3.4.2 共轭聚合物受体光伏材料

聚合物太阳电池中的受体也可以使用具有较高电子亲和势（较低LUMO能级）的共轭聚合物材料，这种给体和受体都是聚合物的器件是真正意义上的聚合物太阳电池，也称作全聚合物太阳电池。另外，聚合物受体材料也可以通过结构设计获得在可见光区宽光谱和强的吸收，克服PCBM吸收较弱的缺点。

聚合物受体材料一般是通过强吸电子基团（如氰基）取代或与具有高电子亲和势的受体单元（如苝）共聚来实现。图7.14为几种有代表性的共轭聚合物受体光伏材料。聚合物17（又称为MEH-CN-PPV）和18为氰基取代的共轭聚合物，聚合物19和20是苝和三并噻吩的共聚物，这种含苝的共聚物具有与PCBM类似的LUMO能级，将20与含三噻吩乙烯共轭支链聚噻吩共混制备的全聚合物光伏器件，在给体与受体的质量比为3:1的情况下能量转换效率达到1.48，显示了这类聚合物良好的受体性能。

7.3.4.3 无机半导体纳米晶受体材料

使用CdSe半导体纳米棒作为受体，与P3HT共混制备的共轭聚合物/无机半导体纳米晶杂化型太阳电池，能量效率达到1.7%，这为半导体纳米晶的应用打开了一个新的领域。使用四角棒状的CdSe纳米晶与MDMO-PPV共混使这类太阳电池的效率达到了2.8%，这是迄今共轭聚合物/无机半导体纳米晶杂化太阳电池能量转化效率文献报道的最高值。除了CdSe纳米晶外，ZnO纳米晶也被成功地用于这类杂化太阳电池受体材料，以P3HT为给体、ZnO纳米晶为受体的杂化太阳电池的能量转换效率也达到了1.4%。

在共轭聚合物/无机半导体纳米晶杂化太阳电池中，纳米晶与共轭聚合物给体的LUMO能级和HOMO的匹配是至关重要的，纳米晶受体的LUMO和HOMO能级必须同时低于聚合物给体的LUMO和HOMO能级，然而纳米晶LUMO和HOMO能级的正确测量不容易。CdTe半导体是一个高效的薄膜太阳电池的光伏材料，但用于共轭聚合物/无机半导体

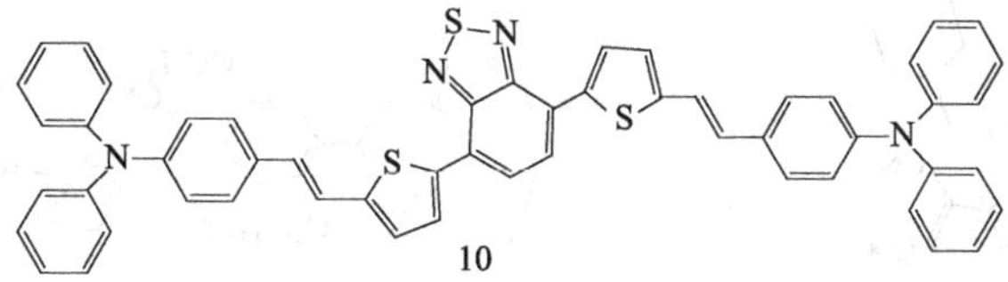

图 7.13　一些共轭有机分子给体光伏材料的分子结构

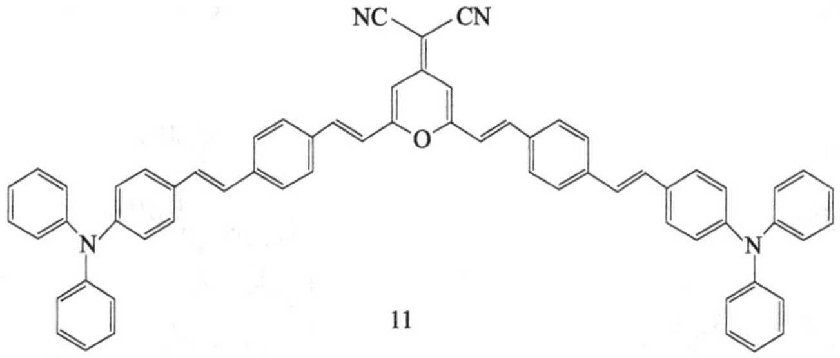

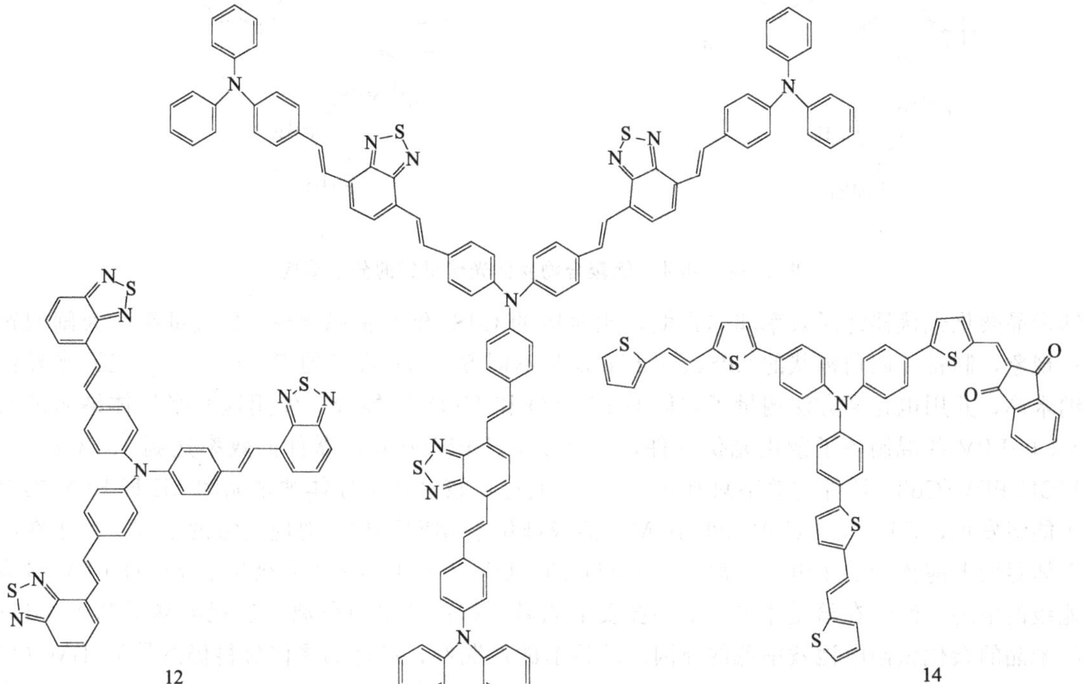

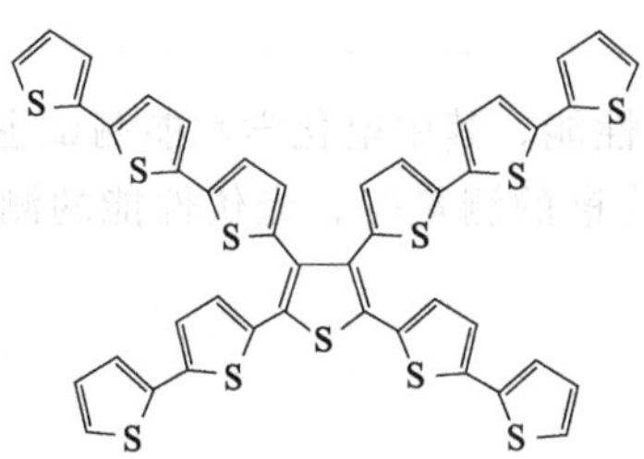

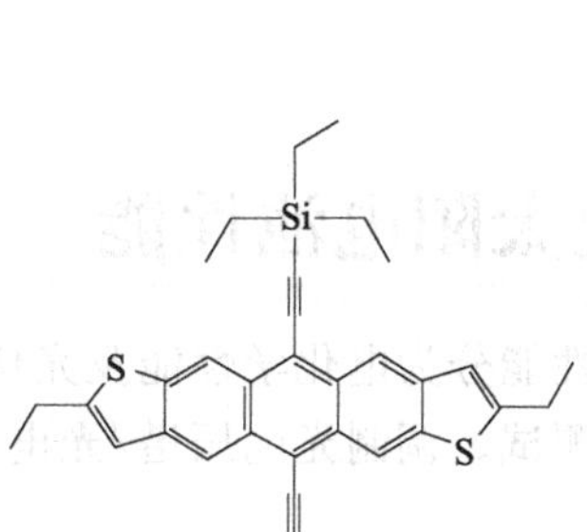

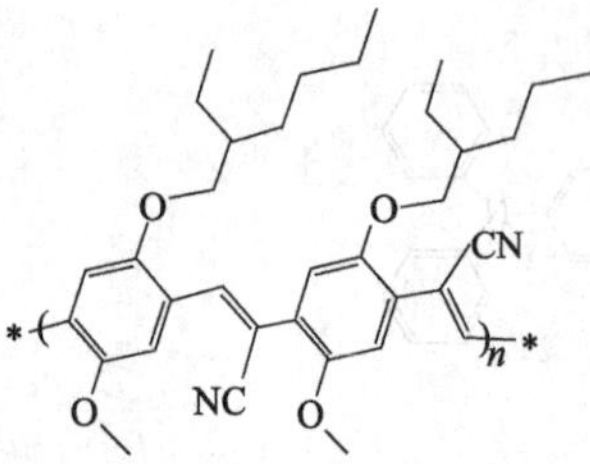

图 7.14　几种共轭聚合物受体光伏材料的分子结构

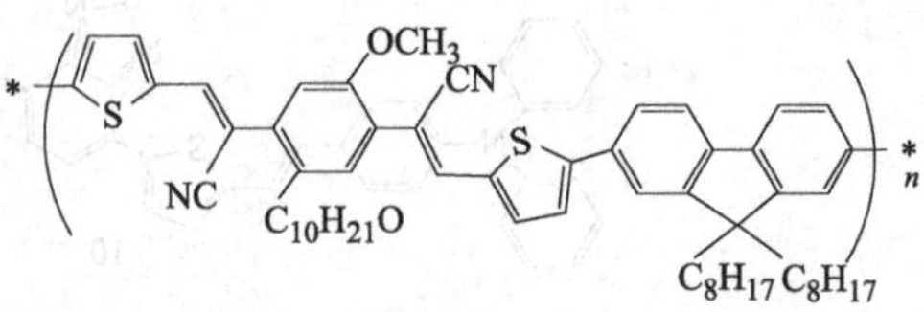

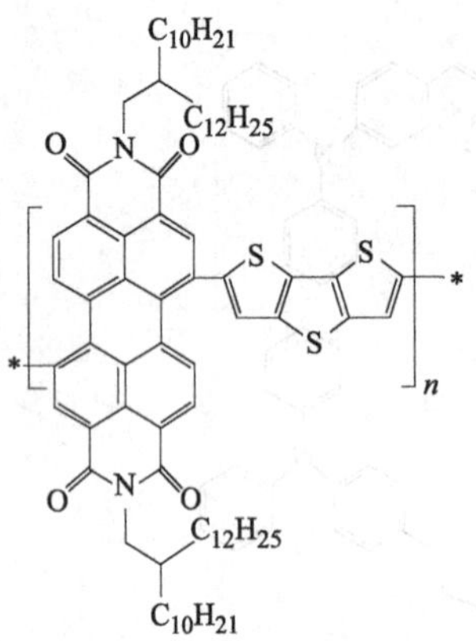

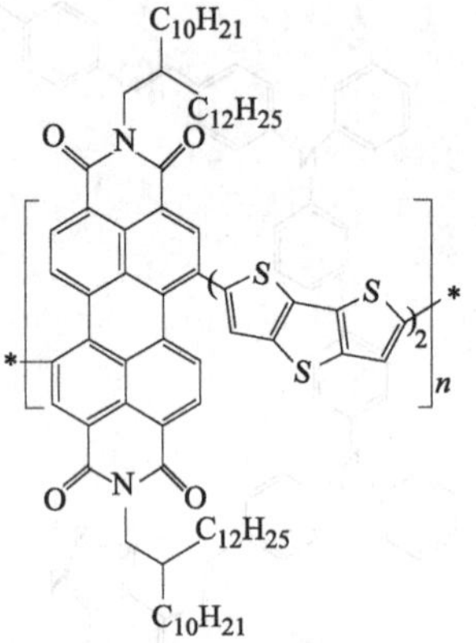

纳米晶杂化光伏器件时效率却非常低，比对应的 CdSe 纳米晶低 2～3 个数量级。为阐明这一现象，制备了四角棒状的 CdSe、CdTe 以及不同 Se、Te 含量的 $CdSe_x Te_{1-x}$ 三元半导体纳米晶，并用电化学方法测量了它们的 LUMO 和 HOMO 能级。使用这些半导体纳米晶与 MEH-PPV 共混制备了杂化光伏器件，发现 MEH-PPV/CdSe 器件的效率达到 1.13%，而 MEH-PPV/CdTe 器件的效率只有 0.003%，通过比较这些半导体纳米晶和 MEH-PPV 的电子能级发现，CdSe 的 LUMO 和 HOMO 能级都位于 MEH-PPV 对应能级的下方，激子在给受体界面上应该会发生电荷分离。而 CdTe 的 LUMO 和 HOMO 能级位于 MEH-PPV 对应能级的中间，激子在给受体界面上将会发生能量转移而非电荷分离。这就解释了基于 CdTe 纳米晶的杂化太阳电池效率低的原因。从目前的情况看，最好的受体材料仍然是 PCBM（包括 [70] PCBM），寻找性能优于 PCBM 的受体光伏材料是聚合物太阳电池光伏材料研究中的一个挑战。

7.4　染料敏化太阳电池性能

　　染料敏化太阳电池性能分为电化学性能及光伏性能。其中电化学性能测试主要有电化学阻抗的测试、暗电流的测试、调制光电压谱/光电流谱的测量等；光伏性能的测试则可获取电池的伏安特性曲线。

7.4.1　电化学性能

7.4.1.1　电化学阻抗方法

　　电化学阻抗方法是电化学测试技术中一类十分重要的研究方法，是对研究体系施加一小振幅的正弦波电位（或电流），收集体系的响应信号并且测量其阻抗谱，然后根据数学模型或等效电路模型对测得的阻抗谱进行分析、拟合，来研究界面电化学特征反应的方法。由于所施加的扰动信号很小，不会对样品体系的性质造成不可逆的影响。界面电化学阻抗近几十年来发展迅速，其应用范围已经超出传统的电化学领域，被广泛地用来研究电极过程动力学、界面双电层电容、金属腐蚀机理和耐蚀性能、缓蚀剂性能评价和生物膜的性能等。

电化学阻抗对研究电解质和电池暗态及工作条件下的性能具有非常重要的意义，近年来人们越来越多地利用交流阻抗法以研究、分析电池的界面反应动力学问题，包括扩散系数等的测定。下面将以实例说明交流阻抗方法在染料敏化太阳电池中的应用。

（1）电解质/铂电极界面电化学阻抗特征研究　图 7.15 为含不同浓度 MPII 和 I_2 的 MePN 溶液在 25℃时的铂黑电极表面的电化学阻抗谱研究测试图，用等效电路（图 7.16）对实验数据进行拟合的结果。其中 R_s 反映溶液的电阻，其大小与用电导率仪测量出的溶液电导率的结果相一致。当溶液中 $[I_2]$ 为 0.1mol/L 时，低浓度 MPII 溶液的电导率低，当 MPII 的浓度为 1.40mol/L 时，增大 I_2 的浓度溶液电导率略有增大。电解质界面传输电阻反映了 I_3^- 和 I^- 扩散到铂黑电极上得失电子的难易程度，当增大 I^- 的浓度时，界面传输电阻减小；当增大 I_3^- 的浓度时，界面传输电阻 R_{ct} 也减小，这与其阳极和阴极稳态扩散电流的结果是相一致的。结果表明适当提高 I_3^- 和 I^- 的浓度，对提高染料敏化太阳电池的光电性能是有利的。

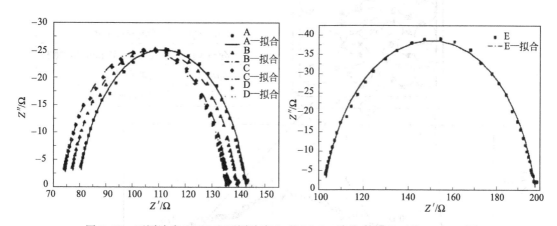

图 7.15　不同浓度 MPII 和不同浓度 I_2 的 MePN 溶液在 25℃时的 Nyquist 图

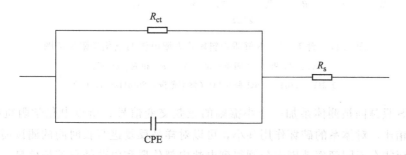

图 7.16　电化学阻抗谱的等效电路

电解池界面双电层电容可通过常相位角元件 CPE 反映，其导纳公式为 $Y_Q = Y_0(j\omega)^n$，指数 $n(0 \leqslant n \leqslant 1)$ 反映 Pt 黑电极表面的粗糙程度，即偏离平板电容的程度。Y_0 的数值反映

Pt黑与电解质溶液界面的双电层电容大小。所有Y_0的数值变化不大，说明MPI$^+$阳离子在Pt黑电极表面的吸附已达到饱和。值得注意的是烷基咪唑阳离子在电极表面上的吸附，能有效地抑制I_3^-与TiO$_2$导带电子的复合，这对提高染料敏化太阳电池的填充因子是十分有利的。研究烷基咪唑阳离子中的脂肪链发现，较长脂肪链的烷基咪唑阳离子比短链烷基咪唑阳离子能更好地抑制电极界面的复合反应。

（2）染料敏化太阳电池的电化学阻抗特征研究 电池内部的电化学特征反应可以通过交流阻抗（EIS）方法来研究。恒电位仪给电池施加一个合适的负偏压，通过小振幅的正弦交变信号检测电池界面反应，从而提供传质和电荷转移特征等大量信息。图7.17是染料敏化太阳电池的电化学阻抗谱图，图中表明电池中至少有4个电阻，高频1～100kHz的阻抗定义为Z_1，中频1Hz～1kHz的阻抗为Z_2，低频20mHz～1Hz的电阻定义为Z_3；电池阻抗的实部对应的内阻分别是对电极界面跃迁电阻R_1、电子在纳米TiO$_2$半导体中输运和界面跃迁电阻R_2和I^-/I_3^-在电解质中传输电阻R_3。由于仪器噪声的原因，对频率超过100kHz的电阻，阻抗仪器不能检测，这部分频率范围的电阻为电池的系统电阻R_h，包括导电玻璃、电解质等的电阻。减小电池的内阻，特别是减小对电极界面跃迁电阻R_1，能明显提高电池在光照下的光电转化效率。

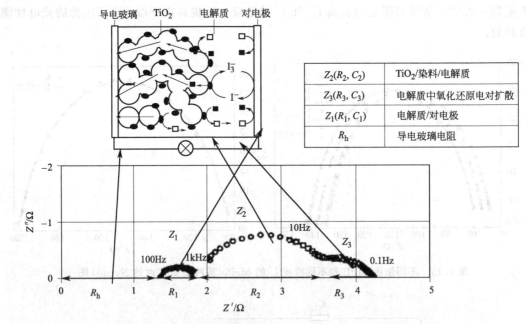

图7.17 含I^-/I_3^-电解质染料敏化太阳电池的电化学阻抗谱图

Z_1、Z_2和Z_3为阻抗；R_1、R_2、R_3和R_h分别为

0.9Ω、2.0Ω、0.6Ω和0.8Ω（频率范围：20mHz～1mHz）

由于EIS只是向被测体系加一个小振幅的正弦交变信号，所以电化学阻抗技术与直流电化学技术相比，对体系的破坏作用甚小，可以对样品反复进行长时间的测试而不改变电池的性能，从而能在不同频率范围内分别得到电池内部传质和电荷转移特征信息。但是，阻抗谱反映的是整个表面的平均信息，无法提供局部信息。

7.4.1.2 暗电流的测量

暗态下通过在染料敏化太阳电池工作电极施加一定负偏压，测得电极上阴极电流随偏压的变化曲线。阴极电流的方向与光电转化时的电荷复合电子的流向相同，因此线性伏安特征曲线能够反映电池的光阳极与电解质中 I_3^- 间的复合反应程度。纳米半导体薄膜通过其巨大的表面积，吸附大量的单分子层染料，增大了太阳光的收集效率。同时，半导体电极的巨大表面积也增加了电极表面的电荷复合，从而降低太阳电池的光电转换效率。为了改善电池的光伏性能，人们开发了 $TiCl_4$ 处理、表面包覆纳米 TiO_2 电极等物理化学修饰技术和电解质中加入暗电流抑制剂方法来提高电池光电性能。

暗电流抑制剂 TBP 和染料对纳米 TiO_2 电极上 I^-/I_3^- 氧化还原行为可通过暗态下电池的阴极电流随偏压的变化来研究。图 7.18 中的线性伏安特征曲线表明吸附染料的电池暗电流比不吸附染料的要大些，这可能是由于离子液体 1，2-二甲基-3-丙基咪唑碘的体积较大，能够吸附在 TiO_2 表面起到一定的抑制暗电流作用；当纳米 TiO_2 表面吸附染料时，与电解质接触的裸露 TiO_2 表面空间很小，并且由于染料的空间位阻作用，体积较大的离子液体 DMPII 很难吸附在 TiO_2 表面，而体积较小的 I_3^- 却能自由地进入空间与裸露的 TiO_2 表面反应导致暗电流产生。比较不吸附染料的 TiO_2 电池的暗电流，不难发现 TBP 与 TiO_2 间的相互作用比离子液体 DMPII 与 TiO_2 间的作用力大些，主要是由于 TBP 分子中的较强给电子的 N 与 TiO_2 之间的化学作用。对于电解质中含 TBP 的太阳电池，发现 TiO_2 表面吸附染料电池的暗电流比不吸附染料的要小些。主要是由于当纳米 TiO_2 表面吸附染料时，TBP 通过化学吸附进入空间很小的裸露 TiO_2 表面，减小纳米 TiO_2 电极与电解质间直接接触面积。从而有效地抑制电池工作中的暗电流损耗。

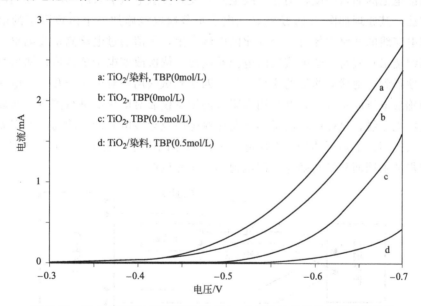

图 7.18　暗态下吸附与不吸附染料 TiO_2 电极电池的线性扫描特征曲线

电解质组成：a、b 为 DMPII＋LiI＋I_2＋MePN；c、d 为 DMPII＋TBP＋LiI＋
I_2＋MePN；TBP 为 4-叔丁基吡啶

纳米 TiO_2 电极表面包覆和修饰对电极上 I^-/I_3^- 氧化还原行为影响也可以通过暗态循环伏安测试来研究。杨术明等研究了 Yb^{3+} 修饰 TiO_2 电极的阴极电流，发现低于没有修饰的电极。同时提出 TiO_2 表面的氧化镱层对电子的穿越具有阻碍作用，可能是由于氧化镱在 TiO_2 表面形成了一个势垒，使得电子更难以通过电极。采用 $TiCl_4$ 水溶液处理研究纳米 TiO_2 电池暗电流，发现在纯度不高的 TiO_2 核外面包覆一层高纯的 TiO_2，尽管纳米 TiO_2

薄膜的比表面积下降，但光电子注入效率增加，改善了电池的光电性能。

7.4.1.3 调制光电流谱/光电压谱

强度调制光电流/光电压谱（IMPS/IMVS）是一种非稳态技术，激励半导体的入射光由背景光信号和调制光信号两部分组成，其中调制光信号强度按照正弦调制对半导体进行激励，通过不同频率下光电流/光电压响应来研究界面动力学过程。对于染料敏化太阳电池内部电子的产生、运输、复合可以建立一个数学模型，将输入的光强和输出的电流密度或电压联系起来。模型中的各种参数代表实际染料敏化太阳电池内部过程中相应事件的发生，这样可以由实验测量的结果与理论数值进行拟合，得到各种反应电子传输参数。

在染料敏化太阳电池中，从光生载流子产生到扩散至收集基底需要一段时间，输出光电流/光电压的波动分量相位将滞后于入射光的调制分量而反映在 IMPS/IMVS 图谱中。IMPS 的测量是在短路状态下调制信号的光电流响应，提供了电池在短路条件下电荷传输和背反应动力学的信息，可以得到有效电子扩散系数 D。IMVS 是与 IMPS 相关的一种技术，测量的是在开路状态下调制信号的光电压响应，可以得到电池在开路条件下的电子寿命 τ_n。IMPS/IMVS 为认识染料敏化太阳电池内载流子的传输和复合过程提供了全新的视角。

7.4.2 光伏性能

7.4.2.1 太阳电池四线法测试原理

为了保证电池的测量精度，消除导线电阻和夹具接触电阻引入的影响，太阳电池一般采用四线测试法，其原理如图 7.19 所示，当电子负载给电池施加一个由负到正的电压时，在被测电池与电流线的回路中便有一个变化的电流产生，其值通过电流测量线测出，再用测量仪表经电压线测出对应每一个电流值的电池端电压。依次改变电子负载值，测出相应的电压与电流值，便得到电池伏安曲线的测量数据。四线测试法用一对电流线和一对电压线将驱动电流回路和感应电压回路分开，并采用高阻抗的测量仪表对电压值进行测量，所以几乎没有任何电流流经电压线，这样电压测量不会受接触电阻及导线电阻的影响而产生误差，从而使测量精度大大提高。上面所述的是电压源，电流源测试原理与电压源相同。图 7.20 就是采用四线法获得的不同面积染料敏化太阳电池的光伏测试曲线。

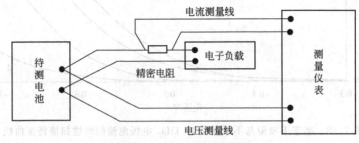

图 7.19 四线测试法原理

7.4.2.2 染料敏化太阳电池的测试标准

太阳电池的电性能测量归结为电池的伏安特性测试，由于伏安特性与测试条件有关，所以必须在统一规定的标准测试条件下进行测量，或将测量结果换算到标准测试条件。标准测试条件包括标准阳光（标准光谱和标准辐照度）和标准测试温度。测试光源可选用模拟测试光源（太阳模拟器或其他模拟太阳光光源）或自然阳光。使用模拟测试光源时，辐照度用标准太阳电池短路电流的标定值来校准。

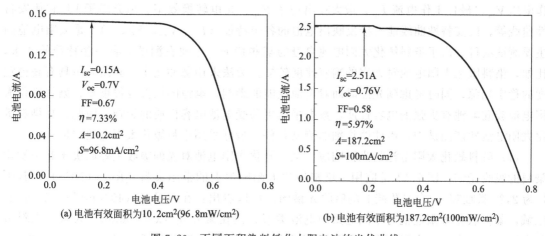

(a) 电池有效面积为10.2cm²(96.8mW/cm²)　　(b) 电池有效面积为187.2cm²(100mW/cm²)

图 7.20　不同面积染料敏化太阳电池的光伏曲线

I_{sc}：短路电流；V_{oc}：开路电压；FF：填充因子；η：光电转化效率；A：有效面积；S：光强

根据中华人民共和国国家标准 GB 6495《光伏器件第 1 部分：光伏电流-电压特性的测量》及染料敏化太阳电池特性，染料敏化太阳电池的电性能测试（标定测试）一般规定如下。

（1）标准测试条件

① 规定地面标准阳光光谱采用总辐射为 AM1.5 的标准阳光谱，且采用具有高稳定度的稳定光源，光强最好可调；

② 地面阳光的标准总辐照度规定为 $1000W/m^2$（实际总辐照有两种标准，即 $1350W/m^2$ 和 $950W/m^2$）。

③ 标准测试温度为 25℃；

④ 对定标测试，标准测试温度的允差为 ±1℃；对非定标测试，标准测试的允差为 ±2℃。

（2）测试仪器与装置

① 标准太阳电池或辐照计，用于校准测试光源的辐照度；

② 数字源表测试速度能达到毫秒量级（最好可调），测试时仪器的数据采集速率不能超过染料敏化太阳电池的电子传输速率；

③ 电压表的精确度不低于 0.5 级，内阻不低于 $20k\Omega/V$；

④ 电流表的精确度不低于 0.5 级，内阻小至能保证在测试短路电流时，被测电池两端的电压不超过开路电压的 3%；

⑤ 温度计或测温系统的仪器误差不超过 ±5℃，最好有恒温装置。

（3）负载

① 负载电阻应能从零平滑地调节到画出完整的伏安特性曲线为止；

② 必须有足够的功率容量，以保证在通电测量时不会因发热而影响测量精确度。

（4）采用四线测量法　四线测量法用一对电流和一对电压线将驱动电流回路和感应电板回路分开，并采用高阻抗的测量仪表对电压值进行测量，可以消除测量时接触电阻和导线电阻引入的误差，从而使测量精度大大提高。

7.4.2.3　测试条件对染料敏化太阳电池性能的影响

染料敏化太阳电池的测试方法与硅太阳电池相比，既有相似点，又存在着一定的特殊性。它与硅太阳电池一样，即需要进行测试的参数：开路电压 V_{oc}、短路电流 I_{sc}、最佳工

作电压 V_m、最佳工作电流 I_m、最大输出功率 P_m、光电转换效率、填充因子 FF 和伏安特性曲线等。伏安特性曲线能直接反映出电池的各个特征（I_{sc}、V_{oc}、FF、η），是太阳电池的主要测试项目。由于染料敏化太阳电池自身的某些特征，电池在测试上有一些特殊的要求，比如，染料敏化太阳电池对光谱的响应速度较慢，无法采用脉冲光源，必须采用具有高稳定度的稳定光源；同时考虑到光照时间对电池性能的影响，电池的恒温也很重要；染料敏化太阳电池较硅电池有更强的电容性质，数据采集更易受电池电容性质的影响。因此，在染料敏化太阳电池性能测试中，需注明详细的测试条件，最好采用染料敏化太阳电池定标。

（1）染料敏化太阳电池的光谱响应　染料敏化太阳电池对光的吸收主要取决于其中敏化染料的吸收光谱。图 7.21 是应用于染料敏化太阳电池上的常用染料［$RuL_2(NCS)_2$，其中 L 为 2,2′-联吡啶-4,4′-二羧酸］的吸收光谱图。可以看出：在可见光（400nm≤λ≤760nm）区域，染料敏化太阳电池与单晶硅太阳电池类似，但在紫外光（λ<400nm）区域，染料敏化太阳电池还有一个次吸收峰。虽然电池中的导电玻璃能够吸收波长低于 320nm 的紫外光，但波长在 320nm 以上的紫外光依然可以进入电池中，并对电池的电流和效率产生不可忽视的影响。因此，正确选用标准光源是决定电池性能测试准确性的主要条件之一。

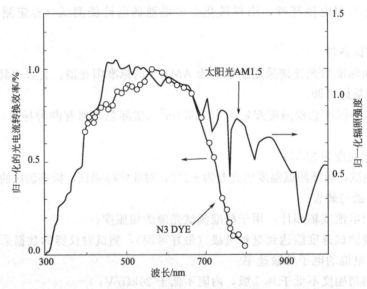

图 7.21　染料的吸收光谱图

（2）扫描速度与扫描偏压对染料敏化太阳电池性能测试结果的影响　染料敏化太阳电池性能与硅电池存在差别，其测试性能受扫描速度和扫描偏压的影响，其中扫描速度由采样延迟时间（T_d）、测量积分时间（T_m）和施加偏压步幅（ΔV）等因素决定（图 7.22）。随着采样延迟时间的增加，电池短路光电流基本不变。开路电压和填充因子增大，导致电池效率提高。这是因为 DSC 具有电容性，给电池加扫描偏压时，瞬时有过冲电流出现，当采样延迟时间过短时电池内部光电子传输还没有达到平衡，不能准确反映出电池的真实特性。另外，不同方向的偏压同样对 DSC 性能测试产生影响。图 7.23 是以 1ms 的采样延迟时间，分别给电池加到 −0.1～0.9V 和 0.9～−0.1V 正反两个方向扫描偏压。测得电池的 I-V 曲线。图中显示反向扫描测试获得的开路电压、填充因子和效率都明显高于正向扫描所获得的电池参数。这是因为正向测试时，受过冲电流的影响，使得被测出的光电流提前到达零点，测得的

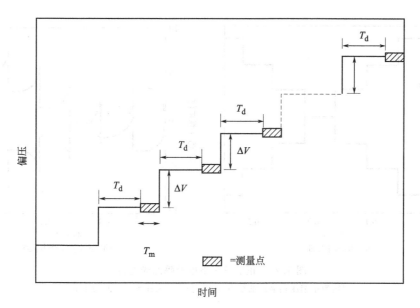

图 7.22　电池 *I*-*V* 测量外加偏压随时间逐步变化示意

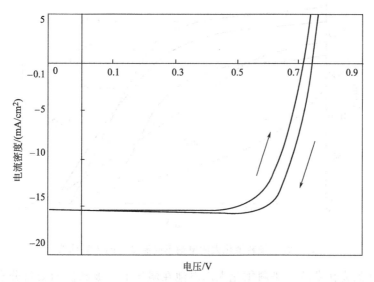

图 7.23　正负偏压下电池的 *I*-*V* 曲线

粗线为正偏压扫描；细线为负偏压扫描，采样延迟时间为 1ms

开路电压稍小（图 7.24）；而反向加偏压与之相反，测得的开路电压偏大。

（3）温度对染料敏化太阳电池测试结果的影响　染料敏化太阳电池测试的环境温度同样影响着电池的光伏性能参数，由于材料与反应过程对温度的变化响应差异，性能随温度变化差别较大。由于电解质溶剂的黏度随温度的升高而减小，离子在溶剂中的传输速率也相应地增加，所以填充因子与短路电流都上升，如图 7.25 所示。但当温度上升到一定程度，溶剂黏度变化很慢，电解质的电导却变化很，暗电流迅速增加，使得染料敏化太阳电池短路电流开始下降。

（4）光强对染料敏化太阳电池测试结果的影响　由于染料敏化太阳电池属于弱光电池，染料敏化太阳电池的效率随着光强的减弱上升很快。图 7.26 为小面积的染料敏化太阳电池

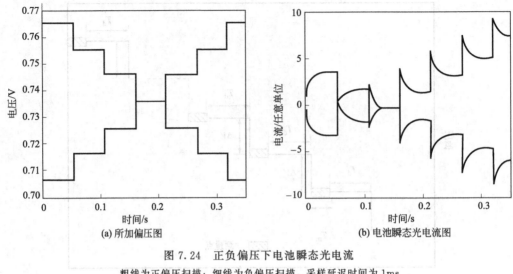

图 7.24　正负偏压下电池瞬态光电流

粗线为正偏压扫描；细线为负偏压扫描，采样延迟时间为 1ms

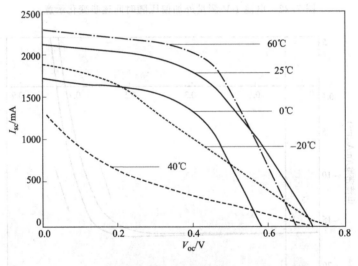

图 7.25　染料敏化太阳电池不同温度下的 I-V 曲线

随入射光强变化的光伏曲线。染料敏化太阳电池在弱光下，被激发的染料分子数少，I^-/I_3^- 的传输足够还原被太阳光激发的染料分子。而当太阳光强度增大时，被激发的染料分子数增多，I^-/I_3^- 的传输速率不能够满足染料分子再生速率，从而使得 I^-/I_3^- 在多孔膜内的传输成为制约电流输出的"瓶颈"，最终也就影响到电池效率的提高。

7.4.2.4　染料敏化太阳电池的实时跟踪测试

从电池实用化考虑，我们还必须对电池的稳定性及其寿命进行研究，这就要求测试系统能够能达到以下目标：

① 达到较高的测量精度，尽量减小测量导线电阻和夹具接触电阻引入的误差，同时减小电池电容性质对测量的影响；

② 为了保持数据的完整性，得到较为精确的开路电压 V_{oc} 和短路电流 I_{sc} 以及对电池其他性能的分析，要求系统能测量染料敏化太阳电池在第一、二、四三个象限的伏安曲线；

③ 可连续采集多路电池的伏安曲线，并自动对数据进行存储和分析；

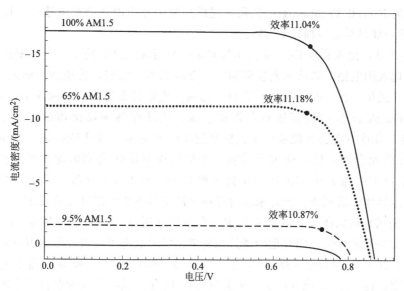

图 7.26　染料敏化太阳电池不同光强下的 $I\text{-}V$ 曲线

④ 能同时实现对环境因素（如温度、光强等）的实时记录；

⑤ 可调控采集时间间隔。

为了保证电池的测量精度，消除导线电阻和夹具接触电阻引入的影响，可以采用四线测试法。而采用电子负载代替普通电阻可实现对电池在一、二、四象限的伏安曲线进行测量，保证了 $I\text{-}V$ 曲线的完整性。

7.5　染料敏化太阳电池未来的发展

自 1991 年染料敏化太阳电池取得突破性进展以来，从实验室小面积电池的基础研究到大面积电池的产业化研究，从电池的各种关键组成材料到电池的制作等各项研究都获得了长足进步。染料敏化太阳电池已成为十分活跃的研究领域，除了染料敏化太阳电池在低成本、高效率以及未来可能产生巨大潜在市场的原因以外，相对比较低的技术门槛使工业界易于介入，区别于硅基薄膜太阳电池高的资金投入，这是使公司乐于投入染料敏化电池的主要原因。从太阳电池应用的范围来讲，染料敏化太阳电池具有其一定的优势和范围。目前染料敏化太阳电池的研究和应用研究基本朝以下 3 个应用方向发展。

方向一，折叠式移动户外充电设备用电池或室内低功率充电用电池，寿命 5 年左右。

方向二，部分同方向一，但要求效率更高，而且寿命需要 10 年。

方向三，用于解决家庭用电的屋顶或墙壁用电池，可以像硅基电池同样应用范围的太阳电池，寿命要求 10 年甚至几十年以上。

目前第一个方向研究进展较快，特别是在产业化研究上。英国 G24 Innovations Ltd (G24i) 在 2007 年 10 月利用辊对辊薄膜印刷技术开始进行规模化生产柔性衬底电池，公司预期在 2008 年底扩产到 200MW/年。这种电池可广泛应用于便携式和移动式充电系统，如手机、笔记本电脑等，索尼公司宣布将生产用于小电器和手机充电系统的染料敏化太阳电池，其功率在几毫瓦到几百毫瓦之间。索尼公司对染料敏化太阳电池感兴趣的原因主要是电池在室内应用和温度变化上比硅基太阳电池优越。其他一些公司也沿用 G24i 公司的发展模式，如日本的 Peccell Technologies 公司，同样加紧研究户用辅助充电系统，目前的效率在 3%左右，下一部目标希望提高到 8%。

2008 年 3 月，澳大利亚 Dyesol 公司与 Corus 公司成立合资公司，生产屋顶用不锈钢衬底的染料敏化太阳电池。该项研发主要朝上述方向二和三发展，希望能和硅太阳电池一样，可直接应用于民用。在 2008 年 9 月 12 日，韩国京畿道省政府、澳大利亚 Dyesol 公司和韩国 Timo Technology 公司签订战略合作备忘录，预计在韩国城南市建立一个合资工厂，2008 年京畿道省政府将会在此项目上投资超过 100 万美元。同时 Dyesol 与韩国 Acrosol 公司签下 60 万欧元合约，建立研发实验室，并提供染料敏化太阳电池发展的全方位培训。2008 年 9 月 11 日，意大利 ERGRenew 公司和 Permasteelisa 公司签订协议，准备投资染料敏化太阳电池墙体建筑系统，预计未来每年可生产染料敏化太阳电池墙面 $5 \times 10^5 m^2$。

Dyesol 公司目前的研发基本上朝上述 3 个方向同时展开，但各有侧重。在世界各地建立不同的研发基地和工厂，同时他们通过加速老化实验获得了染料敏化太阳电池在室外长期稳定的数据：20000h 的老化数据（0.8 个太阳，55～60℃），这一结果相当于太阳电池在中欧室外可稳定运行 32 年，或在澳大利亚悉尼运行 18 年，这些结果的获得充分体现了染料敏化太阳电池较好的稳定性。

我国无论在染料敏化太阳电池的科学研究和产业化研究上都与世界研究水平相接近。国内高校和科研机构的研究人员开展了各种电解质材料和电池结构的研究，并创新性地提出各种结构和思想，实现自主研发染料 C101，效率达到 11%，离子液态电解质电池效率达到 8.2%，在该领域具有一定的影响。国家重点基础研究计划和纳米专项（973）先后三次对染料敏化太阳电池进行立项；中国科学院知识创新工程也把染料敏化太阳电池项目作为重要方向，重点解决目前染料敏化太阳电池所遇到的关键科学问题，并先后在基础科学问题和关键技术问题上取得突破。中国科学院等离子体物理研究所在国家重点基础规划项目、863 计划项目和中国科学院知识创新项目以及地方政府资助下成功完成 500W 示范系统的建设，并至今保持稳定运行，今后将在企业项目的大力支持下，完成染料敏化太阳电池的中试实验，为染料敏化太阳电池下一步的推广应用打下了坚实的基础。

充分开发利用太阳能，已成为世界各国政府可持续发展能源的战略决策。降低太阳电池成本和实现太阳电池的薄膜化，已被我国定为发展太阳电池的主要方向。染料敏化太阳电池作为一种长期置于户外的装置，必将受到各种自然条件的影响。而基于液体电解质的染料敏化太阳电池，无疑将会存在一个长期稳定性的问题，因此研究长寿命、高稳定性的染料敏化太阳电池是一个十分迫切的问题。